火炸药技术系列专著

含硼富燃料固体火箭推进剂技术

Boron－based Fuel Rich Solid Rocket Propellant Technology

庞维强　樊学忠　赵凤起　著

国防工業出版社

·北京·

图书在版编目（CIP）数据

含硼富燃料固体火箭推进剂技术/庞维强,樊学忠,赵凤起著.—北京:国防工业出版社,2016.12

ISBN 978－7－118－11141－5

Ⅰ.①含… Ⅱ.①庞… ②樊… ③赵… Ⅲ.①固体火箭推进剂—研究 Ⅳ.①V512

中国版本图书馆 CIP 数据核字(2016)第 299069 号

※

国防工业出版社出版发行

（北京市海淀区紫竹院南路 23 号 邮政编码 100048）

北京嘉恒彩色印刷有限责任公司

新华书店经售

*

开本 710×1000 1/16 **印张** 17 **字数** 314 千字

2016 年 12 月第 1 版第 1 次印刷 **印数** 1—2000 册 **定价** 85.00 元

国防书店:(010)88540777 发行邮购:(010)88540776

发行传真:(010)88540755 发行业务:(010)88540717

致 读 者

本书由国防科技图书出版基金资助出版。

国防科技图书出版工作是国防科技事业的一个重要方面。优秀的国防科技图书既是国防科技成果的一部分，又是国防科技水平的重要标志。为了促进国防科技和武器装备建设事业的发展，加强社会主义物质文明和精神文明建设，培养优秀科技人才，确保国防科技优秀图书的出版，原国防科工委于1988年初决定每年拨出专款，设立国防科技图书出版基金，成立评审委员会，扶持、审定出版国防科技优秀图书。

国防科技图书出版基金资助的对象是：

1. 在国防科学技术领域中，学术水平高，内容有创见，在学科上居领先地位的基础科学理论图书；在工程技术理论方面有突破的应用科学专著。

2. 学术思想新颖，内容具体、实用，对国防科技和武器装备发展具有较大推动作用的专著；密切结合国防现代化和武器装备现代化需要的高新技术内容的专著。

3. 有重要发展前景和有重大开拓使用价值，密切结合国防现代化和武器装备现代化需要的新工艺、新材料内容的专著。

4. 填补目前我国科技领域空白并具有军事应用前景的薄弱学科和边缘学科的科技图书。

国防科技图书出版基金评审委员会在总装备部的领导下开展工作，负责掌握出版基金的使用方向，评审受理的图书选题，决定资助的图书选题和资助金额，以及决定中断或取消资助等。经评审给予资助的图书，由总装备部国防工业出版社列选出版。

国防科技事业已经取得了举世瞩目的成就。国防科技图书承担着记载和弘扬这些成就，积累和传播科技知识的使命。在改革开放的新形势下，原国防科工委率先设立出版基金，扶持出版科技图书，这是一项具有深远意义的创举。此举势必促使国防科技图书的出版随着国防科技事业的发展更加兴旺。

设立出版基金是一件新生事物，是对出版工作的一项改革。因而，评审工作需要不断地摸索、认真地总结和及时地改进，这样，才能使有限的基金发挥出巨大的效能。评审工作更需要国防科技和武器装备建设战线广大科技工作者、专家、教授,以及社会各界朋友的热情支持。

让我们携起手来,为祖国昌盛、科技腾飞、出版繁荣而共同奋斗!

国防科技图书出版基金
评审委员会

PREFACE

序

为适应未来新一代导弹用高超声速飞行器的快速、机动为目的的技术要求，必须发展重量轻、体积小、速度快、射程远而机动性能又好的动力装置，而固体火箭冲压发动机及其组合推进技术是解决该问题的最佳选择。近年来，随着科学技术的进步和新一代导弹用高超声速飞行器的快速发展，固体冲压发动机的研究受到了广泛的关注，用于固冲发动机中的富燃料推进剂也得到了快速发展。

硼粉由于具有较高的质量热值和体积热值而成为最具有发展潜力的富燃料推进剂用燃料，因而备受国内外研究者的关注。由国防科技图书出版基金资助出版的《含硼富燃料固体火箭推进剂技术》著作，是一本系统介绍含硼富燃料固体火箭推进剂技术方面的最新研究进展的科技著作。本书内容涵盖了无定形硼粉的表面改性、包覆、团聚造粒、表征及其在富燃料推进剂中应用的最新研究进展的科技著作，还涉及了含团聚硼富燃料推进剂的工艺、燃烧性能等调节技术，是作者参阅了近些年来国内外本领域的最新研究成果，尤其是总结了作者及其科研团队的科研成果，最后又着重总结了含硼富燃料推进剂的研究进展，并展望了含硼富燃料推进剂在军事上的发展趋势，具有一定的理论研究意义和参考价值。

该书的出版将对含硼富燃料固体火箭推进剂的理论和技术发展发挥重要的作用。

路易吉·德卢卡教授①
意大利米兰理工大学空间推进实验室
2016 年 9 月 16 日

① 路易吉·德卢卡，火箭推进专家。

Preface

Solid rocket ramjetsfeaturing light weight, small volume, fast velocity, largeoperative range, and good maneuvering performance are the most suitable power devices to adapt the needed quickness and flexibility technical requirements to the highly supersonic aircrafts to be used as future new generation missiles. In this respect, the combination of different aspects of aerospace propulsion technology is the best choice. In recent years, with the development of science and technology, solid rocket ramjets havedrawn a widespread attention by world – wide researchers and fuel – rich solid rocket propellants to be burned in solid rocket ramjets underwent a rapid development.

Boron powder, due to its very high gravimetric and volumetric heat of combustion, has become the most promisingcandidate fuels for fuel – rich solid propellants, attracting much attention from researchers all over the world. *Boron – based Fuel – Rich Solid Rocket Propellant Technology* is published with the financial support of the National Defense Science and Technology Publishing Fund, and it is a professional book systematically introducing the latest research progress in the area of boron – based fuel – rich solid propellants. This publication covers the surface modifications, coating techniques, granulation, and characterization of amorphous boron powder as well as its application to fuel – rich solid rocket propellants. Moreover, technologies to control the processing methods and combustion performance of fuel – rich propellants are also touched. At the end, the book summarizesthe research progress in boron – based fuel – rich solid propellants and looks forward to the foreseeable development trends of military applications. This volume constitutes a collective scientific research achievement by the team of authors through referring to and summarizing recent domestic as well as international research findings in the relative field. Thus, it has a great value as both a theoretical research accomplishment thanks to the wide scope of its compilation and a reference document thanks to the large amount of the reported experimental data.

The publication of this book is an important contribution to the international technical literature and will certainly play an important role in the theoretical as well as technological development of boron – based fuel – rich solid rocket propellants.

Professor [signature]

SPLab, Space Propulsion Laboratory, Politecnico di Milano, Italy

16 September 2016

PREFACE

前言

以速度快、质量轻、体积小、比冲高、射程远、结构简单可靠等为特点的固体火箭冲压发动机推进系统，在战争中有很强的突防力和打击力，将是现代空空导弹、反舰导弹等的最佳推进方案。固体火箭冲压发动机是利用空气中的氧气作为氧化剂，它比固体火箭发动机的能量高得多，同样体积和重量的发动机，冲压发动机可提供至少两倍于固体火箭发动机的射程。固冲发动机的卓越性能是以富燃料推进剂的高能量特性为基础的，富燃料推进剂的能量越高，则固冲发动机的潜在优势就越大。固体冲压发动机具有高比冲、可实现全程动力飞行、小体积、长工作时间、较好的机动性等优点，可满足空空、空地、反舰和反辐射导弹的要求，也是炮弹增程中值得研究的动力装置。

近些年，使用富燃料推进剂的固体火箭冲压发动机研制再次成为热点。富燃料推进剂作为固体冲压发动机的主要应用技术领域，经过几十年的发展，呈现出性能不断提高和品种日益细分的发展趋势。含硼富燃料固体推进剂作为固体冲压发动机的重要动力源，是目前能量最高的富燃料推进剂之一，也是最理想的固冲发动机用推进能源，因而受到广泛关注。但是迄今为止，公开发表的系统阐述含硼富燃料推进剂技术的书籍尚未见到，仅有部分书中的某些章节曾涉及富燃料推进剂技术的一些概况。因此，本书的目的是试图将30余年来在本领域应用基础研究中公开发表的部分文章进行较系统的总结和提升，奉献给从事固体推进剂研究和实用的工程技术人员，为他们提供一部有借鉴作用的技术参考书。本书重点介绍了硼粉的表面改性和团聚、含硼富燃料推进剂的能量性能、工艺性能和燃烧性能方面的研究结果，反映了含硼富燃料推进剂的研究发展水平，对含硼富燃料推进剂的研制技术具有重要的指导作用。

本书共分7章，依据含硼富燃料推进剂研制的自身性能和满足使用要求为主线，分章对含硼富燃料固体推进剂的不同性能进行系统阐述。第一章主要介绍含硼富燃料推进剂的主要组成、主要性能和最新研究进展，并概述了含硼富燃料推进剂的性能特点和高能武器系统对含硼富燃料推进剂的需求，以及需要解决的问题。第二章重点介绍了用于含硼富燃料推进剂的无定形硼粉的表面改性和团聚工艺，并与改性前进行了对比，介绍了晶体硼粉、硼镁复合粉等的特性。

第三章介绍了含硼富燃料推进剂的表－界面特性，研究了硼粉改性前后与推进剂主要组分间的表－界面特性，重点从接触角、表面自由能和黏附功等角度出发，获得了团聚硼颗粒与黏合剂的表－界面机理。第四章介绍了含硼富燃料推进剂药浆的流变特性，分别从黏合剂体系、改性前后硼粉与黏合剂悬浮液和含硼富燃料推进剂药浆等方面进行了详细分析和阐述，并对高含硼量富燃料推进剂的制备工艺进行了探索研究。第五章从理论和实际相结合，对含硼富燃料推进剂的能量性能及影响因素进行了分析和研究。第六章系统研究了含硼富燃料推进剂的燃烧性能，围绕硼粉的点火，建立了硼粉点火模型，重点介绍了不同类型和粒度的硼粉对富燃料推进剂燃烧性能的影响，从推进剂的燃烧残渣角度分析了不同因素对含硼富燃料推进剂的燃烧效率的影响。第七章介绍了含硼富燃料推进剂的需求和发展趋势以及对发展富燃料推进剂的一些建议。

庞维强博士参与了本书中硼粉的表面改性及团聚处理、含硼富燃料推进剂的工艺性能和燃烧性能的撰写，樊学忠研究员参与了本书中硼粉改性、团聚前后的表－界面特性和含硼富燃料推进剂能量性能的撰写，赵凤起研究员参与了本书中含硼富燃料推进剂的研究进展和发展趋势及燃烧机理的撰写，本书由庞维强博士整理、统稿。

本书的完成也来自于各方面的支持和悉心帮助。在此，作者特别感谢国防科技图书出版基金、原总装备部燃烧与爆炸技术国防重点实验室基金和国家国防科工局的项目资助。作者特别感谢固体推进剂研究方面的国际知名专家意大利米兰理工大学空间推进实验室路易吉·德卢卡(Luigi T. DeLuca)教授为本书作序，特别感谢西北工业大学李葆萱、胡松启、王英红和张教强等教授对作者在科研实验中给予的指导和帮助，特别感谢南京理工大学化工学院的周伟良教授和陕西师范大学材料科学与工程学院的刘宗怀教授对本著作提出的宝贵建议，同时感谢西安近代化学研究所的张晓宏、李上文、刘子如、胡荣祖、蔚红建、胥会祥、廖林泉和张伟等研究员；冉秀伦、李吉祯、王晗、仪建华、黄海涛、严启龙、李冬、徐洪俊等博士；李宏岩、孟玲玲、莫红军、李勇宏、王国强、刘芳莉、谢五喜、石小兵、李洋、闫宁、孙志华、王克勇、李晓宇、任晓宁、刘庆等副研究员，以及西安近代化学研究所的各级领导对本著作的大力支持和悉心帮助。

由于科学技术的日新月异和作者的学识所限，书中难免存在不足之处，敬请读者不吝赐教。

著　者

2016 年 8 月

于西安近代化学研究所

CONTENTS

目录

Contents

第一章 绪论

1.1 概述

以速度快、质量轻、体积小、比冲高、射程远、结构简单和可靠等为特点的固体火箭冲压发动机推进系统，在战争中有很强的突防力和打击力，将是现代空空导弹、反舰导弹等的最佳推进方案之一[1-3]。与固体火箭发动机相比，固体火箭冲压发动机使用的是富燃料推进剂，其二次燃烧时所需的氧化剂相当一部分是取之于空气中的氧，因此明显提高了武器的射程。固体冲压发动机主要包括固体火箭冲压发动机(SDR)和固体燃料冲压发动机(SFRJ)，富燃料推进剂主要用于固体火箭冲压发动机中，但近些年来，固体燃料冲压发动机和理论性能更加优良的空气涡轮火箭发动机(ATR)也都采用富燃料固体推进剂。富燃料推进剂主要为含硼富燃料推进剂、含铝富燃料推进剂和含镁(Mg)富燃料推进剂等[5]，其中，含镁、铝中能富燃料推进剂完全燃烧释放出来的热值大约为19～22MJ/kg，其比冲可达5000～8000N·s/kg，而高能含硼富燃料推进剂完全燃烧释放出来的热值大约为30～34MJ/kg，其比冲约为含铝富燃料推进剂的1.6～1.8倍，是固体推进剂的2.96倍[6-9]。上述研究结果表明，高能含硼富燃料推进剂是能量最高的富燃料推进剂之一，也是最理想的固冲发动机用推进能源之一，因而受到研究者的广泛关注。国外[10,11]已成功研制出硼含量40%以上的富燃料推进剂，其热值高达40～42MJ/kg，比冲约为13994N·s/kg。与国外含硼富燃料推进剂的研究相比[12]，国内在含硼富燃料推进剂的制备和燃烧性能等方面虽已进行了多年研究，但主要集中在硼含量为35%左右的富燃料推进剂研究上，其能量性能远不能满足高能量富燃料推进剂的需求，要进一步提高富燃料推进剂中的硼含量，这给富燃料推进剂的制备工艺带来难题，高含硼量富燃料推进剂的制备工艺问题成为研制该推进剂必须解决的关键技术之一。理论分析表明，将高能含硼富燃料推进剂用于新一代中远程空空和巡航导弹的固体冲压发动机，可以达到高速和远射程的性能要求[13]。

1.2 含硼富燃料推进剂的主要组成

含硼富燃料固体推进剂属于复合固体推进剂，是以黏合剂为母体，并填充固体填料的复合材料，其主要组成由高分子黏合剂（如端羟基聚丁二烯 HTPB）、氧化剂（如高氯酸铵 AP）、金属燃料（如硼粉 B、镁粉或铝粉）、弹道改良剂、增塑剂和固化剂等组成，为了赋予富燃料推进剂某些特定性能，推进剂配方中还添加不同功能助剂和性能调节剂，如燃速催化剂、键合剂和防老剂等。

1.2.1 黏合剂

黏合剂是一种可将推进剂的其他组分黏结成性能均匀的整体，并赋予理想性能的高分子化合物。黏合剂在固体推进剂中的质量分数虽只有 10% ~15%，但却起着重要作用：一方面，它可以作为高能燃料，与氧化剂反应生成 CO_2 和 H_2O，产生推力；另一方面，依靠它可以使金属添加剂、氧化剂和燃速调节剂等均匀地粘接起来，得到在高温和低温下都具有一定强度的固体药柱，在含硼富燃料推进剂中形成连续的基体，并在燃烧过程中提供 C、H 等可燃元素，以释放能量。目前广泛使用的黏合剂包括端羟基聚丁二烯（HTPB）和聚叠氮缩水甘油醚（GAP）等高聚物，其价格低廉，流动性接近于牛顿体且黏度低，可加入较多的固体组分，此外，它与镁粉等活性较强的化学物质有较好的相容性。端羟基聚丁二烯，简称丁羟胶，是遥爪液体橡胶的一种，丁羟胶分为自由基型和阴离子型两种，以聚丁二烯为主链，根据末端羟基个数的多少，一般可将丁羟胶分为双官能度和多官能度丁羟胶。丁羟胶作为液体橡胶中的重要品种，本身的透明度好、黏度低、耐油耐老化、低温性能和加工性能好；它与扩链剂在室温或高温下反应可以生成三维网状结构的固化物，该固化物具有优异的力学性能和良好的耐水、耐酸碱、耐磨和电绝缘性能，而且具有室温下稳定，在使用时，不会产生微小裂纹的优点。其结构简式为

$$\mathrm{HO}\left(\overset{\mathrm{H_2}}{\mathrm{C}}-\underset{\mathrm{H}}{\mathrm{C}}=\underset{\mathrm{H}}{\mathrm{C}}-\overset{\mathrm{H_2}}{\mathrm{C}}\right)_n\mathrm{OH}$$

1.2.2 金属燃料

固体推进剂中添加金属燃料是高能富燃料推进剂当前的一个重要发展方向，可用作推进剂金属燃料的主要有热值较高的硼粉、镁粉和铝粉等，相比之下，由于硼粉具有较高的重量和体积热值等一系列优良的物理化学特性，尤其在重

量和体积受限的武器系统中,其成为首选金属燃料[14]。对于富燃料推进剂而言,无论从理论设计出发还是从研制实践来看,满足发动机性能要求的高能含硼富燃料推进剂都是固体火箭冲压发动机的理想选择[15]。

富燃料推进剂具有较高的密度比冲,主要原因是添加了高热值和较高密度的金属燃料。众所周知,铍的热值较高,但其毒性太大;锂的密度太小,而且活性太大,并与许多组分不相容,两者均不能采用。表1-1和表1-2列出了三种常用金属及其氧化物的主要性质。

表1-1 三种金属的基本性质[16-18]

元素	原子量	密度/(g/cm³)	熔点/℃	沸点/℃	气化热/(kJ/mol)	耗氧量/g
硼	10.81	2.34	2074	2550	535.81	2.22
铝	26.98	2.70	660	2447	284.44	0.88
镁	24.3	1.74	650	1117	136.13	0.66

元素	燃烧热/(kJ/mol)	质量热值/(MJ/kg)	体积热值/(kJ/cm³)
硼	1264.17	58.30	136.44
铝	1670.59	31.02	83.75
镁	602.11	24.75	43.06

注:硼为非金属,由于其具有金属的某些特性,本书中所提硼粉均按金属处理,后面相同

表1-2 三种金属氧化物的基本性质[16-18]

金属氧化物	分子量	密度/(g/cm³)	熔点/℃	沸点/℃
氧化硼(B_2O_3)	69.62	2.46	460	1860
氧化铝(Al_2O_3)	101.96	3.97	2045	2980
氧化镁(MgO)	40.30	3.58	2800	3580

从表1-1和表1-2可以看出,金属燃料硼粉、镁粉和铝粉各有优缺点。从能量方面看,铝的密度最高,为2.70g/cm³,其次是硼,镁的最小,为1.74g/cm³;镁的耗氧量最低,为0.66g,而硼的最高,为2.22g,几乎是镁和铝的三倍;从燃烧方面看,镁、铝和硼的熔点、沸点依次增大,其燃烧依次变难,而且,镁和铝的熔点低,仅为660℃左右,但硼的熔点高达2074℃;铝的沸点和硼的沸点相近,硼的沸点最高为2550℃,镁的沸点最低为1117℃;硼的气化热高达535.81kJ/mol,铝的气化热仅为硼的一半左右,镁的则为硼的1/3还少;从摩尔热量方面看,镁最低,仅为硼的一半,硼比铝少400kJ/mol,但由于铝的原子量是硼的二倍多,因此硼的质量热值及体积热值都大于铝,铝的质量热值为31.02MJ/kg,而硼则为58.30MJ/kg。从金属氧化物方面看,氧化物熔点最低的是B_2O_3,为460℃,MgO

的熔点最高，为2800℃，Al_2O_3 也高达2045℃；MgO 的沸点也最高，为3580℃，Al_2O_3 的沸点为2980℃，而 B_2O_3 的沸点最低，为1860℃。综合考虑能量性能、燃烧性能和价格等因素，本文选择硼粉为主要的金属燃料添加剂，同时也添加少量的镁粉或铝粉，这样有助于富燃料推进剂具有良好的点火性能。

本书主要对含硼富燃料推进剂用金属燃料进行讲述。在自然界中，硼元素主要以硼酸、碱金属和碱土金属的硼酸盐形式存在，不存在单质硼。中国硼矿物分布稀散，具有开采价值的高品位硼矿较少。在青海、西藏等地存在天然硼砂，在东北存在以硼镁矿为主体的内生硼矿，其他地区含硼矿物的储量少。国内绝大多数硼粉生产企业集中分布于营口市，均以当地的硼矿为原料，生产不同规格的无定形硼粉。硼粉分为无定形硼和晶体硼，无定形硼粉用途广泛，如用于焰火工业作爆炸引发物，或用于固体火箭推进器以增大推力，或用于中子吸收剂、汽车的安全气囊等多方面。此外，无定形硼粉还广泛应用于合镏金钢的冶炼、固体燃料、陶瓷组分及航空研究等。晶体硼粉也大量应用于冶金、玻璃工业中。单质硼的部分物理性质见表1-3。

表1-3 单质硼的物理性质[19]

性质	数值	状态
熔点/℃	2300	无定形
沸点/℃	2550(升华)	β-菱形
	2500	无定形
密度/(g/cm^3)	2.30~2.40	无定形(25℃)
	2.46~2.52	高压型
摩尔热容 C_p/(J/(mol·K))	11.095	β-菱形
	11.958	无定形(25℃)
	33.955	固体(熔点时)
	39.063	液体(熔点时)
标准生成焓 ΔH_f(298K)/(J/mol)	406.7	气态
标准生成自由能 ΔG_f(298K)/(J/mol)	362.8	气态
	1.7	无定形
摩尔熵(298K)/(J/mol)	6.548	无定形
	5.875	β-菱形
电阻率/(Ω·cm)	7.5×10^2	无定形
	7×10^5	β-菱形
蒸发热/(kJ/mol)	1281.16	无定形(20~750℃)

（续）

性质	数值	状态
导热系数/(J/s·cm^2)	125.6	无定形(20～80℃)
燃点/℃	780	无定形
d_{50}/μm	0.8	无定形
比表面积/(m^2/g)	13	无定形
燃烧热/(MJ/kg)	59.3	无定形

常温下，晶体硼粉和无定形硼粉均比较稳定，无定形硼粉在空气中加热到300℃时被氧化，700℃左右时点火燃烧，而晶体硼具有耐热性，不易发生燃烧。硼能溶于硫酸、硝酸和熔融的金属（铜、铁、铝、钙），不溶于水、盐酸、乙醇、乙醚，溶于冷的浓碱溶液中分解放出氢气，在高温时硼能与氧、氮、硫、卤素、碳相互作用，与有机化合物反应可生成B－C化合物或B－O－C化合物。

1. 晶体硼粉

硼位于元素周期表第三主族，原子序数为5，原子量为10.81。晶体硼有两种形态：一种是湿无定形，为棕黄色粉末，性质活泼；另一种是湿结晶灰色光泽晶体，性质稳定，莫氏硬度高达9.3，不易制成很细的颗粒。近几年，国内研制出晶体硼粉（晶体度硼粉，99%），由于其表面的B_2O_3和H_3BO_3含量非常小，若直接应用于丁羟含硼富燃料推进剂配方，将不仅避免了无定形硼粉应用时必需的处理过程，而且可能有利于提高推进剂的燃烧性能和能量性能。国外早在20世纪70年代就开展过晶体硼粉的应用研究[20]，对比了10μm的晶体硼粉与1～2μm无定形硼粉对富燃料推进剂燃速影响，认为粒度大小对燃速影响不明显。当然，关于硼粉粒度对富燃料推进剂燃速影响也有不同研究结果。Pace等人[21]研究了硼粒子尺寸和纯度对含硼富燃料推进剂燃烧性能的影响，结果表明，含小颗粒（0.04～0.15μm）晶体硼粉（≥99%）推进剂的燃速高于含无定形（0.8～1.0μm，95.5%～96.5%）硼粉推进剂的燃速。由此可见，不同粒度和纯度的硼粉对推进剂燃速影响显著不同。

2. 无定形硼粉

1）无定形硼粉制备

无定形硼粉用途广泛，如焰火工业的爆炸引发物、固体火箭推进剂燃料、中子吸收剂、陶瓷组分、冶金等多方面。工业上常用镁还原氧化硼制备无定形硼粉，反应为

$$B_2O_3 + 3Mg \longrightarrow 2B + 3MgO \tag{1-1}$$

工艺过程如下：在减压条件下，将硼酸在管式加热炉中匀速升温至250℃，

使硼酸脱水成氧化硼，粉碎至 80 目，与镁粉按 3:1的质量比混合装入反应管，在管式反应炉中于 850～900℃进行还原反应，反应物用水浸泡两天，然后在盐酸中煮沸 4h，除去氧化镁杂质，然后水洗去酸，可得到纯度低于 90% 的无定形硼粉。为得到纯度较高硼粉，将无定形硼粉与镁在 800～850℃反应 3～4h，然后用水洗去过量的氧化硼，最后过滤、烘干可得到硼含量大于 90% 的无定形硼粉。

2）无定形硼粉的物化特性

唐山某公司在镁热还原法基础上，选用雾化镁粉做还原剂，研发了一项无定形硼粉生产的新技术。雾化镁粉在镁含量、松装密度和流动性等指标上是生产无定形硼粉最理想的还原剂，可以保证最大表面反应。利用能谱仪（EDS）对该硼粉的纯度进行了分析，结果见表 1－4。

表 1－4　唐山硼粉的表面元素分布[22]

元素名称 \ 分类号	1		2		3	
	元素分数/%	原子分数/%	元素分数/%	原子分数/%	元素分数/%	原子分数/%
B	85.10	92.10	84.56	91.66	82.80	91.07
O	3.18	2.33	4.02	2.94	2.76	2.05
Mg	11.46	5.52	11.03	5.31	13.79	6.74
Mn	0.15	0.03	0.19	0.04	0.24	0.05
Fe	0.11	0.02	0.21	0.04	0.42	0.09
总计	100	100	100	100	100	100

唐山硼粉的分析结果表明，其所送样品中硼含量为 91.4%，纯度较低，若应用于含硼富燃料推进剂，不仅造成极大的处理难题，而且也降低推进剂的能量。

利用高精度的荧光光谱仪分析了晶体硼粉和营口某公司的硼粉中微量组分的含量，结果见表 1－5。

表 1－5　不同硼粉中微量元素及其分布

元素		B	O	Mg	Al	Si	P	S
含量/%	晶体硼粉	98.2	0.70	0.89	—	—	0.0043	0.00034
	无定形硼粉	91.8	5.3	2.52	0.0278	0.111	0.0211	0.0861
元素		Cl	K	Ca	Ti	Mn	Fe	
含量/%	晶体硼粉	0.00264	0.00621	—	0.00355	—	0.0333	
	无定形硼粉	0.00538	0.00130	0.0218	0.00554	0.0271	0.0326	

从表 1－5 可见，晶体硼粉中主要杂质元素为 O 和 Mg，微量元素为 Al、Cl、Ca、Mn、Fe 等。若忽略其他元素，由于氢元素不出峰，将杂质全部以 B_2O_3 计算，

则晶体硼粉中单质硼的百分含量达到97.88%。营口硼粉中除硼元素外，主要杂质元素为氧和镁，还存在多种微量元素杂质，将氧元素换算为 B_2O_3 后，单质硼百分含量为89.4%。因此，晶体硼粉中单质硼的百分含量远高于普通硼粉；不仅 B_2O_3、H_3BO_3 杂质等含量少，而且其他杂质元素种类也较少，杂质对富燃料推进剂的工艺性能、燃烧性能的影响将变小。

3. 硼－铝或硼－镁合金粉

金属复合粉是将两种或两种以上的金属粉末颗粒按一定比例混合而成，其具有单独金属粉没有的优越特性。众所周知，铝和硼具有高的燃烧焓，而且，铝很早就广泛应用于推进剂、炸药和火工品的配方中[23]。然而，它的最终燃烧产物——凝聚态的氧化铝可导致火箭发动机出现许多问题；由于镁粉具有熔点低、容易点火等特性而应用得较多，而且，镁粉在富燃料推进剂中的添加方式及与固体填料的组合方式对推进剂的特性有明显的影响。硼被认为是可应用于喷管式发动机的一种很有前途的含能物质。它在燃烧的过程中需要更多的氧化剂，但是在一定的条件下同铝相比，产生的凝聚态物质比较少。结合铝和硼的优点，用球磨法制备硼－铝(镁)合金粉，研究表明，硼－铝(镁)合金在固体推进剂燃烧过程中燃烧效率高，因此硼－铝(镁)合金粉在富燃料推进剂中将具有一定的应用优势。

1.2.3 氧化剂和高能填料

氧化剂是富燃料推进剂中的一个重要组分，其作用是在燃烧过程中提供所需要的氧，并且通过其粒度大小的级配可以控制推进剂的燃烧速度。氧化剂的选取原则是有效氧含量高、比重大、生产焓较高，分解产物应为气体，在加工、贮存时物理化学安定性好。现用的氧化剂多为无机盐类，如高氯酸铵(AP)、高氯酸钾(KP)、硝酸铵(AN)等，也使用硝铵炸药作为氧化剂，如奥克托金(HMX)和黑索金(RDX)等[24-26]。

AP是目前应用最为广泛的氧化剂，其综合性能(如生成热、有效氧含量、密度等)较为优越；缺点是燃烧产物中生产HCl气体，在火箭发动机排气羽流中形成大量的白色烟雾，容易暴露导弹的飞行轨迹。AN是另一种较有应用价值的氧化剂，优点是廉价、来源广泛；同时，它的燃烧产物不含HCl气体，所以常用于一些能量性能要求不高、低燃速、低火焰温度的推进剂中。AN的最大缺点是易吸湿结块，而且温度变化时会产生晶型转变。为了抑制AN的吸湿和防止晶型转变，通常添加少量的Ni、Cu、Zn等化合物进行共晶，形成相稳定硝酸铵(PSAN)。目前，有效氧含量以 $LiClO_4$ 最高，$Mg(ClO_4)_2$ 次之，但是它们的吸湿性较强，而AP的性能稳定，吸湿性相对较低，生成热较高，处理安全，在火箭推进剂中已大量使用。

HMX 和 RDX 是推进剂中获得广泛应用的高能硝铵炸药,它们具有生成焓高、密度大、燃气无烟等优点,可以显著提高推进剂的能量水平,降低排气羽流特性。近年来,较有应用前途的高能氧化剂还有高能量密度化合物六硝基六氮杂异伍兹烷(CL-20)和二硝基酰胺铵(ADN),这些新型含能添加剂的生成焓、密度和燃气情况均优于目前已有的氧化剂,两者在富燃料推进剂中有着良好的应用价值。

固体氧化剂的基本性能见表 1-6。从表中可以看出,ADN 和 HNF 都是有应用前景的氧化剂。然而,从熔点、密度和生成热来看,HNF 明显好于 ADN。通过用 AN 和 HMX 来代替部分 AP 可以达到减少 HCl 的目的,HCl 的减少量数据见表 1-7。

表 1-6　固体氧化剂的基本性能[24-26]

氧化剂	分子式	熔点/℃	生成热/(kJ/mol)	密度/(g/cm^3)	氧平衡/%
AN	NH_4NO_3	170	-365	1.72	20
AP	NH_4ClO_4	130	-296	1.95	34
HP	$N_2H_5ClO_4$	170	-178	1.94	24
HP2	$N_2H_6(ClO_4)_2$	170	-293	2.20	41
NP	NO_2ClO_4	120	37	2.22	66
RDX	$C_3H_6N_6O_6$	204	71	1.82	-21.6
HMX	$C_4H_8N_8O_8$	278	75	1.96	-21.6
ADN	$NH_4N(NO_2)_2$	90	-150	1.82	25.8
HNF	$N_2H_5C(NO_2)_3$	295	-72	1.90	13.1

表 1-7　AN 和 HMX 替代部分 AP 后 HCl 的减少量[27-29]

推进剂成分	配方 1	配方 2	配方 3	配方 4	配方 5
AN	—	36	31	41	41
AP	69.7	10	15	10	10
HMX	—	—	—	—	18
Al	16	18	18	18	10
HCl 释放量	21	2.8	4.2	2.8	3.0

1.2.4　燃烧催化剂和燃烧稳定剂

燃烧催化剂是用来调节固体推进剂的燃烧性能的一种物质,又称燃速调节剂,根据提高和降低推进剂燃速的作用可分为正燃烧催化剂和负燃烧催化剂,其作用机理主要通过改变推进剂的燃烧波结构来调节燃速。燃烧催化剂还可以减少燃速受压力影响的程度,在一定压力范围内获得燃速不(少)随压力变化的所谓“平台”低燃速压力指数效应。

富燃料推进剂中常用的燃速催化剂有以下类型:

(1) 有机金属化合物,如卡托辛、水杨酸铜、己二酸铜等。

(2) 无机金属化合物,如亚铬酸铜(C·C)、Fe_2O_3、CuO、Co_2O_3、Co_3O_4 等。

(3) 负载型催化剂,如碳纳米管负载金属氧化物、碳纤维负载金属氧化物、石墨烯负载金属氧化物等。

1.2.5　键合剂

燃料稳定剂(Combustion Stabilizer)是抑制固体推进剂不稳定燃烧的物质。在复合固体推进剂中加入金属添加剂能抑制不稳定燃烧。铝粉是常用的燃烧稳定剂,含铝推进剂燃烧时的铝粒以及燃烧后生成的 Al_2O_3 凝相颗粒可起到抑制不稳定燃烧的作用 。

复合固体推进剂是一种以聚合物为基体,氧化物固体颗粒为填料,添加各种助剂的含能复合高分子材料。力学性能是固体推进剂其中一个重要的性能参数,影响推进剂力学性能的因素很多,其中,由于这类推进剂固含量高导致推进剂力学性能下降,工艺性能变差,而且加入的硝胺氧化剂,因其晶体表面光滑,容易“脱湿”,同样使得推进剂力学性能达不到使用要求[30]。因此,固体颗粒与黏合剂界面的有效黏结是复合固体推进剂获得优良力学性能的必要条件,研究发现通过选用合适的键合剂可有效改善推进剂力学性能,常在推进剂配方中加入万分之几到千分之几的键合剂。

键合剂大多是一些小分子极性化合物,一端与无机氧化剂相连,并在其表面上发生聚合反应,形成高模量的抗撕裂层:另一端通过某些化学反应与黏合剂母体连为一体。键合剂或以单分子层的形式结合在填料表面,增加填料和基体的润湿能力和亲和力,或以“键桥”的形式直接连接填料和基体,增加界面黏结能力,或迁移至界面,聚合成高模量过渡层,阻止微裂纹向界面扩张,使得固体推进剂受到载荷作用时,出现的微裂纹将被更深地推进到黏合剂基体相内,而不能到达填料粒子表面,填料颗粒可不出现“脱湿”而继续承受载荷,从而增强界面层的黏结,提高推进剂的力学性能。随着科学的发展,目前也已有多种大分子聚合物键合剂。

多年来国内外对丁羟推进剂力学性能影响因素以及其力学性能调节技术进行了广泛深入的研究,开发了许多种有效的键合剂,大致可分为中性聚合物键合剂、有机硅烷类化合物、有机钛酸酯类、醇胺类键合剂、海因三嗪类键合剂与有机硼酸酯键合剂等[31-33]，其中醇胺类键合剂、海因三嗪类键合剂与有机硼酸酯键合剂为目前丁羟复合推进剂中广泛使用的键合剂品种。海因三嗪类键合剂加入到高能丁羟四组元配方中能显著提高推进剂的常温、低温力学性能，但耐老化性能差；有机硼酸酯键合剂能显著改善推进剂的高温性能与耐老化性能，但常温性能一般，药浆工艺性能有待改善。丁羟复合推进剂由于其复合组分的界面改性的好坏对推进性能影响较大，因此不同种类结构和作用机理又有所不同。现国内外复合固体推进剂用键合剂的种类及其作用机理如下。

醇胺及其衍生物，醇胺化合物如三乙醇胺（TEA）是常用的键合剂，其作用机理是：首先，烷醇胺与 AP 通过化学反应形成铵盐离子键而牢固地吸附在其表面；然后，铵盐中的羟基与异氰酸酯固化剂反应，进入黏合剂体系，增强了 AP 与黏合剂之间的黏结强度。由于反应中有氨气放出，导致固体推进剂多孔，因此常使用的键合剂是它与路易斯酸（BF_3）的络合物或改性过的烷醇胺衍生物[34]。但当 TEA 与 BF_3 在推进剂药浆中同时存在时，在 BF_3 的催化作用下，一方面 TEA 与铝粉和 AP 发生反应，在铝粉和 AP 颗粒周围形成羟基层，产生氢键络合，导致药浆的剪切应变速率指数 n 值减小；另一方面，HTPB 与 BF_3 之间相互作用（铝粉可加速和增强这种作用），使丁羟大分子之间发生交联连结，导致药浆的稠度系数 K 值增大。上述两种作用相结合，可使得含 TEA · BF3 丁羟推进剂药浆在剪切应变力下的表观黏度急剧增大，致使该类推进剂药浆的流动流平性变差[25]。

有机硅烷类化合物通常以包覆 AP 的方式加入到推进剂中，其通式 $X_3Si(CH_2)_nY$。式中 X 是可水解的基团，Y 是能与黏合剂基体发生反应的活性基团。由于 AP 极容易吸潮，而水分的存在会使 AP 与黏合剂的界面黏结性能变差，从而使得推进剂的力学性能变差。硅烷类键合剂的加入消除了填料颗粒周围由于水分引起的弱边界层，增强了填料与基体之间的黏结，其作用机理为：有机硅烷 $X_3Si(CH_2)_nY$ 在 AP 表面微量水的作用下发生水解，变成 $Y(CH_2)_nSi(OH)_3$，然后羟基与 AP 形成强烈的氢键作用，吸附在其表面，而且自聚成高模量的抗撕裂层，另一端的活性基团和黏合剂基体产生链段缠结或直接与基体发生交联反应而进入黏合剂相，从而增强了界面间的黏结[12]。

有机钛酸酯类，一般认为这类键合剂的作用机理是：$Ti(OR)_4$ 在 AP 氧化剂表面吸收空气中的水分发生水解，形成聚合物并通过化学作用或物理吸附与黏合剂相连，以提高推进剂内部界面的黏结强度。李洪旭、邓剑如等人[35]合成的螯合钛酸酯助剂与普通钛酸酯键合剂相比稳定性大大提高，在一般情况下不易水解，用于聚醚推进剂中螯合型钛酸酯靠环状部分的强极性与 HMX 形成氢键或其他强的物理吸附，作用在 HMX 表面，另一端因含有与聚醚分子链相同的链节，与黏合剂相容性好，在黏合剂中充分分散，且与大分子链相互缠结，增强与黏合剂的作用，键合剂端羟基与固化剂反应，进入交联网络，增加交联密度，进一步增强与黏合剂基体的作用，在 HMX 表面上形成高密度交联的模量层，使推进剂强度提高，但延伸率会稍微降低。

海因类化合物作为复合固体推进剂的键合剂适合于多种填料/黏合剂体系；Consaga John P[11]通过扫描电镜研究发现：在推进剂中加入海因类键合剂后，推进剂发生弯曲变形时氧化剂不发生剥离，而且填料颗粒表面形成的高模量抗撕裂层，增强了界面的黏结，明显改善了工艺性能。

中性聚合物键合剂，复合固体推进剂中所采用的键合剂通常是小分子极性化合物，美国学者 Kim[36] 于 1990 年把聚合物大分子引入到键合剂中。提出了中性聚合物键合剂（NPBA）的概念。由于高能推进剂配方加入了大量极性增塑剂，溶解了一部分极性填料，使得填料与黏合剂基体之间形成了软的界面层，导致力学性能变差。一般的小分子键合剂难以迁移到界面上，起不到键合作用。中性聚合物键合剂中因含有多个作用点，与极性填料有极强的亲和力，它的多个活泼羟基在填料表面形成高度交联的过渡层，并与聚合物基体化学交联，从而提高界面的黏结强度。

恶唑啉，多官能度的恶唑啉作为固体火箭推进剂的键合剂，是最近才发展起来的。它在酸性氧化剂 AP 存在的条件下发生聚合反应，从而在 AP 表面形成一层高模量的抗撕裂层，而且聚合产物中的活性基团又与黏合剂体系进行化学交联而进入聚合物基体中，提高氧化剂颗粒与黏合剂的黏结强度[37]。

有机硼酸酯类键合剂为刘裕乃、邓剑如等人[35]研制的一类新型键合剂，这类键合剂的作用机理是：硼原子外层电子结构为 S^2P^1，通过 SP^2 杂化，形成三个 SP^2 杂化轨道，呈平面正三角形，分别与单电子轨道形成 σ 共价键，剩余一空轨道垂直于 SP^2 杂化轨道平面，成为电子对的接受体。而硝胺氧化剂 RDX、HMX 分子中含有大量的 N 原子是 SP^3 杂化，形成三个 σ 共价键后，剩余一对孤对电子，为电子对的给予体，这样，B 原子与 N 原子能形成 N→B 配位键，又因为 B 原子半径较小，吸电子能力较强，所以 B、N 所形成的配位键也较强，另外键合剂所带的活性基团能与固化剂、填料发生反应或形成氢键，进入交联网络。所以这类键合剂能紧密地把填料和基体结合在一起，而且用量少，功效高[10]。

因此，选择硝胺键合剂，应当满足以下要求：对硝胺 HMX、RDX 应具有良好的润湿性，能同硝胺产生化学键或物理吸附，或生成络合物，偶联剂应带有两个以上的可固化基团，通过固化剂与黏合剂形成网络结构，从而在 HMX、RDX 表面形成抗撕裂的高模量层；新偶剂对推进剂的其他主要性能无不良影响[14]。

现在邓剑如等研制的有机硼酸酯类键合剂(BA 系列)由于其良好的偶联效果和机械性能,能紧密地把 RDX 填料和基体结合在一起,而且用量少,功效高,能显著改善丁羟四组元固体推进剂的高温性能与耐老化性能,现在在一些复合固体推进剂中已大量使用。BA 系列键合剂有较好功效的原因除了它能与填料形成很强的配位键,还跟它带有的活泼氢基团有关,它能与固化剂反应进入交联网络,从而把基体和填料结合在一起。因此由于 BA 系列键合剂带有活泼氢基团,它在丁羟复合推进剂固化过程中对固化体系的交联网络、力学性能等都产生了明显影响。

1.2.6 防老剂

丁羟推进剂的老化是一个十分复杂的物理、化学过程。它在贮存过程中,受环境温度、湿度、辐射、光、热、氧以及其他各种因素的影响。在推进剂中氧化剂 AP 发生缓慢分解,产生活泼的氧化性分解产物,攻击丁羟推进剂中易受侵蚀的薄弱环节碳碳双键,引起黏合剂系统的物理和化学变化,形成了丁羟推进剂的老化[15]。丁羟推进剂化学老化导致其力学性能降低,改善其老化性能的技术途径主要有:改善 AP 的热稳定性,抑制 AP 的氧化分解,增强氧化剂与黏合剂的界面黏结效应,提高黏合剂的抗氧化能力。

改善 AP 的热稳定性,氧化剂 AP 的粒度和纯度对固体推进剂的热分解过程有重要的影响。在较高温度和压力下,由扫描电子显微镜检验推进剂破坏位置表明:颗粒较大的氧化剂粒子的破碎可导致推进剂产生裂纹。氧化剂的纯度对推进剂老化有较大的影响,催化的杂质如 ClO_3^- 能加速推进剂分解;负催化的杂质如磷酸盐,能使 AP 推进剂热稳定性增加。因此,重结晶提高纯度、减小 AP 粒度、添加能抑制 AP 热分解的添加剂,可改善 AP 的热稳定性[15]。

增强 AP/HTPB 间的界面黏结效应:添加少量的键合剂能够显著地提高界面黏结效应,不仅能改善推进剂的力学性能,而且也能提高推进剂的耐老化性能[20]。

在丁羟推进剂中,键合剂能与 AP 颗粒发生物理的或化学的吸附;同时它又有活性官能团与黏合剂系统形成化学结合而成为黏合剂网络的一部分,这样,键合剂在 AP 颗粒周围形成了具有半交联高模量的硬而韧性好的键合剂壳层。当氧化剂在外界因素作用下而发生分解时,放出的氧化性产物很难冲破包围它们的高分子坚韧层去攻击黏合剂大分子的薄弱环节碳碳双键,同时,由于氧化性分解产物不易向周围扩散,从而抑制了氧化剂的进一步分解,改善了 HTPB 推进剂的贮存老化能[15]。

提高黏合剂 HTPB 的抗氧化能力:丁羟推进剂的老化主要是 AP 的氧化性分解产物攻击碳碳双键所致,因此,通过黏合剂的氢化使双键完全饱和,也是提高丁羟推进剂的稳定性和延长贮存寿命的有效途径,但 100% 氢化 HTPB 得到的是固态橡胶。添加单一的或复合的防老剂能有效地抑制 HTPB 推进剂的老化。丁羟推进剂中用得较多的是胺类和受阻酚类防老剂。Mastrolia[15] 认为胺类防老剂的防老化效果比受阻酚类好;同时,防老剂的用量存在最佳用量,一般为黏合剂量的 1% 含量,不足达不到最佳防护效果;若含量超过时,多余的防老剂通常起一种助氧化效应[21]。

防老剂 H(N,N' - 二苯基对苯二胺)是现在常用的防老剂,通过吸收氧化物分解与高分子链降解所产生的初级自由基或氧化物来防止丁羟胶老化。但防老剂 H 上也有两个叔胺活泼氢,它也可与固化剂反应,从而交联到丁羟交联网络中,对丁羟的力学性能产生影响。

防老剂 H 在丁羟推进剂中可以看作一种扩链剂,它发挥扩链剂的作用有两个条件:一是使用温度要高于这种扩链剂所形成的硬段微区的玻璃化转变温度,二是固化填料与黏合剂的界面粘接强度要高于这些硬段微区产生塑性滑移变形所需的应力。当使用温度低于 T_g 时,则防老剂 H 所形成的硬段微区便起了一种物理交联的作用,而使黏合剂连续相的强度提高,这会导致推进剂发生“脱湿”。防老剂 H 含量越高,则这些作用会越突出。防老剂 H 使常温力学性能稍有改善,高温力学性能获得显著提高。这是防老剂 H 起扩链剂作用的结果,而当防老剂 H 含量大于 0.15% 时,则其低温伸长率会显著降低,这是界面“脱湿”的结果[22]。

值得指出的是,虽然防老剂 H 由于其扩链作用和引入更多的硬段微区对丁羟推进剂黏合剂体系力学性能的提高大有好处,但是推进剂中含有大量的固体填料,存在着影响推进剂力学性能的界面因素。因此,可以预料到,防老剂 H 对丁羟推进剂力学性能的影响规律可能会与上述现象不同[23]。

1.3 富燃料推进剂的主要性能及特点

1.3.1 能量性能

能量性能是含硼富燃料推进剂的重要性能,是解决导弹武器和宇航推进系统射程和运载能力的基础参数。表征推进剂能量性能的主要参数有质量热值、体积热值、比冲、特征速度、密度、密度比冲、燃气比容、燃气平均相对分子质量等,其中质量热值和密度是富燃料推进剂最重要、最常用的能量特性参数。

提高能量水平是含硼富燃料推进剂发展中一直追求的目标,在满足综合性能使用的情况下,尽量提高能量水平,是增加射程或减小发动机体积的有效途径。为了获得高能量特性的推进剂,必须在富燃料推进剂能量特性设计中分析推进剂组分及其燃烧产物的热力学性能对能量特性的匹配性,使燃烧过程中的氧化还原反应充分进行,推进剂的燃烧效率达到最大。

能量性能的理论计算是选择高能量推进剂配方的重要工作,其关键在于求解固体火箭发动机燃烧室中的燃气平衡组分,通常用平衡常数法和最小自由能法进行求解。由 HTPB、AP、B 组成的富燃料推进剂,理论燃烧热值为 25 ~ 41MJ/kg,密度在 1.45 ~ 1.63g/cm^3,火焰温度达 1800 ~ 2100K。目前,评价富燃料推进剂能量水平常用的试验方法主要通过测试富燃料推进剂在氧弹中的燃烧热值来获得。

1.3.2 工艺性能(流变性能和表 - 界面性能)

含硼富燃料固体推进剂药浆是一种既有高固体填充量特征,又有加热固化特征的复合材料流体。推进剂药浆的流变特性的好坏直接决定着能否成功制备出含硼富燃料推进剂,因此,要研究含硼富燃料推进剂的工艺性能,首先需要研究制备推进剂药浆的流变性能。过去的研究多集中于剪切条件下的流变参数和加工性能,反映的是宏观流动特征。现采用动态测定法研究复合材料的结构,这有助于从本质上认识药浆的流变特性及其规律,对调节和改善推进剂工艺性能将有指导作用[6-11],在一定程度上可预测和调节药柱的力学性能。流变学对于聚合物以及聚合物基的复合材料的研究极为重要。聚合物的流变性质很复杂,因为聚合物的流变特性常表现出非牛顿体特性,它们除了具有复杂的切变黏度外,还表现出弹性、法向应力差和拉伸黏度等。所有这些流变行为又都依赖于聚合物的结构、分子量、分子量分布、各种添加剂的含量、粒度、形状、粒度分布以及剪切速率、温度等。复合固体推进剂和双基推进剂制造过程中要涉及混合、浇铸、压延、压伸成型等工艺,在这些工艺中,聚合物的流变行为对加工的难易、产品的好坏的影响都是很大的。图 1-1 为复合材料的性能关系图,从中可看出流变学(工艺性能)在复合材料研究中的重要地位。

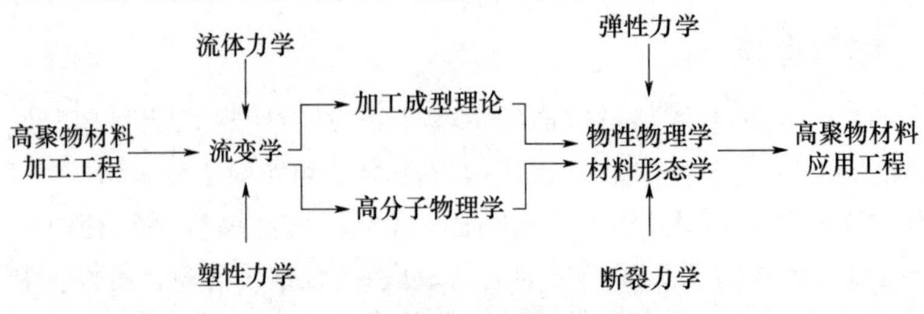

图 1-1 复合材料性能关系

固体推进剂是大量固体颗粒填充的高分子含能材料,表－界面性能是固体推进剂组分(固－固、固－液和液－液)之间的表－界面性质,它不仅影响推进剂的流变性能,而且影响推进剂的结构完整性及力学性能[10]。在含硼富燃料推进剂的研制中,由于工艺和燃烧性能的要求,需要对无定形硼粉进行提纯、钝化、包覆和团聚等表面处理[3-7],其中不同处理方法得到的硼粉与推进剂的黏合剂体系和固体填料间的表－界面性质具有非常重要的影响。随着硼粉的表面性质发生改变,其表面张力、表面自由能等性能也发生变化,进而与黏结剂的界面张力和黏附功等也随着改变,因此,对于表－界面现象的研究一直都是材料表面－界面研究领域的重点[8,9]。目前研究表－界面性能的方法较多,主要有毛细管上升法、最大起泡法、滴重法、滴体积法以及接触角法、薄层毛细渗透法等,而接触角法操作方便、技术相对成熟,已成为表征固体表界面的标准方法之一[11-13]。

固体推进剂的工艺性能调节一般是指推进剂药浆的流变特性调节。推进剂的药浆一般是由两部分组成的:连续相和分散相。连续相包括黏合剂和增塑剂等液体组分,它对药浆流变特性的影响主要包括连续相的本体黏度和它在药浆中所占的体积分数。分散相是指氧化剂和金属粉等刚性填料的颗粒特性及颗粒级配对药浆的流变特性有显著的影响。然而,除连续相和分散相本身性质以外,这二者之间的界面性能也对药浆的流变性能有很大影响。为了改善推进剂的工艺性能,加入表面活性剂类物质,它包覆在固体组分粒子的表面,能使推进剂药浆中的固体颗粒(如 AP、金属粉等)表面被更好地润湿,破坏了固体粒子与黏合剂间的键合,改善界面性能,并大幅度降低液体表面张力,从而使药浆的黏度下降[38]。常用的表面活性剂有十二烷基磺酸钠、卵磷脂和 S_{101} 等。含硼推进剂药浆流变性能的影响,主要有两个方面:一是配方变量的影响,其中包括黏合剂体系和固化剂的影响、氧化剂和金属粉的影响、工艺助剂和其他组分的影响等;二是工艺条件的影响,具体有捏合强度的影响、捏合机结构和尺寸的影响、捏合温度和时间的影响、投料顺序的影响等。其中,固体颗粒的特性显著地影响推进剂药浆的流变特性。

1. 含量的影响

关于悬浮液浓度和黏度的关系有许多学者已进行了研究,较早并很著名的是 Einstein(1906)方程:

$$\eta = \eta_0(1 + k_E\varphi) \tag{1-2}$$

式中:η、η_0 分别为悬浮剂和悬浮液的黏度;k_E 为 Einstein 系数;φ 为填料的体积分数,即

$$\varphi = V_{固}/(V_{固} + V_{液}) \tag{1-3}$$

此公式对球形颗粒且悬浮液浓度小于 2% 时较适用。为了估计中等浓度、

球形颗粒的悬浮液浓度，许多研究者已提出了上百个方程式，其中最常用也最令人满意的有：

1949 年 Robinson 提出的

$$\eta_{sp} = 2.5\left(\frac{\varphi/\varphi_m}{\varphi/\varphi_m}\right) \tag{1-4}$$

Landel 提出的

$$\eta_r = (1 - \varphi/\varphi_m)^{2.5} \tag{1-5}$$

Mooney 提出的

$$\ln\eta_r = \frac{k_E\varphi}{1 - \varphi/\varphi_m} \tag{1-6}$$

H. W. Koch 提出的

$$\eta_r = \left[1 + \frac{2.24\varphi}{1 - \varphi/\varphi_m}\right]^{1.5} \tag{1-7}$$

式中：φ_m为最大堆砌分数，即填料的真实体积与填料堆砌后所占有的表观体积之比。不同的堆砌方式，其最大堆砌分数亦不同。当悬浮液中的固体体积分数逐渐接近 φ_m时，其黏度就急剧上升而趋于一极大的值。

2. 颗粒几何特性对黏度的影响

1）粒度的影响

粒度常用三种方法表示：微米（μm）、筛网的目和气流粉碎压力。目前，国际上常用的 AP 的粒度一般分为四类：400 ~ 600μm 为粗颗粒，50 ~ 200μm 为中等颗粒，5 ~ 15μm 为细颗粒，亚微细粒 ~ 5μm 为超细粒。我国目前生产的球形 AP 的粒度有 40 ~ 60 目（300 ~ 450μm）、60 ~ 80 目（200 ~ 300μm）、80 ~ 100 目（154 ~ 200μm）、100 ~ 140 目（105 ~ 154μm），小于 140 目（105μm）的 AP 则需要推进剂工厂自己加工粉碎。

H. W. Koch 等人对黑索金（RDX）G 和 S 在 TNT 的悬浮液中 RDX 粒度与其悬浮液黏度关系进行了研究，结果表明：粗粒度（大于 200μm）的范围，粒度对黏度影响不大，粒度在 100 ~ 200μm 之间的范围，黏度随粒度的减小而增大，当粒度小于 50μm 时黏度上升很快。

2）粒形的影响

AP 的粒形分球形和非球形两大类。从工艺角度考虑最好选用球形 AP，原因是：球形颗粒具有较小比表面和运动阻力，用它们组成的推进剂药浆可有较大的装填密度和较小的黏度；此外，球形 AP 有较好的抗结块能力。许多学者就粒形对悬浮液黏度的影响也提出了一些表征粒形的参数，常用的有形状系数、状态因数和长径比等。

3）颗粒聚集效应的影响

分散的球形颗粒的 k_E 为 2.5。但当许多小球形成了稳定的刚性聚集体时，由于部分液体已被固定在聚集体中各颗粒的间隙内，所以可流动的自由液体量将相对减少，因而悬浮体的黏度上升，即 k_E 值增大。聚集体的 k_E 既与颗粒数目有关，又与颗粒的排列方式有关。聚集体主要影响 Mooney 公式中的 φ_m 和 k_E 值，即会使 φ_m 变小，使 k_E 变大，若两者结合起来将使药浆的相对黏度随聚集体中颗粒数目的增加而急剧上升。因此，在推进剂制造工艺过程中，应尽量避免 AP 的结块。

另外，固体颗粒的组合特性即粒度的级配对药浆的黏度也有很大的影响。这又涉及颗粒级配理论中的最紧密装填理论和干涉理论[17]。最紧密装填理论的核心思想是：选择恰当的级数、粒径比和计算各颗粒的体积百分数，以便得到最大的装填密度（即余下最小空隙）。在固体含量相同的情况下，具有最紧密装填固体颗粒的药浆，其黏度值最小。干涉理论的要点：小颗粒的平均直径 D_2 加上吸附层应小于平均粒径为 D_1 的大颗粒的间隙，否则，不是小颗粒充不满大颗粒的间隙，就是小颗粒把大颗粒挤开，这样都会导致散粒体假密度的下降，从而使悬浮液的黏度增加。肖扬华在上述两个理论的基础上又提出了滚动级配法[19]，他认为，一个流动的颗粒体系包含着两方面的物理特性——单纯的空间堆积（静态特性）和运动的加速度（动态特性）。最紧密排列理论和干涉理论仅仅强调了颗粒系统运动的静态特性，忽视了动态特性。滚动级配法揭示了高固体含量悬浮颗粒体系降低黏度的本质在于取得良好的群体静态特性和动态特性——空间堆积特性和滚动特性。最紧密排列理论实际上是滚动级配法的特例。当滚动级配法用来指导复合固体推进剂配方设计时，比最紧密排列理论更具机动性和灵活性，可满足宽广燃速和力学性能的特定要求。

1.3.3　燃烧性能

燃烧性能是直接影响火箭发动机弹道性能的重要因素，燃速的高低决定了发动机的工作时间和飞行速度；推进剂燃速受外界压力和温度的影响，其大小将直接影响发动机工作性能的稳定性。因此，控制和调节推进剂的燃烧性能对火箭发动机是十分必要的。

富燃料推进剂的燃烧性能包括诸多方面，如点火性能、稳态燃烧、不稳定燃烧、燃烧效率、燃烧残渣以及熄火性能等。稳态燃烧是固体火箭发动机工作的核心过程，稳态燃烧性能参数主要有燃速（u）、燃速压强指数（n）、燃速温度敏感系数（σ_p）、压力温度敏感系数（π_k）等。

推进剂的燃烧过程是一个复杂的传质传热过程，其本质是一个瞬时、高温、高压的放热化学反应,故化学反应速度、传质传热速度决定了推进剂的燃速。如同反应物本身的性质及反应条件决定化学反应速度一样,推进剂的燃速也决定于其自身的性质,如组分及其含量、组分的物化性质、发动机的工作条件等。含硼富燃料推进剂的燃烧性能调节一般采用燃速催化剂、硼粉含量及粒径级配、氧化剂含量及级配等来调节。燃速的测试方法包括静态燃速测试方法(燃速仪法)和动态燃速测试方法(发动机法)。

含硼富燃料推进剂以其优越的能量性能成为固体火箭冲压发动机的理想燃料,而含硼富燃料推进剂潜在的高能量是通过燃烧的形式释放出来的,因此,其燃烧性能的好坏决定了含硼富燃料推进剂的适用性。对于药柱端面燃烧的非壅塞式固体火箭冲压发动机,要求含硼富燃料推进剂在 0.2 ~ 1.0MPa 下能稳定燃烧,并具有较高的燃速和燃速压强指数。与一般复合固体推进剂相比,含硼富燃料推进剂具有金属燃料含量高、氧化剂含量低等特点,其组成特点与使用环境决定了含硼富燃料推进剂在燃烧过程中存在以下难点:

(1) 燃速低。一方面由于含硼富燃料推进剂配方中氧化剂含量低,导致推进剂一次燃烧的不完全程度增加,燃烧放热量降低,因此推进剂燃速低;同时,受工艺性能的限制,无法加入大量细粒度氧化剂,难以实现高燃速;另一方面,由于含硼富燃料推进剂的工作压强低,尤其对于非壅塞燃气发生器,通常工作在 0.2 ~ 1.0MPa 范围内,如此低的工作压强更不利于富燃料推进剂的燃烧。

(2) 燃速压强指数低。为了保持冲压发动机在飞行过程中因空气流量变化时有高的燃烧效率,必须对燃气发生器进行流量调节。而富燃燃气流量调节的范围取决于推进剂的燃速压强指数,燃速压强指数越高则燃气发生器流量调节的范围越宽,发动机的适应性就越强,因此一般要求推进剂的燃速压强指数在 0.5 以上。但低压下,含硼富燃料推进剂的燃速压强指数一般不大于 0.3,这很难满足冲压发动机流量调节的使用要求。

(3) 一次喷射效率低。为提高含硼富燃料推进剂的能量和与空气补燃的效率,氧化剂含量仅满足维持一次稳定燃烧的量。在这一含量下,推进剂燃烧时产生大量沉积碳、金属氧化物、未燃金属等固体残渣,因而气体量较少,难以将生成的残渣全部喷入补燃室。这些固体残渣并不参与补燃过程,其所含的能量得不到利用,因此会大幅度地降低含硼富燃料推进剂能量的利用效率,从而显著降低推进剂的比冲。

高燃速压力指数是非壅塞式燃气发生器可变流冲压火箭发动机对富燃料推进剂性能的特殊需求。对于固体火箭冲压发动机,在飞行过程中获得随机的推力控制是人们非常希望的,因为这样可以随机调节导弹的速度、机动能力、飞行导弹和射程。获得这种能力的有效方法之一就是使用装填高燃速压力指数的富燃料推进剂可变流量固体火箭冲压发动机,因为冲压二次燃烧室内微小的压力变化将比较显著地影响富燃料推进剂的燃速,从而调节了燃料的流量,进而调节了发动机的推力,实现了随机推力控制。正是由于以上难点,严重影响和阻碍了含硼富燃料推进剂的实际应用,为使含硼富燃料推进剂的优越性能得到完全发挥,必须对推进剂燃速的各影响因素进行研究,寻找提高燃速和燃速压强指数的途径。

1.3.4 含硼富燃料推进剂的性能特点

在战略和战术导弹发展的推动下,在吸收镁铝富燃料推进剂优点的基础上,含硼富燃料推进剂在组成和性能上有了许多改进,研制出一系列具有各种性能的推进剂。在适用于战略导弹用的高比冲、高密度为主要特性的推进剂,有应用于战术武器系统的能量较高、排气烟雾小和性能可调范围大为特性的低特征富燃料推进剂。现将富燃料推进剂的性能特点总结如下[39,40]:

(1) 能量较高。硼具有高体积热值和质量热值的特点,从理论上说是冲压发动机富燃料推进剂最佳的现实燃料选择方案,含硼高能富燃料推进剂是充分发挥固体火箭冲压发动机最大性能优势(高比冲)的基础保障条件,一直是冲压喷气推进领域最寄予希望的高能推进剂。含硼富燃料推进剂与含镁、铝富燃料固体推进剂相比,能量明显提高。常规固体推进剂的热值大约为 8 ~12MJ/kg,其比冲约为 2700N · s/kg,含镁、铝中能富燃料推进剂完全燃烧释放出来的热值大约为 19 ~22MJ/kg,其比冲可达 5000 ~8000N · s/kg,而高能含硼富燃料推进剂完全燃烧释放出来的热值大约为 30 ~34MJ/kg,它是目前唯一能使固冲发动机比冲达到 10000N · s/kg[4-7] 以上的推进能源,其比冲几乎是含铝富燃料推进剂的 1.6 ~1.8 倍,是固体推进剂的 2.96 倍,其体积比冲是所有推进剂中最高的。美国的研究处于前列,硼粉的加入量可达到 40% 以上,热值为 40 ~42MJ/kg,比冲为 13994N · s/kg。

(2) 性能可调范围大,应用的领域广泛。富燃料推进剂与复合推进剂相比,含有较多的金属燃料,不同的金属燃料对富燃料推进剂的性能有着不同的影响。硼粉可提高富燃料推进剂的能量性能;镁、铝粉可改善富燃料推进剂的点火特性和燃烧性能;钛粉、锆粉可提高富燃料推进剂的体积热值;采用碳氢燃料可改善富燃料推进剂的特征信号等;采用的黏合剂体系具有黏度较低等优点,这为提高富燃料推进剂的固体含量和含能材料的添加提供了较大的空间;另外,采用的氧化剂具有多种不同粒度级配,这可较大幅度地调节推进剂的工艺性能和燃烧性能。

(3) 原材料有工业生产基础,工艺成熟。含硼富燃料推进剂主要原材料高氯酸铵和硼粉以及黏合剂体系,工业生产已有相当长的历史,生产工艺成熟,性能稳定。目前应用较为广泛的黏合剂体系为 HTPB,其具有良好的分子结构和较宽的分子链,其价格低廉,其流动性接近于牛顿体,且黏度低,可加入较多的固体组分;氧化剂常用的为 AP,其综合性能(生成热、有效氧含量、密度等)较为优越;HMX 和 RDX 是推进剂中获得广泛应用的高能硝铵炸药,它们具有生成焓高、密度大、燃气无烟等优点,可以显著提高推进剂的能量水平和降低排气羽流特性。

1.4 含硼富燃料推进剂目前存在的问题

尽管含硼富燃料推进剂有着很大的发展潜力,但是也存在着一定的问题,其主要集中在以下几个方面[33-40]:

1. 工艺问题

由于硼表面的杂质(H_3BO_3 或 B_2O_3)与端羟基预聚物会发生反应,从而导致推进剂药浆黏稠,无法流动和浇铸。为解决此问题,国外采取的技术途径主要是硼粉颗粒的表面包覆和在使用前对硼粉进行团聚造粒。对于硼粉的团聚造粒技术,主要是在混合加工前将全部或部分硼粉与黏合剂、氧化剂、含氟助剂等形成团聚颗粒,然后再混合加工,将硼粉制备成团聚球形小颗粒后加入配方。

2. 一次燃烧和喷射效率问题

采用 AP 氧化剂与硼粉团聚造粒技术可高效率调节燃速和提高压力指数;添加镁等易燃成分可降低低压可燃极限。提高硼粒子喷射效率的技术途径主要是提高局部燃烧反应的剧烈程度,如在配方中使用可在燃烧过程中形成局部微爆的硼粉团聚颗粒、燃烧反应比较剧烈的含能黏合剂和自带氧化性基团的富勒烯衍生物。

3. 喷管堵塞(燃料沉积)问题

固冲发动机的长时间工作往往容易发生燃料组分及其氧化物在燃气通道和冲压燃烧室喷管中的沉积,由此改变喷管的结构参数,进而影响发动机的正常工作,情况严重还会导致灾难性后果。对于产生这种现象的主要原因,一般认为是由于燃烧室中金属燃料或其氧化物可能形成液滴,液滴通过与喷管壁的热交换,在一定的喷管几何结构、液滴浓度、液滴和喷管壁温条件下,燃料液滴就会沉积在喷管壁上。为解决以上问题,印度曾采用不同配方体系的含镁富燃料推进剂、不同结构和不同材料的喷管以及对压力相对不敏感的端面燃烧装药结构进行了多次发动机实验,发现该现象的严重程度与富燃料推进剂所含的金属燃料量和喷管材料的导热性两方面密切相关。

4. 二次燃烧的点火、燃烧效率问题

硼粉的点火性能、燃烧效率低主要由于:①含硼富燃料推进剂一次燃烧时硼粉颗粒表面形成黏稠的氧化物层,从而使小颗粒的硼粉发生烧结、成团,降低了二次燃烧时与氧气的混合均匀性,使之不能完全燃烧;②表面覆盖的黏稠 B_2O_3 液体氧化物熔点低沸点高,导致硼粒子在点火燃烧过程中的点火延迟过大,还未燃烧完全就排出喷管,所以燃烧效率低。对其改善主要从两个方面进行:①硼粉包覆,报道较多的有 LiF、Viton A、硅烷、碳化硼、AP、钛(Ti)、锆(Zr)及 GAP 等材料。硼粒子的包覆方法因不同包覆材料而异,LiF 包覆采用中和沉淀法,Viton A 和 GAP 等则采用相分离法,B_4C 包覆则采用一种称为"热反应法"的手段,AP 包覆则采用重结晶法;②在含硼推进剂配方中添加低熔点高热值物质(镁-铝合金等),使用含能黏合剂、含氟氧化剂、含氟黏合剂以及将硼粉与氧化剂形成团聚颗粒,以便在推进剂燃烧过程中形成局部微爆。

5. 金属(半金属)燃料燃烧机理问题

在富燃料推进剂中,金属燃料尤其是硼燃料燃烧过程的机理研究是解决富燃料推进剂应用中与燃烧相关各种技术问题的基础,可为找到解决问题的技术方法提供理论依据和方向。

尽管以燃烧和推进为应用背景进行的金属燃料燃烧机理基础研究很多,也得出了一些有用的结论,但金属燃料燃烧过程中的很多动力学问题仍然未能完全清楚,因此必须更加注重于燃料组分燃烧的动态过程研究,结合发动机设计进行金属燃料本身及其与其他成分混合燃烧过程的动力学基础研究是十分必要的,将为发现其最本质的燃烧规律和明确可以对其施加影响的环节提供可能,为解决富燃料推进剂燃烧问题而进行的技术研究(富燃料推进剂配方燃烧性能调节和发动机设计)提供理论指导。

6. 综合性能调节问题

富燃料推进剂配方最终能否获得应用主要由其综合性能决定,综合性能包括能量水平(热值)、点火、燃烧效率、燃速、压力指数、喷射效率、沉积特性和工艺性能等方面。这些方面有时会相互矛盾,所以要获得综合性能优良的推进剂绝非容易。例如,国外高热值含硼富燃料推进剂配方很多,德、法可达 36MJ/kg,美国可达 40MJ/kg,但欧洲联合开发的 Meteor 导弹却使用了热值偏低的含硼富燃料推进剂,其质量热值为 29MJ/kg 左右(体积热值为 $50kJ/cm^3$),估计其原因可能是高热值含硼富燃料推进剂在某些性能方面(很可能在燃烧性能和燃烧效率方面)存在问题,综合性能水平尚未达到实用水平。

1.5 含硼富燃料推进剂的最新进展

1.5.1 硼粉的表面改性进展

由于硼粉粒径小,形状不规则,在推进剂中加入一定量时会造成工艺困难,使得细粒度氧化剂的加入量减少,不利于燃速调节,更重要的是,燃气发生器产生的富燃气体受补燃室燃烧条件的限制,会导致高理论热值只有很小部分释放出来,因此较好的思路是对硼粉进行处理,这样可以避免工艺、点火和燃烧等问题,又可提高推进剂中超细氧化剂的含量。

多年来,我国对含硼推进剂进行了大量研究,研究表明,采用适当的方法可以改善含硼富燃料推进剂中硼颗粒的燃烧,从而可获得较高的燃烧效率。一般采用的方法有[8-17]:

(1) 用某些添加剂包覆硼颗粒,通过与氧化硼的反应或包覆物自身的放热反应除去氧化层。文献研究了用 LiF、Viton A(氟橡胶)和硅烷包覆硼颗粒对含硼富燃料推进剂的影响,LiF 可以和 B_2O_3 反应,生成低熔点化合物,有助于将 B_2O_3 从硼表面除去,从而使含硼推进剂点火时间缩短;文献用 Ti 或 Zr 包覆硼粒子,当包覆层的金属含量为硼量的 10% ~25% 时,可大大减少硼粒子的点火时间;用 B_4C 包覆硼粒子后,粒子表面形成一惰性层,可阻止硼的氧化。有采用 CO_2 激光点火装置研究 GAP 包覆硼对含硼推进剂点火性能的影响,结果表明,GAP 包覆硼粉在较高的压力下,可提高含硼推进剂的点火能力和含硼推进剂的燃烧残渣分散性,从而可提高含硼推进剂的燃烧效率。

(2) 采用添加易燃金属或高能黏合剂的方法,提高富燃料推进剂的燃烧温度或增加氧化剂与燃料反应的放热值,从而改善含硼推进剂的燃烧性能。在配方中添加镁-铝合金是一种较好的方法,如在含硼推进剂配方(B:30%,AP:40%,CTPB:30%)中添加5% ~10% 的镁-铝合金,可提高推进剂的燃速及燃温,而且促进了硼的点火和燃烧;推进剂配方中以 5% ~10% 的 Mg 部分取代 B,可降低含硼推进剂的点火临界温度,还可缩短点火时间;此外,选用含钾氧化剂(如 $KClO_4$),其中的钾可与 B_2O_3 反应,达到改善硼点火及燃烧性能的目的。

(3) 添加功能助剂。中国台湾对富燃料推进剂也进行了一些研究,研究发现 GAP 包覆硼、氟化石墨可提高硼燃烧效率;并采用视窗药条燃烧器、激光点火设施、快速降压熄火装置、微热量仪等设备研究了 LiF、Viton A 和硅橡胶包覆硼粒子对 B/Mg-Al/AP/HTPB 富燃料推进剂燃烧的影响。

1.5.2 含硼富燃料推进剂研究现状

硼作为一种高热值燃料,国外很早就开始考虑在富燃料推进剂配方中使用硼燃料。西方发达国家基本都研制过含硼富燃料推进剂,其硼粉含量一般在30% ~40%之间,黏合剂主要是HTPB和CTPB,也有少量采用聚酯和GAP黏合剂,氧化剂主要是AP、KP和少量硝胺。其质量热值为35 ~40MJ/kg,体积热值为60 ~65MJ/dm^3,燃速为4 ~12mm/s,压力指数为0.3 ~0.6,而且力学性能良好[18]。

(1) 苏联研究的含硼富燃料推进剂:含硼30% ~55%、氧化剂20% ~25%、铝10% ~30%,热值为36 ~42MJ/kg,密度可达1.62 ~1.68g/cm^3。

(2) 法国SNPE研制的富燃料推进剂,其中报道比较详细的三种推进剂分别为富碳氢燃料推进剂(AEROLITE)、富硼推进剂(AEROLEBE)和碳填料推进剂(AEROLEGUE),所有配方使用的HTPB黏合剂,力学性能较好,能用于浇铸型药柱,其主要组分列于表1-8,其燃烧性能见表1-9。

表1-8 SNPE公司三种推进剂配方

组分	AEROLITE	AEROLEBE	AEROLEGUE
黏合剂/%	52	30	43
高氯酸铵/%	38	30	30
硼粉/%	—	35	—
碳/%	—	—	29
添加剂/%	10	5	8
密度/(g/cm^3)	1.267	1.62	1.44
密度比冲/((N·s/kg)/cm^3)	11670	18240	14024

表1-9 SNPE公司三种推进剂的燃烧性能

推进剂	AEROLITE	AEROLEBE	AEROLEBE	AEROLEGUE
燃速/(mm/s)	2.16	14	12	17
压力/MPa	0.86	5	0.6	5
压力指数	0.6	0.1	0.3	0.2
温度敏感系数/(%/℃)	0.15	—	—	—

(3) 德国MBB公司从1973年开始研制含硼推进剂,其配方基本组成为:含AP25% ~28%、B30% ~45%、Mg/Al6% ~8%、黏合剂20% ~30%,燃速为12 ~14mm/s,压强指数为0.1 ~0.3,质量热值可达34MJ/kg,密度为1.7g/cm^3,燃烧

效率大于80%。研究发现[19]，配方中硼粒子尺寸不应大于3μm，燃气温度应大于2000K，使用易燃金属Mg－Al添加剂有助于去除B_2O_3的氧化物，选择合适的硼团聚尺寸可使含硼富燃料推进剂获得较高的压力指数。

德国拜尔化学公司研究了稳定燃速、高效率燃烧富燃料推进剂，其主要通过硼粉先与氟化物形成团聚颗粒后再加入配方，利用氟化物改善含硼富燃料推进剂中硼的燃烧性能，该推进剂的具体配方及性能见表1－10。

表1－10 含团聚硼富燃料推进剂的配方及性能

编号	B (0.5～5μm)	Al (0.5～20μm)	LiF、Li_3AlF_6	AP	正丁基二茂铁	CTPB	增塑剂	固化剂	燃速/(mm/s)	二次燃烧效率/%
1	42	8	—	25	5	13	6.5	0.5	11	50～65
2	42	8	3，LiF	25	5	13	3.5	0.5	13	70～80
3	42+3	8	3，与硼团聚	25	5	13	3.5	0.5	22	92～96
4	42+3	8	同前	25	1	13	7.5	0.5	12	92～96
5	42+3	8	同前	25	1	10	8.2	2.8	12	92～96
6	42+3	8，Mg	同前	25	1	11.5	9.0	0.5	11	88～92
7	42+3	8	Li_3AlF_6	25	1	11.5	9.0	0.5	13	93～97
8	41.5+3.5	8	Li_3AlF_6	25	1	11.5	9.0	0.5	8	90～94
9	41+4	8	Li_3AlF_6	25	1	11.5	9.0	0.5	10	90～94
10	42+3	6	LiF	25	2，NQ	10，HTPB	9.2	2.8	4	92～96
11	47+3	6	LiF	22	1	11	9.0	0.5	9	90～94

（4）美国空军20世纪80年代研制的含硼富燃料推进剂[18]，其中，含硼50%、AP40%、HTPB10%，质量热值为35MJ/kg，密度1.89g/cm^3。美国宾州大学研究了以BAMO/NMMO为黏合剂的含硼富燃料推进剂的燃烧行为，发现叠氮聚合物所具有的分解放热特性可提高含硼富燃料推进剂的点火性能和燃烧性能。

美国研制的碳氢燃料富燃料推进剂和含硼富燃料推进剂配方及能量性能水平见表1－11。

表1－11 美国研制的富燃料推进剂

性能项目	碳氢燃料富燃料推进剂	含硼富燃料推进剂
配方	65% HTPB+35% AP	50% B+10% HTPB+40% AP
密度/(g/cm^3)	1.31	1.887
质量热值/(MJ/kg)	26	35

（续）

性能项目	碳氢燃料富燃料推进剂	含硼富燃料推进剂
体积热值/(kJ/dm^3)	38.7	65.6
燃气温度/K	1264	2228
一次燃烧排气分子量	29.1	32.5
燃气发生器比热比	1.25	1.17
理论空燃比	8.5	5.6

美国ARC公司研究的高压力指数、高喷射效率含硼富燃料推进剂，配方中含有精细硼粉(40%左右)、黏合剂体系(10%～15%)、AP(15%～20%)和少量Mg、Al或Zr(4%～10%)、燃速催化剂和分散剂等，其性能结果见表1-12。当推进剂中含52%硼(2～3μm，纯度94%～96%)、25%的AP、23%黏合剂体系(含6%正丁基二茂铁燃速催化剂)时，推进剂的燃烧性能见表1-13。

表1-12 硼加入方式(量)不同时发动机实验的喷射效率

编号	硼含量/%	团聚硼含量/%	AP含量/%	黏合剂含量/%	正丁基二茂铁/%	残渣量/%
164	30	0	45.9	24.1	0	4.99
166	30	100	45.9	24.1	0	1.04
162	39	100	40	29	0	2.9
171	50	100	29	21	0	5.78
159	45	0	25	30	0	20.7
173	50	100	29	19	2	4.46
181	50	100	29	17	4	2.65
179	45	0	28	23	4	9.08
177A	55	100	22	22.3	4	5.0
165A	45	0	25	26	4	10.35

表1-13 硼加入方式(量)不同时推进剂的燃速和压力指数

编号	B(加入黏合剂)/%	B(加入团聚颗粒)/%	AP(加入黏合剂中)/%	AP(加入团聚颗粒中)/%	7MPa	
					燃速/(mm/s)	压力指数
1	52	0	25	0	8.9	0.35
2	26	27.3	25	0	15.2	0.20
3	26	29.0	23.6	1.4	15.0	0.30
4	26	30.6	22.1	2.9	14.0	0.25

（续）

编号	B(加入黏合剂)/%	B(加入团聚颗粒)/%	AP(加入黏合剂中)/%	AP(加入团聚颗粒中)/%	7MPa	
					燃速/(mm/s)	压力指数
5	26	32.4	20.4	4.6	14.5	0.35
6	26	32.8	20.0	5.0	9.9	0.34
7	26	38.2	15.0	10.0	9.1	0.36
8	26	43.4	10.0	15.0	9.1	0.40
9	26	48.7	5.0	20.0	10.2	0.53
10	26	54	0	25.0	12.4	0.57

（5）日本报道的高能含硼富燃料推进剂配方，硼含量达32%，此外还含有镁、铝等燃料添加剂，氧化剂主要是AP和KP，还使用了KNO_3，结果见表1-14。

表1-14　日本含硼富燃料推进剂的配方组分及密度

配方组分	1	2	3	4	5	6
端羟基聚丁二烯/%	16	16	16	16	16	16
硼/%	32	32	32	32	32	32
镁/%	8	8	8	—	—	—
锆/%	—	—	—	8	8	8
高氯酸铵/%	29.3	—	—	29.3	—	—
高氯酸钾/%	14.7	39	—	14.7	39	—
硝酸钾/%	—	—	39	—	—	39
氮化钠/%	—	5	5	—	5	5
密度/(g/cm^3)	1.81	1.88	1.74	1.90	1.96	1.87

含硼富燃料推进剂要实现稳定的一次燃烧、高效率喷射和二次燃烧，都希望无机氧化剂的含量要高；另一方面，从冲压发动机的能量水平方面考虑，要求推进剂配方尽可能多的使用硼燃料而降低氧化剂的用量，这一矛盾一直是制约高能含硼富燃料推进剂的应用问题所在，而带有一定氧化性、可自持分解燃烧的含能黏合剂的出现为解决这一矛盾提供了可能。其典型的推进剂配方有：含50%~70%硼和30%~50%的氟-硝基含能聚合物黏合剂，配方用较大量液体含能预聚物黏合剂代替惰性黏合剂的同时，配方可不加入或少加入氧化剂（可加入较多硼），克服了CTPB/AP/B富燃料推进剂的工艺性能不好、热值较低的缺点，该含能黏合剂能自持分解燃烧，也起氧化剂的作用。有研究发现[19]，在GAP富燃料推进剂中添加20%的硼可提高15%的理论比冲；火焰温度测试结果

表明,GAP/B 推进剂在燃气发生器中的燃烧效率较低。

另外,含 30% CTPB、70% AP 和 B 富燃料推进剂中硼粉粒径和含量对 AP/CTPB 富燃料推进剂燃烧特性有一定的影响。结果表明,硼粉粒径减小,富燃料推进剂的燃速增加,燃速压力指数较高,增大硼粉粒径,则燃速压力指数减小,如硼粉粒径为 2.7μm 时,压力指数为 0.61,当硼粉粒径为 9μm 时,燃速压力指数则减小到 0.17。当增加富燃料推进剂中硼含量时,凝相反应热增大,这些数据表明 AP/CTPB/B 推进剂的燃速对硼粉粒径和含量都比较敏感[20]。

1.6 含硼富燃料推进剂的重要性

现代战争对战术武器系统提出了越来越高的要求,要求导弹具有机动、灵活、高速、隐蔽等特点,其中,速度要求最为迫切,正向超声速和高超声速发展,这说明导弹和航空航天技术已经发展到进入冲压发动机最佳工作领域的新阶段。为了适应未来新一代导弹用高超声速飞行器的技术要求,达到快速、机动的目的,就必须发展一种重量轻、体积小、速度快、射程远而机动性能又好的动力装置,而冲压发动机及其组合推进技术则是它的最佳选择[37-41]。因而,目前,国内外对此特别关注。

冲压发动机不同于普通的固体火箭发动机,它的燃料中不含或含有很少的氧化剂,它大部分是直接利用大气中的氧,因而其推进剂的比冲较之火箭发动机要高数倍,因此,对导弹设计具有强大的吸引力。一般而言,飞航式导弹,包括空地导弹、巡航导弹等都希望采用冲压发动机。固体火箭冲压发动机中,富燃料固体火箭发动机(即燃气发生器)燃烧时产生的富燃料燃气,喷入冲压发动机燃烧室,在那里与进入燃烧室内的空气掺混,进行第二次燃烧,燃气经喷管膨胀产生推力。由此看出,要求推进剂必须含氧量少、燃烧稳定、能量高和补氧燃烧效率高。

随着科学技术的进步,固体冲压发动机是富燃料推进剂主要的应用上游技术领域,经过几十年的发展,呈现出性能不断提高和品种日益细分的发展趋势,富燃料推进剂也处于相应的发展之中,其性能不断提高、配方种类也呈多样化发展。对于富燃料推进剂的长远发展而言,高性能的含硼推进剂配方始终是不变的选择,国外最新型的固体火箭冲压发动机大都采用了含硼推进剂配方。但从满足现实需求出发,燃烧性能更好的镁-铝推进剂配方可能更容易取得应用突破。富燃料推进剂技术不仅是飞航式导弹向超声速和高超声速($Ma>4\sim8$)、中高空($H>15\sim40$km)、超低空($H<100\sim300$m)和中远程($L>100$km)方向发展所需吸气式发动机的关键技术,也是推力可调的固液混合火箭发动机的重要支撑技术。

在富燃料推进剂性能调节方面,燃烧性能(尤其对于含硼推进剂配方)无疑是重中之重,而且燃烧性能调节是非常复杂的系统工作,可能涉及推进剂配方组分的选择、比例、配伍、加工技术等多方面的一些关键技术。一旦高能含硼富燃料推进剂的应用问题得到解决,燃烧效率大幅度提高,以富燃料推进剂为燃料的冲压发动机在与其他发动机的竞争中将具有显著优势。

参 考 文 献

[1] 王伯羲,冯增国,杨荣杰. 火药燃烧理论[M]. 北京:北京理工大学出版社. 1997.

[2] 李葆萱,王克秀. 固体推进剂性能[M]. 西安:西北工业大学出版社,1990.

[3] 藏令千. 硼用作推进剂燃料组分的研究[J]. 推进技术,1990,11(4):56-62.

[4] 庞维强,张教强,国际英,等. 21 世纪国外固体推进剂的研究与发展趋势[J]. 化学推进剂与高分子材料,2005,3(3):16-20.

[5] 胥会祥,樊学忠,赵凤起. 富燃料推进剂的研制现状及展望[J]. 飞航导弹,2005(1):48-53.

[6] 庞维强,樊学忠. 金属燃料在固体推进剂中的应用进展[J]. 化学推进剂与高分子材料,2009,7(2):1-5.

[7] 张远君. 金属推进燃料的研究进展[J]. 推进技术,1981(3):66-68.

[8] 张炜,朱慧,方丁酉. 改善含硼高能富燃料推进剂燃烧特性的技术途径[J]. 含能材料,1998,6(4):179-182.

[9] 庞维强. 高含硼量富燃料推进剂研究[D]. 西安:西安近代化学研究所,2011.

[10] 王永寿译. 固体推进剂中铝硼的燃烧[J]. 飞航导弹,1987(3):41-43.

[11] 范红杰,王宁飞,关大林. GAP 包覆硼对硼固体推进剂燃烧特性的研究[J]. 推进技术,2002,23(3):262-264.

[12] 庞维强,张教强,胡松启,等. 团聚硼对富燃料推进剂燃速的影响[J]. 火炸药学报,2006,19(2):104-106.

[13] 裴羊. 固体冲压发动机含金属燃料的燃烧研究[J]. 推进技术,1986(5):76-79.

[14] 庞维强,张教强,张琼方,等. 硼粉的包覆及含包覆硼推进剂燃烧残渣成分分析[J]. 固体火箭技术,2006,12(2):204-207.

[15] Yoshio Oyumi. Urethane reaction Mechanism on the amorphous boron Surface in Gap propellant[J]. Explosives, Pyrotechnics, 1992, 17(5):278-282.

[16] Liehmann W. Combustion of Boron - Based Slurries in a Ramburner[J]. Explosives, Pyrotechnics, 1992, 17(1):14-16.

[17] PANG Wei - qiang, FAN Xue - zhong, YU Hong - jian, et al. Application of Amorphous Boron Agglomerated with Hydroxyl Terminated Polybutadiene in Fuel - rich Solid Propellant[J]. Propellant Explosive & Pyrotechnics, 2011, 36.

[18] 庞维强,樊学忠,胥会祥,等. 一种镁铝贫氧推进剂标准物质研究[J]. 宇航计测技术,2009,29(2):

57 - 60.
[19] King M K. Ignition of Boron Particles and Clouds[J]. J. Spacecraft, 1982,19(4):294 - 296.
[20] Macek A, Semple J M. Combustion of Boron Particles at Atmospheric Pressure[J]. Combustion Science and Technology, 1969(1):181 - 183.
[21] 庞维强. 硼团聚技术及其在富燃料推进剂中的应用研究[D]. 西安:西北工业大学,2006.
[22] Kuwahara T, Kubota N. Role of Boron in Burning Rate Augmentation of AP Composite Propellants[J]. Propellants, Explosives, Pyrotechnics, 1989, 14:43 - 45.
[23] 庞维强. 硼团聚技术及其在富燃料推进剂中的应用研究[D]. 西安:西北工业大学,2006.
[24] Hsich W H. Combustion Behavior of Boron Based BAMO/NMMO Fuel Rich Solid Propellants, AIAA 89 - 2884.
[25] 高东磊. 含硼富燃料推进剂一次燃烧性能研究[D]. 长沙:国防科技大学,2009.
[26] 胡松启. 含硼富燃料推进剂一次燃烧性能研究[D]. 西安:西北工业大学,2004.
[27] 毛成立. 含硼贫氧推进剂燃烧研究[D]. 西安:西北工业大学,2001.
[28] 魏青. 高含硼富燃固体推进剂工艺和燃烧性能研究[D]. 西安:西北工业大学,2005.
[29] 肖秀友. 镁铝富燃料推进剂及低压燃烧研究[D]. 西安:西北工业大学,2005.
[30] 庞维强,樊学忠,胥会祥,等. 采用化学物质对无定形硼粉表面改性研究[J]. 固体火箭技术,2010,33(2):196 - 200.
[31] 庞维强,胥会祥,王国强,等. 含镁铝富燃料推进剂低压燃速规律研究[J]. 计测技术, 2008,28(6):16 - 19.
[32] 王桂兰,赵秀媛. 硼粉在推进剂中应用研究[J]. 固体火箭技术,1998,21(2):46 - 49.
[33] 李疏芬. 含硼推进剂燃烧性能的改善[J]. 固体火箭技术,1995,18(2):39 - 42.
[34] 李凤生,Haridwar Singh, 郭效德,等. 新型火药设计与制造. 国防工业出版社,2008.
[35] 吴婉娥,毛根旺,胡松启,等. 含硼富燃推进剂压强指数的影响因素[J]. 火炸药学报, 2007,30(3):62 - 65.
[36] 陈艳萍. 高能含硼富燃料推进剂研究[D]. 长沙:国防科学技术大学,2005.
[37] 张继华. 火药物理化学性能[M]. 北京:北京理工大学出版社,1997.
[38] 郑剑,王爱华,庞爱民. 含硼 HTPB 富燃料推进剂工艺恶化机理研究[J]. 推进技术, 2003,24(3):282 - 285.
[39] 郑剑. 高能含硼富燃料推进剂技术研究[D]. 北京:北京理工大学,2004.
[40] 潘祖仁. 高分子化学[M]. 北京:化学出版社,1992.
[41] 王英红. 含硼富燃料推进剂低压燃烧研究[D]. 西安:西北工业大学,2004.

第二章 硼粉的表面改性及其表征

2.1 概　述

由于无定形硼粉表面的B_2O_3、H_3BO_3与HTPB黏合剂中的羟基发生硼酸酯化反应，大大恶化了富燃料推进剂的制备工艺。为了有效改善含硼富燃料推进剂药浆的流变特性，必须采取措施以减少硼粉表面B_2O_3、H_3BO_3等杂质。研究结果表明[1-3]，对无定形硼粉进行团聚改性是目前改善含硼富燃料推进剂工艺性能的重要途径之一，也是目前硼粒子表面处理研究的热点之一。硼粉通过团聚不仅可得到不同粒径的硼颗粒，团聚硼颗粒的粒度级配可改善推进剂的工艺性能，有效解决浇铸问题[4-7]。

粉体的团聚（造粒）方法一般有干法与湿法两种。干法团聚（造粒）是将粉体连续通过一个旋转圆筒，使粉状物料因其物理黏附力而成为球状颗粒。干法团聚设备简单，成本低，耗能少，但制得的粒子强度低，球状颗粒易破坏。湿法团聚（造粒）是将粉状物料与一定比例的团聚剂混合、润湿和搅拌，成粒后再干燥，除去其中溶剂即成为颗粒状粒子。这种方法中粉体粘接牢固，粒子强度较高，以减少粉体在运输及使用过程中的污染[8]。针对硼含量不低于40%的富燃料推进剂的制备工艺存在困难的问题，本书采用几种不同含量的化学物质对无定形硼粉进行了预处理，通过调节黏合剂的种类和含量、优化制备工艺参数等条件，采用机械搅拌法制备颗粒粒度分布均匀、粒径可控的球形团聚硼颗粒，为进一步制备高含量硼富燃料推进剂奠定基础并提供技术支撑。

2.2 硼粉对推进剂制备工艺的恶化及机理研究

关于含硼富燃料推进剂工艺恶化现象的机理，目前有两种观点：①硼粉表面的杂质B_2O_3与HTPB的碳碳双键形成三中心二电子键，产生较强的吸附作用而导致体系黏度大，影响含硼HTPB推进剂的制药工艺[9]；②硼粉表面的杂质与HTPB

发生了缩合反应[10]，产生了大分子化合物，其本征黏度很大，从而使体系的黏度迅速上升而工艺恶化。除此以外，硼原料中的其他杂质，如 Mg、$MgCl_2$、MgO、MgB_2、MgB_4、B_2O_3、BO_6、BO_7等，有的易吸湿，很容易使硼粒子表面吸附着大量水分，也造成了硼粉与推进剂体系不相容[11]。可见，凝胶化反应与硼粉中的杂质有关。

2.2.1　XPS 分析

硼粉中一般含有 Mg、Al、Fe、Mn、Si、Ca、Ni、Pb 等元素[12]。我们也对硼粉的理化性能如总硼含量、水溶性硼含量、pH、过氧化氢不溶物及粒度等进行了测试[13]，但此结果不能确切地说明硼粉中含有哪些杂质。XPS(X 射线光电子能谱)是确定固体表面层原子种类和价电子态的有效手段，因而 XPS 不仅能够分析物质表面的元素组成，而且能够确定元素的化学状态，同时也能给出必要的定量信息。对不同厂家的两批硼粉(硼 A 和硼 B)进行了 XPS 分析，结果见表 2－1 和图 2－1。

表 2－1　硼粉 A 和硼粉 B 的表面元素

元素	C/%	O/%	B/%	Fe/%	Cr/%
硼 A	43.38	21.28	34.91	0.22	0.22
硼 B	48.96	18.70	32.05	—	0.29

由表 2－1 可见，硼粉表面主要存在的元素是 C 和 O，原因是所测试的硼粉均为超细硼粉，粒度仅为 1～2μm，为降低其表面能，吸附了碳氧化物或其他化合物，表面不“新鲜”，导致测定结果中 C、O 含量偏高，样品表面的真实情况被掩蔽。由图 2－1 中各峰的结合能数值判断，硼 A 中的硼元素以单质硼和硼的化合物(H_3BO_3 和 B_2O_3)等形式存在，硼 B 同样如此[14,15]。

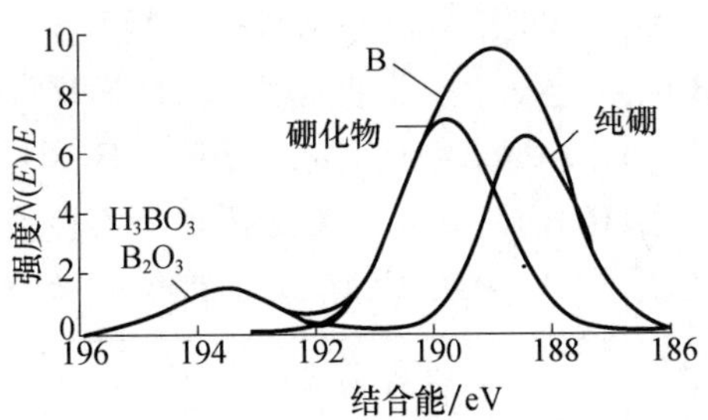

图 2－1　硼粉 A 中硼元素分析

2.2.2　黏度分析

将晶体硼粉(硼含量 >98%)和无定形硼粉(硼含量≈90%)分别与 HTPB

以质量比4∶6混置于50℃油浴上恒温加热。发现两者均有凝胶生成，测得两体系的黏度和屈服值，结果见表2-2和表2-3。

表2-2 黏度比较

η/(Pa·s) \ t/h	1	2	3	4	5
晶体硼/HTPB	228.5	325.8	367.9	389.2	424.5
无定形硼/HTPB	293.4	412.0	497.1	501.9	581.6

表2-3 屈服值比较

不同体系 \ t/h	1.5	2.5	3.5	4.5	5.5
晶体硼/HTPB	23.6	29.8	32.9	36.0	38.3
无定形硼/HTPB	24.9	35.6	39.4	43.1	48.8

由表2-2和表2-3可见，晶体硼/HTPB体系黏度和屈服值的增长比普通B/HTPB体系慢，这表明随着硼粉中的杂质增加使含硼HTPB推进剂的工艺更加恶化。XPS分析显示硼粉中含有H_3BO_3、B_2O_3，而根据无定形硼的镁还原法[16]制备流程，判断硼粉中主要的杂质应是原料H_3BO_3、Mg和反应副产物MgO、$MgCl_2$和中间产物B_2O_3等。设计了模拟实验来考察硼粉中的杂质（H_3BO_3和B_2O_3）以及可能含有的杂质（Mg和MgO）与HTPB的反应情况。实验如下：在1∶1的HTPB/Al体系中分别加入5%的Mg、MgO、H_3BO_3、B_2O_3，将各体系恒温50℃保存，发现加了H_3BO_3、B_2O_3的体系分别在第90h和25h凝胶化，其他体系无异常。各体系黏度测试结果见表2-4。由上述现象及表2-4结果可见，硼粉表面杂质H_3BO_3、B_2O_3引起了硼粉与HTPB的凝胶化反应，为验证H_3BO_3、B_2O_3是不是与HTPB的双键发生了不良作用，以CTPB/Al=1∶1的体系进行同样的实验，结果见表2-5。由表2-5可见，CTPB与H_3BO_3、B_2O_3没有发生导致黏度急剧增长的反应，即H_3BO_3、B_2O_3与双键无显著不良作用。

表2-4 H_3BO_3、B_2O_3、MgO和Mg对HTPB/Al体系的黏度影响

η/(Pa·s) \ t/h	1	6	9	14	25	32	48	56	72
HTPB/Al	12.8	12.6	12.4	11.2	12.6	15.4	13.7	14.4	14.2
HTPB/Al/H_3BO_3	27.8	37.2	43.3	59.7	85.1	173.4	278.7	309.8	436.6
HTPB/Al/B_2O_3	58.9	117.0	258.0	497.6	凝胶				
HTPB/Al/MgO	22.3	23.0	24.3	25.2	25.8	25.3	29.4	29.7	29.1
HTPB/Al/Mg	16.5	16.8	17.3	16.9	20.5	17.0	16.5	17.3	18.9

表 2－5　H_3BO_3 和 B_2O_3 对 CTPB/Al 体系的黏度影响

η/(Pa·s) \ t/h	1	3	8	15	24	32	48	72
CTPB/Al	35.8	35.5	35.7	36.2	37.2	37.6	38.4	38.9
CTPB/Al/B_2O_3	48.5	45.1	42.9	43.3	46.6	50.4	51.2	51.8
CTPB/Al/H_3BO_3	46.5	46.7	45.8	47.9	50.5	48.0	49.5	51.3

2.2.3　红外分析

将 H_3BO_3、B_2O_3 各 2g 分别与 10g HTPB 相混，置于 50℃ 油浴上反应，取生成的凝胶进行红外分析。发现相对于 HTPB 的红外图谱，H_3BO_3/HTPB 凝胶产物和 B_2O_3/HTPB 凝胶产物的红外图谱分别在 $1348cm^{-1}$ 和 $1336cm^{-1}$ 处有新峰生成[15]，两个新峰均位于硼酸酯中 B－O 键的红外振动吸收谱带 $1350 \sim 1310cm^{-1}$ 之间[17]。由此推断，HTPB 与 H_3BO_3、B_2O_3 的反应产物应当是相同的，反应产物都是硼酸酯。

将 B_2O_3 和硼粉各 2g 分别与 10g HTPB 相混合，使用红外原位分析法检测 1h 内混合体系的反应情况，其中前者测了四个时间点，结果如图 2－2 和图 2－3 所示。

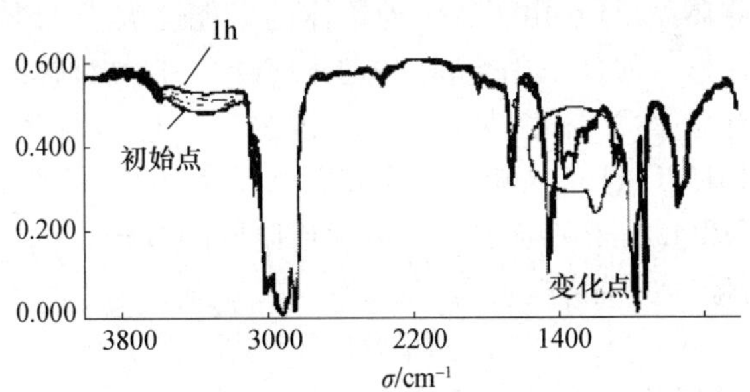

图 2－2　B_2O_3/HTPB 体系的红外光谱随时间的变化

从图 2－2 可见，HTPB 与 B_2O_3 的反应混合体系随着混合时间的延长，$3350cm^{-1}$ 处的羟基峰强度在逐渐下降；在 $1340cm^{-1}$ 处出现新峰，且此峰的强度在逐渐增强，结论是 B_2O_3 与 THPB 中的羟基发生酯化反应生成了硼酸酯。在 B/HTPB 体系的红外原位分析中，由于硼粉的散射作用，其红外光谱图（图 2－3）中 HTPB 的羟基峰变化不明显，但在 $1340cm^{-1}$ 处明显产生新峰，证明该体系也有硼酸酯生成。表明硼粉中的 H_3BO_3、B_2O_3 杂质与 HTPB 的羟基发生了酯化

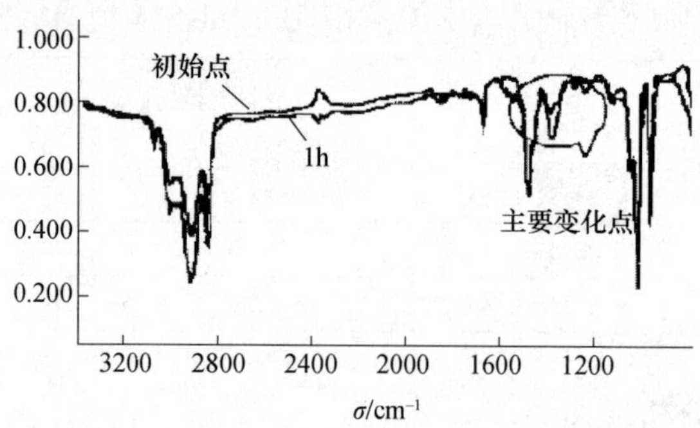

图 2-3　B/HTPB 体系的红外光谱随时间的变化

反应。值得注意的是，B/HTPB 混合物的红外原位谱图在混合初期就明显出现了 $1340cm^{-1}$ 峰，这是由于硼粉表面积大，硼粉表面 H_3BO_3、B_2O_3 与 HTPB 的接触面积非常大，反应速度更快。

2.2.4　含硼 HTPB 富燃料推进剂工艺恶化的机理分析

在 HTPB 与 H_3BO_3、B_2O_3 的酯化反应中，H_3BO_3 相当于 3 官能度，B_2O_3 由于其结构的特殊性官能度应该大于 3，甚至大于 6（具体分析见文献[15]），而 HTPB 则相当于 2 官能度。当 H_3BO_3 与 HTPB 在一起进行酯化反应时，相当于一个 2～3 官能度体系反应，由于有一种单体的官能度大于 2，其反应历程[18]必然是先形成支链，进一步反应则交联成体型聚合物。在这种体系中，聚合反应到某一程度时，就开始交联，体系黏度突升，气泡也难以上升，体系形成凝胶。这个过程与 HTPB 和 H_3BO_3、B_2O_3、硼粉的反应现象极为一致。因而，可推断 H_3BO_3、B_2O_3、硼粉与 HTPB 的酯化反应是一交联形成凝胶的过程。

体系形成凝胶时的临界反应程度[18]为

$$P_C = 2/\bar{f} \tag{2-1}$$

式中：$\bar{f}$代表体系的平均官能度，当两官能团非等量的单体在发生凝胶化反应时，体系的平均官能度$\bar{f}$等于非过量官能团数的两倍除以体系所有分子数。即

$$\bar{f} = 2f_2 \cdot N_A/(N_A + N_B) \tag{2-2}$$

从上面两式可看出，P_C的大小由$\bar{f}$的大小决定。$\bar{f}$越大，P_C越小，即凝胶出现得越早。

对于 H_3BO_3、B_2O_3 与 HTPB 的凝胶化反应来说，HTPB 过量[15]，体系平均官能度可用式(2-2)来表示。

在研究 H_3BO_3、B_2O_3 对 HTPB/铝粉体系黏度的影响时，H_3BO_3、B_2O_3 的加入量均是5g。由于 H_3BO_3、B_2O_3 的摩尔质量分别为61.8 和69.6，二者的摩尔质量

相差不大,故设二者的分子数 $N_{H_3BO_3}=N_{B_2O_3}$,又因为 H_3BO_3 的官能度 $f_{H_3BO_3}=3$,B_2O_3 的官能度 $f_{B_2O_3}>3$,即 $f_{H_3BO_3}<f_{B_2O_3}$。根据式(2-1),有

$$P_{C(B_2O_3)}<P_{C(H_3BO_3)} \tag{2-3}$$

式(2-3)反映出 H_3BO 和 B_2O_3 与 HTPB 发生酯化交联反应时,B_2O_3 与 HTPB 形成凝胶更快更早,这与模拟实验一致。

硼粉与 HTPB 反应形成凝胶的过程,也可用式(2-1)和式(2-2)来计算所发生凝胶化反应的临界反应程度 P_C。设 HTPB 与硼粉(硼 B)的质量比为 1∶1,HTPB 的质量为 100g,与之相混的硼粉也为 100g,根据硼 B 的组成[15],估算 100g 硼粉中 H_3BO_3 为 3.79g,B_2O_3 为 0.76。用式(2-1)来计算体系的平均官能度,可得

$$\bar{f}=\frac{2(f_{H_3BO_3}\cdot N_{H_3BO_3}+f_{B_2O_3}\cdot N_{B_2O_3})}{N_{H_3BO_3}+N_{B_2O_3}+N_{HTPB}} \tag{2-4}$$

所用 HTPB 的羟值为 0.482mmol/g,相对分子质量为 4150。设 B_2O_3 参与酯化反应的官能度为 3,代入各已知值,解得 $\bar{f}=4.50$。所以 $P_C=2/\bar{f}=44.5\%$。

若设 B_2O_3 参与酯化反应的官能度为 6,代入各已知值,解得 $\bar{f}=5.18$。所以 $P_C=2/\bar{f}=38.6\%$。

计算结果表明,当硼粉与 HTPB 以 1∶1相混时,出现凝胶的临界反应程度最高为 44.5%,即只要硼粉表面的 H_3BO、B_2O_3 各反应 44.5%,体系即凝胶化。由于硼粒子的表面被大量的 H_3BO 和 B_2O_3 覆盖,硼粉粒度又很细,所以 H_3BO 和 B_2O_3 与 HTPB 的反应面积非常大,交联反应的速度也就很快,很快就能达到 44.5%这个反应程度。而且,在实际的药浆里,硼粉所占的比例还要高,HTPB 的相对量减少,即药浆的平均官能度更高,P_C 更小;捏合机的强力搅拌又使反应物料的接触更为充分,交联反应的速度更快。从硼粉与 HTPB 体系出现凝胶的临界反应程度 P_C 更小和交联反应速度更快,可推断该体系会急速凝胶化而使整个体系黏度骤升而工艺恶化。由此可见,硼粉中杂质 H_3BO_3、B_2O_3 是导致含硼 HTPB 富燃料推进剂工艺恶化的主要原因,H_3BO_3、B_2O_3 与 HTPB 的羟基反应生成了硼酸酯,引起了凝胶化反应,是导致 B/HTPB 不相容的根本原因。

2.3 团聚硼颗粒的制备工艺流程

球形团聚硼颗粒的制备工艺流程如图 2-4 所示,不同类型的团聚硼颗粒的制备工艺流程如图 2-5 所示。

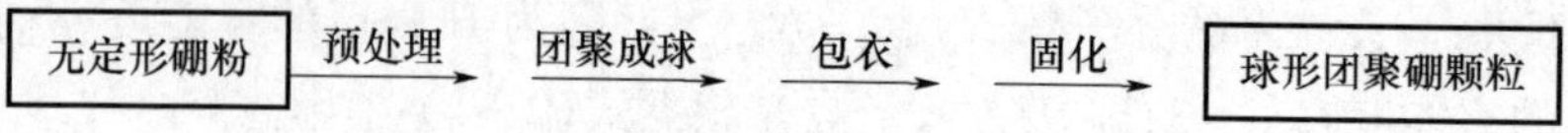

无定形硼粉 → 预处理 → 团聚成球 → 包衣 → 固化 → 球形团聚硼颗粒

图 2-4　球形团聚硼颗粒的制备工艺流程图

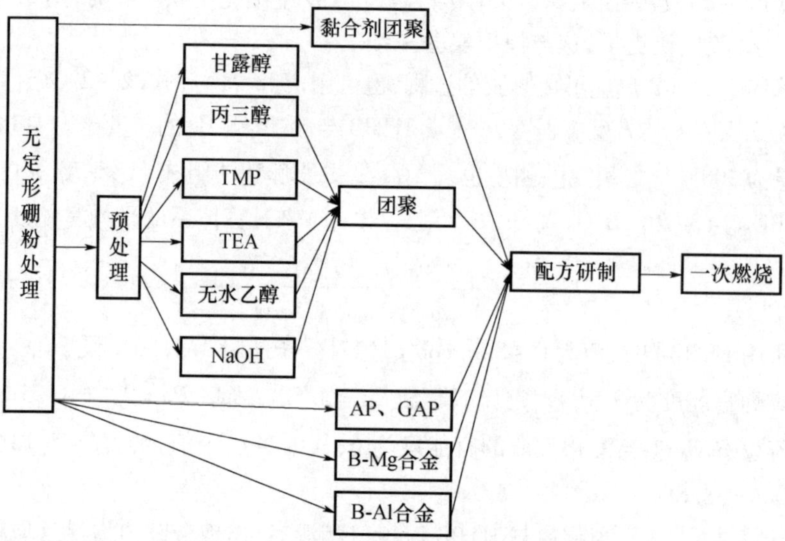

无定形硼粉处理 → 黏合剂团聚 → 配方研制

无定形硼粉处理 → 预处理 → 甘露醇 / 丙三醇 / TMP / TEA / 无水乙醇 / NaOH → 团聚 → 配方研制

无定形硼粉处理 → AP、GAP / B-Mg合金 / B-Al合金 → 配方研制

配方研制 → 一次燃烧

图 2-5　不同类型的团聚硼颗粒的制备流程图

2.3.1 无定形硼粉的预处理

无定形硼粉的预处理装置如图 2-6 所示。

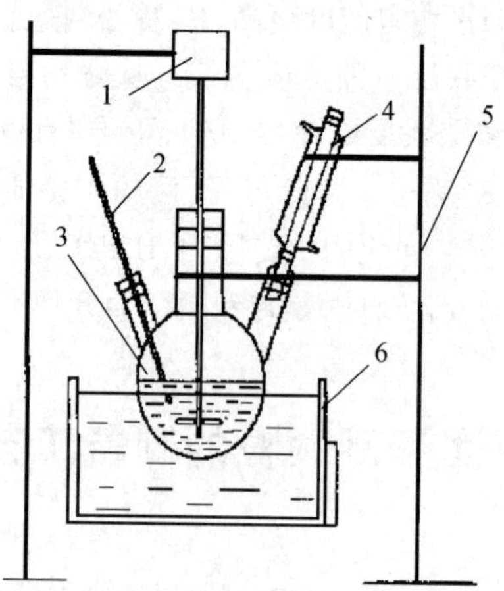

图 2-6　无定形硼粉的预处理装置示意图

1—搅拌器;2—温度计;3—三口烧瓶;4—回流管;5—铁架台;6—恒温水浴。

采用不同化学物质对无定形硼粉的预处理：分别将甘露醇、三羟甲基丙烷（TMP）和三乙醇胺（TEA）按一定比例溶解于150mL溶剂（其中：甘露醇用无水乙醇溶解；TMP用丙酮溶解；TEA用无水乙醇溶解）中，加入一定量的无定形硼粉，充分搅拌使其充分分散，在50℃水浴中搅拌反应24h，除去溶剂后，在70℃下干燥72h可得到不同化学物质表面改性的硼粒子，待用，分别以B－1、B－2和B－3表示。在烧杯中加入300mL的NaOH溶液（2mol/L）和50g无定形硼粉，在60℃下搅拌反应4h后，水洗至中性，过滤并在70℃下烘干，即可得到NaOH溶液表面改性的硼粒子，待用，以B－4表示。

其中，无定形硼粉用B－0表示。

备注：由于实验过程中采用无水乙醇、丙三醇、己六醇等对无定形硼粉进行预处理效果较差，具体表现为采用以上化学物质对无定形硼分别进行预处理并与HTPB黏合剂采用一定比例混合后，悬浮液表观黏度增加较快，其明显出现了“凝胶”现象，故后面的研究未涉及用无水乙醇、丙三醇和己六醇等预处理硼粉的效果。

2.3.2　无定形硼粉的包覆

由于硼的点火和燃烧性能较差，燃烧时在粒子表面形成一层熔融的氧化层，必须在很高温度下才能使该氧化层以足够高的速度蒸发，使氧化层内的粒子快速燃烧。硼的表面存在B_2O_3、H_3BO_3等杂质，严重影响了硼与常用HTPB黏合剂体系的相容性[19,20]。实验选取了AP、PBT、HTPB和LiF等不同的包覆材料，对硼粉分别采用了不同的方法进行包覆。AP主要采用非溶剂法及沉积法；PBT和HTPB主要采用分子中的官能团在无机颗粒表面进行化学反应对颗粒表面进行包覆；LiF主要采用中和沉淀法。文中通过透射电镜（TEM）、酸度计等对硼粉的包覆效果进行评价，初步研究了采用不同的包覆剂包覆硼粉后对含硼富燃料推进剂制药工艺的影响。

1. 实验原理

AP主要采用非溶剂法及沉积法对硼粉进行包覆，非溶剂法即直接利用AP在两种互不相溶的溶剂中溶解度的不同，将AP从其饱和溶液中结晶凝结在硼粒子的表面而形成包覆层；沉积法是将溶剂蒸发，使溶质AP从过饱和溶液中析出。实验发现，溶剂的蒸发速率对包覆效果的影响很大，蒸发速率较低时，溶质能够较均匀、完整地沉积在硼粒子表面，形成良好的包覆层（最佳蒸发速率为10g/h）。PBT是一类带有羟基的聚合物，采用其分子中的官能团与硼粉表面的氧化物进行反应对颗粒表面进行包覆，使颗粒表面有机化而达到表面改性的目的。以四氢呋喃为溶剂，包覆前对硼粉进行硅烷偶联剂预处理，表面直接反应进行16h以上，可达到最佳的包覆效果。HTPB的反应原理与PBT类似，使硼粉表面的酸性基团与 HTPB 进行反应,产生结合力强的化学键,然后进行固化反应达到包覆的目的(HTPB 的包覆量应不超过 10%)。LiF 主要采用中和沉淀法,基于 LiOH(aq) + HF(aq)═LiF(s) + H_2O 反应,当溶液中有硼粒子存在时,析出的 LiF 将沉积在硼粒子表面,从而达到包覆的目的。

2. 实验注意事项

(1) 在硼粉的包覆过程中,采用超声波分散和机械搅拌相结合的方式,有助于改善包覆层的均匀性和颗粒的分散性。

(2) 用 AP 包覆硼粉时,溶剂的蒸发速率慢,溶质 AP 的结晶速度缓慢,AP 可较均匀地沉积在硼粉表面,包覆效果较好。

(3) 用 LiF 包覆硼粉时,搅拌速度影响基体在改性体系中分散的均匀性,实验发现搅拌速度在 750r/min 左右时,包覆效果较好。

(4) 用 PBT 包覆硼粉时,随反应时间的延长,样品表面的 PBT 壳层越来越厚,使得样品的红外吸收增强,透过率减小;反应进行 24h 后的红外谱图与反应进行 16h 的图谱基本相似,认为反应进行 16h 后已基本完毕。

(5) 用 HTPB 包覆硼粉时,包覆量和反应时间对包覆效果都有影响,当包覆量大于 15% 时,包覆后的硼粉易结块,而且包覆量太大,对推进剂的燃速和能量等都产生一定影响,所以在包覆过程中选择包覆量为 10%;通过比较反应时间为 8h、14h 和 16h 的包覆样品的酸度后发现,反应进行 8h 时,还有一部分硼粉未被完全包覆,反应进行 14h 后,硼粉表面基本被 HTPB 包覆,而且随着反应时间的延长,包覆硼的悬浊液的 pH 值基本不再变化,再延长反应时间对反应无益。

3. 不同包覆剂对硼粉表面包覆层的影响

表面分别用 AP、PBT、HTPB 和 LiF 包覆后的硼粉(B^{AP}、B^{HTPB}、B^{PBT}、B^{LiF})的透射电镜照片如图 2-7 所示。

由图 2-7(a)可看到,在硼粉颗粒的外表面有较明显的包覆层存在,证明通过沉积法的确在硼粉上包覆了一层 AP 膜,因为包覆层 AP 溶于大部分有机溶剂及水,故测试时直接将 AP 包覆的硼粉放在载物片上,其分散性不如采用有机溶剂分散效果理想,易团聚;由图 2-7(b)除了可看到无规则的硼粉颗粒以及团聚颗粒外,还可看到在这些颗粒外围有一层透明的膜状物质,这层膜状物质就是 LiF;由图 2-7(c)可看到,在硼粉的表面有一层透明薄膜状包覆物,可认为是 PBT 与硼粉表面的物质发生了化学反应生成包覆层,从而包覆在硼粉表面;由图 2-7(d)除了可看到无规则的硼粉颗粒以及团聚颗粒外,还可以看到在这些颗粒外围有一层透明的膜状物质,这层膜状物质可认为就是 HTPB,而且在一个包覆体内可能有几颗甚至几十颗硼粒子,包覆后的硼粉分散性不理想,较易团聚。

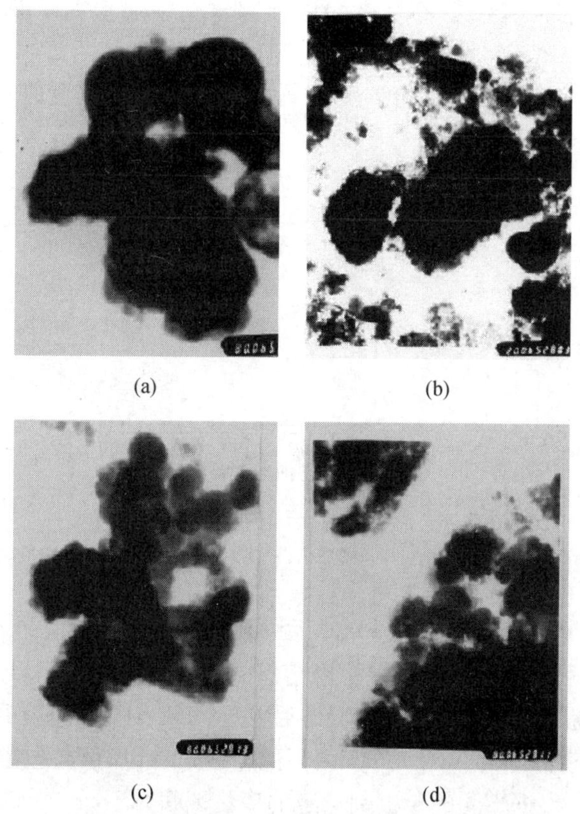

(a) (b) (c) (d)

图 2-7 含不同包覆剂包覆的硼粉透射电镜照片

4. 包覆剂对包覆硼粉酸度的影响

研究表明，硼本身与 HTPB 是相容的，但对低纯度的无定形硼粒子，其表面存在 B_2O_3、BO_6 和 BO_7 等杂质，当它们与水或空气中的水蒸气接触时产生酸性的硼酸 H_3BO_3[21-25]。其反应化学式为 $B_2O_3(s)+3H_2O=2H_3BO_3$，引起硼粉与 HTPB 相容性差的主要原因是在硼粉与 HTPB 混合搅拌过程中，表面杂质 B_2O_3 中的硼原子具有典型的缺电子特性，加之 H_3BO_3 的酸性作用，引发了其与 HTPB 分子间的缩合反应，缩聚产物为高黏度的大分子高聚物，而且搅拌越充分，则生成的高聚物越多。显然，硼粉中的酸性物质和硼粉本身的微酸性是影响推进剂工艺的主要原因。研究包覆硼粉的酸性，可从一定角度推断包覆剂对推进剂工艺性能的影响。由于 B_2O_3 微溶于水，易溶于甲醇，不能直接测定其酸性[26,27]，因此把硼粉分散在含 80% 水和 20% 甲醇的混合溶液中，超声波分散 10~20min，再充分搅拌后，确认硼粒子中的酸性物质(H_3BO_3)完全溶解在混合溶液中，再借助 PHS 2C 型精密酸度计测定硼粉加水和甲醇悬浊液体系的 pH 值，考察了 pH 值随悬浊液浓度和时间的变化情况。图 2－8 列出了用 AP、PBT、LiF 和 HTPB 包覆后的硼粉悬浊液（浓度 12%）的 pH 值随时间变化的曲线。

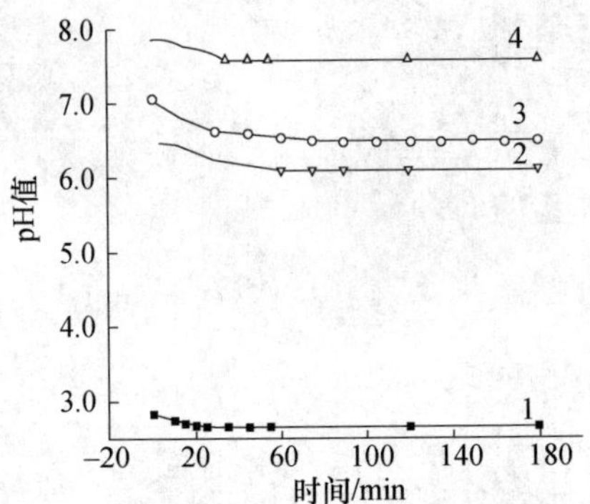

图 2－8　悬浊液的 pH 值随时间变化的曲线

1—AP 包覆硼粉；2—HTPB 包覆硼粉；3—PBT 包覆硼粉；4—LiF 包覆硼粉。

由图 2－8 可看出，当超过 35min 后 AP 包覆硼粉悬浊液的 pH 值不再随时间变化，表明硼粉表面的 B_2O_3 已完全溶解。当超过 70min 后，PBT 包覆硼悬浊液 pH 值不再随时间变化。经逐一验证后发现，LiF、HTPB 包覆硼粉悬浊液恒定 pH 值的时间分别为 30min 和 65min。因此，在测定 pH 值与包覆硼粉悬浊液浓度变化关系时，根据不同的包覆剂选定的变化区间亦不同。

包覆硼（B^{AP}、B^{HTPB}、B^{PBT}、B^{LiF}）加水悬浊液的 pH 值随悬浊液浓度变化的曲线如图 2－9 所示。

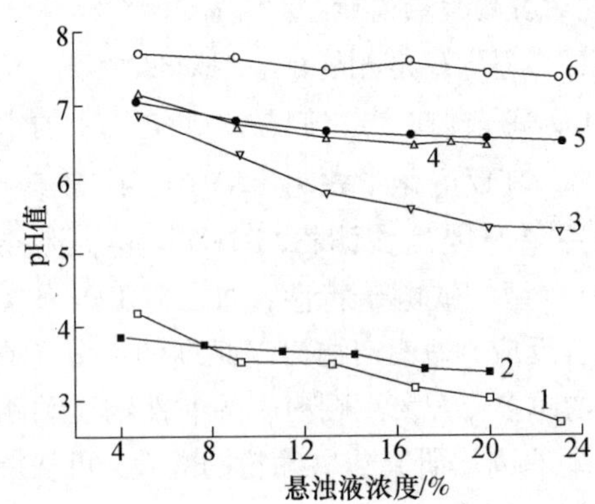

图 2－9　pH 值随悬浊液浓度变化的曲线

1—AP 包覆硼粉；2—未包覆硼粉；3—HTPB 包覆硼粉；4—LiF（18%）包覆硼粉；

5—PBT 包覆硼粉；6—LiF（10%）包覆硼粉。

图2-9结果表明，未包覆的硼粉pH值在3~4之间，属于中强酸。经AP包覆后硼粉显酸性，当悬浊液的质量浓度小于7.5%时，其pH值较未包覆的硼粉pH值大，但随着悬浊液质量浓度的增大，包覆后的硼粉pH值迅速降低(由于推进剂中水的含量极低，所以在推进剂中应用时AP不水解)。这是由于工业硼粉中存在杂质氧化硼的缘故，而AP包覆硼悬浊液的酸性增强的原因是由于AP水解显酸性引起的。其反应式[28]为 $NH_4^+ + H_2O \rightleftharpoons NH_4OH + H^+$，经PBT和LiF包覆后，体系的pH值得到明显提高，基本达到了6.5以上，特别是经LiF包覆后的硼粉酸性明显减弱，平均pH值在7.40以上。经HTPB包覆后的硼粉悬浊液的pH值稍有提高，平均pH值在5.5以上。经包覆后的硼粉表面性质得到改善，硼粉中的酸性物质和硼粉本身的微酸性降低，从而可有效改善含硼推进剂的制药工艺。

2.3.3 无定形硼粉的团聚造粒

本节主要采用机械搅拌法从液体中团聚造粒来制备球形团聚硼颗粒。将黏合剂用有机溶剂溶解形成均匀的溶液，将无定形硼粉用黏合剂溶液润湿到一定程度后，悬浮液中的细粉粒子借助于桥连剂的作用并通过调节造粒机内不同旋转转速的搅拌桨，将悬浮液中的物料形成具有速度差的混合料，旋转搅拌桨围绕固定搅拌桨旋转，将粉体挤压成团，通过调节溶剂挥发速度和转速将其破碎成颗粒状粒子，在整个造粒过程中，随着溶剂的挥发，溶解在溶剂中的黏合剂在团聚体颗粒中沉积，使硼粉形成颗粒状，真空干燥即可。造粒设备的结构特征集混合搅拌和破碎机理于一身，可将粉体团聚成颗粒较大的粒子，并将大粒径的粒子破碎，使得团聚后粒子具有均匀的粒径分布，该方法可一次完成，且成球率高。

(1) 团聚剂的选择：粉体之间相互黏结的连桥液本节称为团聚造粒剂。本书研究中主要选择的团聚造粒剂有叠氮缩水甘油聚醚(GAP)、HTPB、聚乙烯醇缩丁醛(PVB)等。

(2) 团聚温度的控制：实验采用温度可控循环水浴控制团聚温度。循环水浴温度太高，溶剂挥发过快，物料难以成团；循环水浴温度太低，硼粉团聚速度慢，溶剂不易挥发，不易团聚成球。实验表明，温度控制在30±2℃球形团聚硼颗粒的得率较高。

(3) 包衣的控制：包衣装置采用普通家用手扳式喷雾器，将高氯酸铵和无水乙醇配制成一定比例的溶液，搅拌的同时进行喷雾，使团聚硼粒子表面包覆一层氧化剂薄膜。

(4) 团聚原料及配比：为使制备的团聚硼颗粒粒度均匀，密实度较好，应选取粒径较小，密度较大的原料，其团聚质量配比基本确定在B/HTPB=95/5~

80/10 范围,结果见表 2－6。

表 2－6　无定形硼粉的团聚质量配比

序号	硼粉/g	黏合剂/g	乙酸乙酯/mL	高氯酸铵/g	固化剂/g	固化催化剂
1	80	9.4	200	10	0.6	2 滴
2	85	7.4	150	7	0.6	2 滴
3	90	4.6	100	5	0.4	1 滴
4	95	4.6	50	—	0.4	1 滴
注:固化催化剂采用二月桂酸二丁基锡(T－12),将其与乙酸乙酯配制成质量比为 1/15 的溶液						

(5) 后处理:团聚后颗粒相对湿度较大、强度较低,要保持颗粒形状和一定的颗粒强度,并将颗粒按粒径分开,需要对颗粒进行真空干燥和粒度分级分选。

(6) 真空干燥:将团聚硼颗粒放入 50℃真空干燥箱 1 天,逐渐升温至 70℃,干燥三天即可。

(7) 颗粒分级分选:使用不同孔径的标准筛对经真空干燥的团聚颗粒进行分级,共分五个等级,分别为:0.074 ~ 0.104mm(140 ~ 200 目),0.104 ~ 0.150mm(100 ~140 目),0.178 ~0.25mm(60 ~80 目),0.25 ~0.84mm(20 ~60 目),0.84 ~2.0mm(10 ~20 目)。以粒径为 0.178 ~0.250mm 为例简述分选过程:用孔径为 0.178mm 的标准筛将粒径不小于 0.178mm 的颗粒选出,再用孔径为 0.250mm 的标准筛选出粒径不大于 0.250mm 的颗粒,即得到粒径为 0.178 ~ 0.250mm 的颗粒。同理,分别选出其余四个等级的颗粒。

称取 500g 粉体原料制成颗粒,粒径 0.074 ~2.0mm(10 ~200 目)的总成粒率为

$$\text{总成粒率} = \frac{\text{球形颗粒总质量}}{\text{粉体质量}} = \frac{\text{不同粒径颗粒总质量} + \text{其他粒径颗粒总质量}}{\text{粉体质量}}$$

$$= \frac{315.4 + 120.6}{500} \times 100\% = 87.2\%$$

经实验发现,合适的团聚硼颗粒的粒径在一定的范围内,推进剂的制备工艺性能可调幅度大。因此,粒径为 0.104 ~0.84mm 的成粒率为

$$\text{成粒率} = \frac{\text{不同粒径颗粒总质量}}{\text{粉体质量}} = \frac{315.4}{500} \times 100\% = 63.08\%$$

投入团聚造粒设备中的无定形硼粉料总质量为 500g,加入适量的团聚造粒剂,控制粉体料的湿度,经过一定的时间,制成具有一定规则、不同粒径的团聚硼颗粒体,颗粒体的总质量为 436.0g,通过计算其成粒率为 87.2%。

1. 硼粉的团聚造粒工艺及优化

考虑到诸多因素对球形团聚硼颗粒的制备和质量的影响,本节在实验的基

础上选取了五个不同影响因素（搅拌速度、工艺温度、B/黏合剂配比、固化温度和固化时间）作为考察对象，利用正交实验设计研究了制备球形团聚硼颗粒的最佳工艺参数，并依据这些工艺参数制备粒径可控且粒度分布均匀的球形团聚硼颗粒，每种因素选择了四个水平，按 $L_{16}(4)^5$ 进行正交实验设计，优选出最佳的制备工艺条件，见表 2－7。

表 2－7 正交实验设计因素水平表

水平	搅拌速度 A/(r/min)	工艺温度 B/℃	B/黏合剂配比 C	固化温度 D/℃	固化时间 E/d
1	50	30	95/5	50	1
2	90	20	90/10	60	3
3	70	40	85/15	70	5
4	110	50	80/20	90	7

团聚硼颗粒的质量评价用平均粒径大小（S_1）、颗粒强度（S_2）、粒径分布（S_3）、球形度以及颗粒分散性作为评价指标，主要利用其加权值 S（$S = S_1 + S_2 - S_3$）进行综合评定，S 值越大，说明团聚硼颗粒的综合评价值越好[29-32]。本节通过正交实验所得结果见表 2－8。

表 2－8 $L_{16}(4)^5$ 实验设计和结果

实验编号	搅拌速度 A/(r/min)	工艺温度 B/℃	B/黏合剂配比 C	固化温度 D/℃	固化时间 E/h	加权值 S
1	1	1	1	1	1	22.1
2	1	2	2	2	2	32.5
3	1	3	3	3	3	38.8
4	1	4	4	4	4	27.1
5	2	1	2	3	4	45.3
6	2	2	1	4	3	25.4
7	2	3	4	1	2	34.4
8	2	4	3	2	1	26.7
9	3	1	3	4	2	31.2
10	3	2	4	3	1	27.8
11	3	3	1	2	4	30.2
12	3	4	2	1	3	33.6
13	4	1	4	2	3	24.7

（续）

实验编号	搅拌速度 A/(r/min)	工艺温度 B/℃	B/黏合剂配比 C	固化温度 D/℃	固化时间 E/h	加权值 S
14	4	2	3	1	4	29.5
15	4	3	2	4	1	43.2
16	4	4	1	3	2	28.9
K_1	120.5	123.3	106.6	119.6	119.8	$T=501.4$
K_2	131.7	115.2	154.6	114.1	127.0	
K_3	122.8	146.6	126.2	140.8	122.5	
K_4	126.3	116.3	114.0	126.9	132.1	
R	11.2	31.4	48.0	26.7	12.3	
注：K 为极差；R 为方差						

经上述正交实验分析，搅拌速度、工艺温度、B/黏合剂配比、固化温度和固化时间对球形团聚硼颗粒的质量均有较大影响，由表 2－8 可看出，不同因素对球形团聚硼颗粒质量的影响大小依次为：B/黏合剂配比、工艺温度、固化温度、固化时间和搅拌速度，最佳实验方案为 $A_2B_1C_2D_3E_4$，即搅拌速度为 90r/min，工艺温度为 30℃，B/黏合剂配比为 9/1，固化温度为 70℃，固化时间为 7 天。通过电子扫描显微镜观察了由最佳实验方案的工艺条件制备的球形团聚硼颗粒的球形度较高，分散性较好，且粒径分布集中，平均粒径在 0.10～0.20mm 之间的约占总数的 85% 以上。

实验发现，球形团聚硼颗粒的固化既可在较高的温度 90℃下和较短的时间 3 天内达到，也可以在较低的温度 50℃下和较长的时间 7 天内达到，即升高温度与延长时间对团聚硼颗粒的固化是等效的，这与时温等效原理是一致的。但在 70℃下固化 7 天的条件下，团聚硼颗粒的综合评价值较高，表明团聚硼颗粒的质量较好，且无定形硼粉与端羟基聚丁二烯分子的物理扩散和化学反应都存在时温等效效应，这两个方面的综合作用使实验结果和理论关系不完全符合，这可能是由于时温等效原理是依据 Arrhenius 活化能方程得出的，是建立在 Eyring 关于速度的一般公式基础上的[33]，在它描述的分子链松弛运动中活化能并不变化，而在球形团聚硼颗粒的制备过程中随着化学反应的进行，交联点间的分子量变小，运动单元的活化能变化，因而与 Arrhenius 活化能方程所描述的理论关系存在偏差。

通过上述正交实验分析，制备团聚硼颗粒较优化的实验方案为 $A_2B_1C_2D_3E_4$。

2. 不同因素对团聚硼颗粒的影响

下面分别介绍溶剂、搅拌速度、黏合剂含量、工艺温度、固化温度和固化时间等因素对团聚硼颗粒质量的影响。

1）溶剂对团聚硼颗粒的影响

在制备团聚硼颗粒的过程中，溶剂对硼粉的团聚效果有一定的影响。本节研究了不同溶剂对团聚硼颗粒的影响，结果如图 2 – 10 所示。

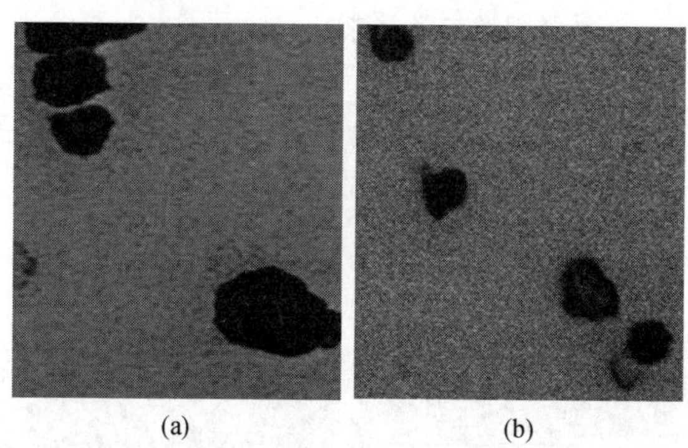

(a)　　(b)

图 2 – 10　溶剂对团聚硼颗粒的影响
(a)无水乙醇；(b)苯乙烯。

从图 2 – 10 可以看出，由于苯乙烯是推进剂配方中良好的稀释剂，苯乙烯做包衣液制备的颗粒质量较好，SEM 图片显示这些颗粒表面比较光滑，但缺点是苯乙烯的毒性较大，且在团聚硼颗粒的残留量较大，而用乙醇做包衣液得到的颗粒质量较差，表面比较粗糙。

2）搅拌速度对团聚硼颗粒的影响

在团聚硼颗粒的制备过程中，不同的搅拌速度对团聚硼颗粒的质量也有明显的影响。本节研究了搅拌速度对团聚硼颗粒的影响，结果如图 2 – 11 所示。

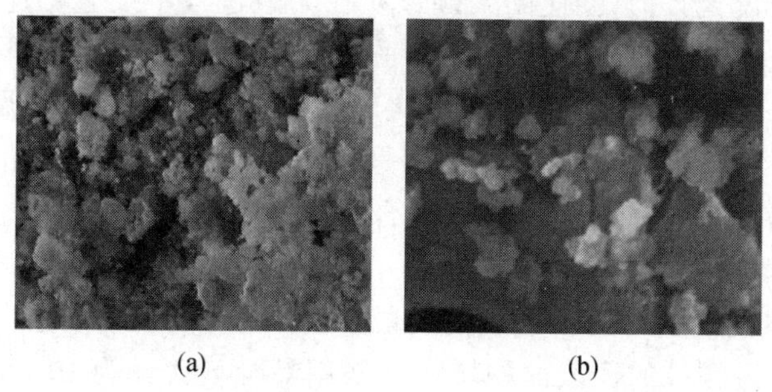

(a)　　(b)

图 2 – 11　搅拌速度对团聚硼颗粒的影响
(a)70r/min；(b)90r/min。

从图 2 – 11 可以看出，搅拌速度越大，所得团聚硼颗粒平均粒径越小。这是因为搅拌速度增加后，分子运动速度加快，溶剂更易挥发，使得球形团聚硼颗粒的制备工艺周期缩短，同时悬浮液受到的剪切力就越大，将前期形成的团聚硼颗粒搅碎，从而破坏了团聚硼颗粒的成长，即团聚硼颗粒变小；而当搅拌速度减慢时，平均粒径则增大。

3）黏合剂含量对团聚硼颗粒的影响

在无定形硼粉团聚过程中，黏合剂的含量对团聚硼颗粒的表面性能有一定的影响。本节实验固定团聚工艺温度为50℃，工艺时间为3h，采用的黏合剂含量为5.0%和10.0%，研究了不同含量的黏合剂对团聚硼颗粒的影响，结果如图2－12所示。

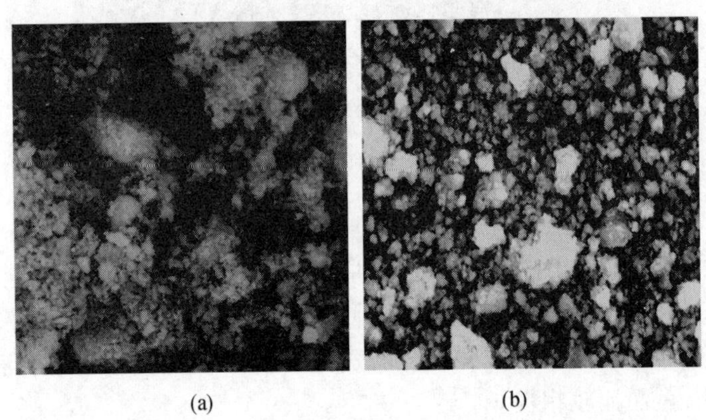

(a)　　(b)

图2－12　黏合剂的含量对团聚硼颗粒的影响

(a)5.0%；(b)10.0%。

B/黏合剂配比太低，会使团聚硼颗粒在分散过程中发生粘连现象，形成的团聚硼颗粒中大粒径的颗粒增多，而合乎预定粒径要求的团聚硼颗粒量减少，因此，成球率低；相反，B/黏合剂质量配比越大，其黏度越大，使团聚硼颗粒易成型，粒径分布的均匀性、成球率增加，但是B/黏合剂配比太高，给含硼富燃料推进剂能量的提高带来一定的困难，采用合适的B/黏合剂配比进行制备有利于形成形态规整、球形度良好的团聚硼颗粒。由图2－12可以看出，当黏合剂的含量从10.0%减少到5.0%时，所制备的团聚硼颗粒粉末间的粘接性能变差，因此相同质量的团聚硼颗粒的比表面积增大。采用黏合剂含量为10.0%的方法制备的团聚硼颗粒粒径均匀，其不但在常态下强度高，而且在一定的载荷下也基本保持不变，而采用黏合剂含量为5.0%所制备得到的团聚硼颗粒粘接明显不牢，未团聚的硼粉粉末较多。实验发现，团聚硼颗粒的制备用黏合剂含量为10.0%时效果较好，其表面形貌更光滑。

4）工艺温度对团聚硼颗粒的影响

粒子表面越光滑，比表面积就越小，粒子在药浆中移动的运动阻力就小，因此，含有光滑表面粒子的推进剂药浆有较大的装填密度和较小的黏度；而且，在团聚形成团粒的工艺过程中，溶剂在颗粒间毛细管吸力作用下，在粒子表面处被蒸发，随着溶剂的挥发，溶解在溶剂中的黏合剂在团聚粒中沉积，从而使粒子固化，形成团聚颗粒。在这一过程中，工艺的温度是影响硼团聚粒子的主要因素。本节研究了不同工艺温度对团聚硼颗粒的影响，结果如图 2－13 所示。

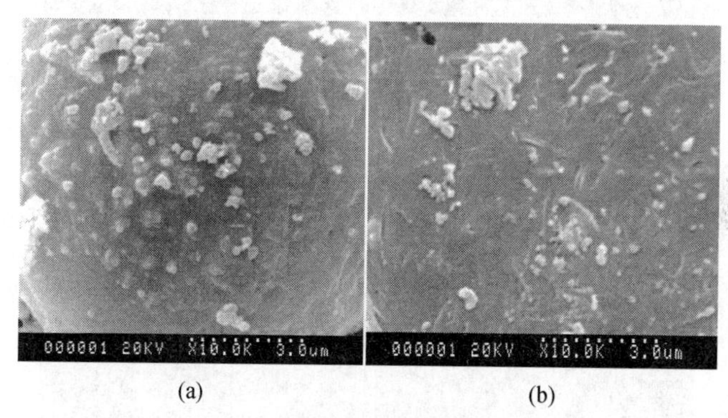

(a)　(b)

图 2－13　工艺温度对团聚硼颗粒的影响
(a)50℃；(b)30℃。

从图 2－13 可以看出，随工艺温度的升高，分子运动速度加快，溶剂的挥发速度加快，于是沉析的速度提高，使得黏合剂不能完全按照预期的要求填充在固体粒子中间，于是形成的缺陷越大，表现在团聚硼粒子相对表面粗糙度增大，而且制备球形团聚硼颗粒过程中，温度升高，形成的团聚硼颗粒粒径增大，但颗粒量减少，更重要的是形成的团聚硼颗粒质量很难控制。

5）固化温度对团聚硼颗粒的影响

团聚硼颗粒的制备经过添加黏合剂体系的固化而成型，因此，不同固化温度对团聚硼颗粒的成型效果有显著影响，本节研究了 50℃和 70℃的固化温度对团聚硼颗粒的影响，结果如图 2－14 所示。

从图 2－14 可以看出，团聚硼颗粒固化温度越低，固化反应越慢，需要固化的时间就越长，从而增加了含硼富燃料推进剂的制备周期。固化温度越高，固化所需时间越短，但团聚硼颗粒固化不充分，就会有一部分团聚硼颗粒没固化完全现象。

6）固化时间对团聚硼颗粒的影响

在团聚工艺过程中，发现固化时间对团聚硼颗粒的形状也有明显的影响。

(a) (b)

图 2-14 固化温度对团聚硼颗粒的影响
(a)50℃;(b)70℃。

本节研究了固化时间为 3h 和 7h 对团聚硼颗粒的影响,结果如图 2-15 所示。

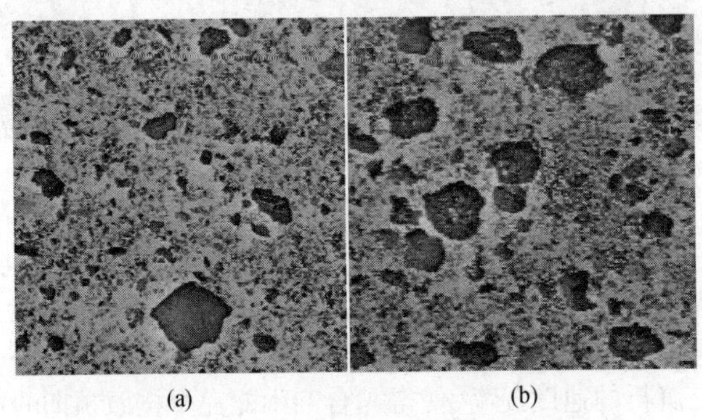

(a) (b)

图 2-15 固化时间对团聚硼颗粒的影响
(a)3h;(b)7h。

从图 2-15 可以看出,硼颗粒固化时间越长,团聚硼颗粒的固化越充分,成球后颗粒牢固,不易破碎,而且团聚硼颗粒形状越好,球形度越高。表明随着团聚粒子固化时间的延长,合乎预定粒径要求的团聚硼颗粒的百分含量越高。

由此可见,无定形硼粉经团聚处理后,颗粒表观形貌有明显改善,颗粒基本呈"球形"或"类球形",而且制备的颗粒粒度可控。

2.4 团聚硼颗粒的粒度分布分形表征

一直以来,人们大多采用不同粒度的某种组分的配比值这个较为模糊的参数来反映该组分的粒度分布,这不利于颗粒粒度的表征和计算模型的应用,尤其不适于作为神经网络计算参数的输入。因此,采用分形维数对固体组分的粒度分布进行表征,具有简单、直观、确定的特点,能够较好地满足需求[34]。

2.4.1 分形理论概述

分形理论自 Mandelbrot B B 于 1973 年正式提出以来,80 年代迅速发展成为数学的一门新型分支,被广泛应用于对形状、结构、性能和信息等具有自相似物体和现象的研究[35]。超细粉体颗粒具有复杂的几何形状,用传统的方法很难加以定量表征。粉体颗粒外形的不规则性和自相似性,以及颗粒群分布自相似性使之成为“分形理论”所描述的对象,利用分形理论研究颗粒形貌和颗粒群粒度分布有可能实现超细硼粉参数的定量表征。于是不少化学研究者把分形方法引入到对粉体表征的研究中来,旨在对颗粒形貌进行量化表征,并建立表征模型,以指导超细粉体制备开发和性能研究。Kayes B H 首先应用分形维数来表征颗粒的不规则程度[36];王永强等人应用分形维数描述了超细微粒的特征以及超细微粒的分布情况[37];王积森等分析了聚合物矿物复合材料颗粒级配的分形特征,通过推导得出聚合物复合材料颗粒级配的理论计算方式[38]。随着分形理论在破碎以及颗粒学中的应用,Turcottte D L 建议用分形分布来拟合颗粒群的粒度分布[39],目前,国内外学者应用分形理论对超细粉体的研究,主要集中在对粉体形貌的表征或粉体破碎过程中粉体形貌分形维数变化的规律方面,对分形维数与粉体制备工艺的关联上缺乏深入研究。

1. 分形的定义

Mandelbrot B B 首先创用了“分形”(Fractal)一词,他分别与 1982 年和 1986 年提出了如下两个定义[40]:

定义 1:如果一个集合在欧氏空间中的 Hausdorff 维数 D_H 恒大于拓扑维数 D_r,即 $D_H > D_T$,则称这个集合为分形集,简称为分形。

定义 2:组成部分以某种方式与整体相似的形体称为分形。

一般认为分形结构的本质特征是自相似性和自仿射性。因此,把在形态(结构)、功能和信息等方面具有自相似性的复杂几何形体统称为分形。单颗粒边缘轮廓,颗粒群的粒度分布规律都统计自相似性,可以纳入分形的集合。

2. 分形维数

描写分形的特征量是分形维数(Fractal Dimension),简称维数。分维是分形理论中最重要的一个概念,它是对非光滑、非规则、破碎的等极其复杂的分形客体进行定量刻画重要参数,它表征了分形体的复杂程度、粗糙程度。分维越大,客体就越复杂,越粗糙,反之亦然。按传统的观点,维数是确定系统状态的独立变量,只能去整数。在分析理论中,对于一个分形客体,它的维数一般都不限于整数,而可取任何实数值。因而往往笼统地把取非整数值的维数统称为分形维数。

分形维数可以用数学方法计算得到,计算分形维数的具体方法有多种。用来计算曲线分形维数的方法有量规法(divider)、周长-面积法、变量法(variation);要用来计算平面分形维数的方法有数盒子法、Sandbox 法、半径法、密度-密度相关函数法;面积分形维数的计算方法有表面积-体积法、相关函数与功率分析法[41]。对于实际客体都是无规分形,其自相似性是通过大量的统计抽象出来的,且它们的自相似性只能存在于所谓的"无标度区间"之内。因此,其分形维数的计算要比有规分形维数的计算复杂得多,目前还没有适合计算各类无规分形的分形维数的方法。

2.4.2 粒度分布的分形模型

传统粒度分布模型(如正态分布、对数正态分布、Rosin-Rammler 分布等)都是建立在粒度分布式连续的基础上,而实际上粒度分布是离散的,通常表征的粒度分布是离散粒子的颗粒质量分布。随着分形理论的发展和应用,郁可等人通过研究粉体的粒度分布特性,发现许多粉体的粒度分布都具有很好的统计自相似性,即具有分形结构,并导出计算粒度分布分形维数的关系式[42,43]。

如果粉体材料的粒度分布具有分形特征,即

$$Y_w(x) \propto x^{3-D} \tag{2-5}$$

式中:x 为颗粒直径;$Y_w(x)$ 为小于 x 的粒子总质量与颗粒体系粒子总质量之比;D 为分形维数。若在双对数坐标下 $Y_w(x)$ 与 x 存在直线关系,则表示粉体粒度分布具有分形结构,设斜率为 k,则分布颗粒粒度分布分形维数 $D=3-k$。

2.4.3 颗粒粒度分布分形的测试原理

通常粒度分布是由一定粒子尺寸间隔的颗粒质量分布表示的[44-46]。如果粉体材料的粒度分布具有分形特征,即

$$Y_n(x) \propto -x^{-D} \tag{2-6}$$

式中:$Y_n(x)$ 为小于尺寸 x 的粒子总数/系统总粒子数;D 为粒度分布的分形维数。则有

$$\mathrm{d}Y_n(x) \propto x^{-1-D}\mathrm{d}x \tag{2-7}$$

尺度在 $x \sim x+\mathrm{d}x$ 之间的粒子数目表示为

$$\mathrm{d}N = N\mathrm{d}Y_n(x) \tag{2-8}$$

式中:N 为系统的总粒子数。

若忽略各粒级间粉体密度 ρ 的差异，尺寸在 $x \sim x+\mathrm{d}x$ 之间的粒子质量 dw 可写成

$$\mathrm{d}W=\rho K_v x^3 N\mathrm{d}Y_n(x) \tag{2-9}$$

其中：K_v 为体己形状因子。另外，dw 还可直接写成

$$\mathrm{d}W=W_n\mathrm{d}Y_w(x) \tag{2-10}$$

这里：W 为系统粒子总质量；$Y_w(x)$ 为小于尺寸 x 的粒子总质量/系统粒子总质量。由式(2-9)和式(2-10)，有

$$\mathrm{d}Y_w(x)=\rho N(K_v/W)x^3 N\mathrm{d}Y_n(x) \tag{2-11}$$

将式(2-7)代入式(2-11)可得

$$\mathrm{d}Y_w(x)\propto x^{2-D}\mathrm{d}x \tag{2-12}$$

对上式积分得到

$$Y_w(x)\propto x^{3-D} \tag{2-13}$$

即粉体的粒度分布满足

$$Y_w(x)\propto x^b \tag{3-14}$$

表明粉体的粒度分形具有分形结构。

$Y_w(x)\sim x$ 在双对数坐标下存在直线段，表明粉体的粒度分布具有分形结构。根据其斜率 b 可求得粒度分布的分维值为

$$D=3-b \tag{2-15}$$

在固体推进剂固体颗粒的粒度分析中，一般采用筛分、激光、沉降等方法测试固体颗粒的粒度分布，给出的是粒级间隔的颗粒的质量相对百分含量和粒子尺寸小于 x 的颗粒累积百分含量，而 $Y_w(x)$ 实际上是粒子尺寸小于 x 的颗粒累积百分含量，因此直接可由上述粒度分析结果求得相应的分形维数值。

2.4.4　固体推进剂中固体填料的粒度分形维数

在固体推进剂中，固体填料粒径及粒度分布对推进剂的性能有明显影响。通常对固体填料大小的表征采用各种名义平均粒度和粒度中位值（如 d_{50}、$d_{4,3}$ 等），而这些参数并不能很好地反映出颗粒的粒度分布，从而表现出对于使用同样平均粒径固体填料的体系，推进剂宏观性能仍存在明显差异的现象。为了能够更加有效地反映固体填料的粒度和粒度分布，在此尝试采用分形理论，引入分形维数表征颗粒粒度的质量分布。

本文主要采用 COULTER LS230 激光粒度测试仪，测试了几种不同粒度的团聚硼颗粒、AP 和铝粉的粒度分布与分形维数，测试结果和按式(2-15)处理的结果见表 2-9、表 2-10 和表 2-11。

表 2-9 团聚硼颗粒的粒度分布与分形维数

B_1		B_3		B_5		B_6		B_7	
$d_{50}=12.8\mu m$		$d_{50}=41.9\mu m$		$d_{50}=83.5\mu m$		$d_{50}=120.1\mu m$		$d_{50}=489.4\mu m$	
$d_{4,3}=14.2\mu m$		$d_{4,3}=63.3\mu m$		$d_{4,3}=92.4\mu m$		$d_{4,3}=146.8\mu m$		$d_{4,3}=508.1\mu m$	
$d_i/\mu m$	$\sum m_i/\%$	$d_i/\mu m$	$\sum m_i/\%$	$d_i/\mu m$	$\sum m_i/\%$	$d_i/\mu m$	$\sum m_i/\%$	$d_i/\mu m$	$\sum m_i/\%$
<5	17.2	<10	12.8	<10	5.9	<10	4.0	<50	5.0
<10	37.7	<20	27.7	<20	10.6	<30	10.4	<100	10.7
<15	59.5	<30	39.4	<30	16.2	<50	18.1	<150	16.4
<20	76.1	<40	48.5	<40	22.2	<70	26.7	<200	21.4
<25	86.6	<50	55.7	<50	28.5	<90	36.2	<250	25.3
<30	92.8	<60	61.7	<60	35.0	<110	45.4	<300	29.1
<35	96.4	<70	66.9	<70	41.4	<150	61.8	<350	32.5
<40	98.6	<80	71.6	<80	47.9	<190	74.2	<400	38.9
<45	99.5	<90	75.8	<90	59.8	<230	82.3	<450	44.9
		<100	79.5	<120	70.0	<270	88.2	<500	51.4
		<140	89.5	<150	81.6	<310	92.1	<550	57.9
		<180	94.7	<180	90.2	<350	94.7	<600	64.0
				<210	95.2	<390	96.1	<650	69.6
								<700	74.5
								<750	78.8
								<800	82.5
								<850	85.6
								<900	88.2
								<950	90.5
								<1000	92.2
相关系数 R:0.968 分形维数 D:2.33		相关系数 R:0.973 分形维数 D:2.12		相关系数 R:0.994 分形维数 D:2.09		相关系数 R:0.998 分形维数 D:2.03		相关系数 R:0.993 分形维数 D:2.21	

表 2-10 AP 的粒度分布与分形维数

AP(Ⅰ)	AP(Ⅱ)	AP(Ⅲ)	AP(Ⅳ)
$d_{50}=425\mu m$	$d_{50}=280\mu m$	$d_{50}=143\mu m$	$d_{50}=7.56\mu m$
$d_{4,3}=435\mu m$	$d_{4,3}=286\mu m$	$d_{4,3}=147\mu m$	$d_{4,3}=8.18\mu m$

（续）

AP(Ⅰ)		AP(Ⅱ)		AP(Ⅲ)		AP(Ⅳ)	
d_i/μm	$\sum m_i$/%	d_i/μm	$\sum m_i$/%	d_i/μm	$\sum m_i$/%	d_i/μm	$\sum m_i$/%
<340	17.9	<220	17.4	<40	2.5	<3	4.2
<380	32.6	<240	27.3	<60	3.4	<4	11.0
<420	48.2	<260	38.5	<80	5.0	<5	20.9
<460	62.2	<280	49.8	<100	8.8	<6	32.3
<500	95.0	<300	60.6	<120	21.3	<7	43.9
<540	90.7	<320	70.1	<140	45.7	<8	54.7
<580	84.0	<340	78.6	<160	70.1	<9	64.2
<620	74.9	<360	84.9	<180	85.2	<10	72.3
<640	96.6	<380	90.1	<200	92.0	<11	79.0
		<400	93.8	<220	94.2	<12	84.3
		<420	96.4	<240	95.6	<13	88.5
相关系数 R:0.952 分形维数 D:0.467				<260	96.4	<14	91.6
		相关系数 R:0.967 分形维数 D:0.520		<280	97.2	<15	94.0
				相关系数 R:0.964 分形维数 D:0.704		相关系数 R:0.964 分形维数 D:1.17	

表 2-11 Al 粉的粒度分布与分形维数

Al_1		Al_2		Al_3	
d_{50} = 25.7μm		d_{50} = 26.3μm		d_{50} = 2.27μm	
$d_{4,3}$ = 28.3μm		$d_{4,3}$ = 29.9μm		$d_{4,3}$ = 2.50μm	
d_i/μm	$\sum m_i$/%	d_i/μm	$\sum m_i$/%	d_i/μm	$\sum m_i$/%
<5	2.5	<5	1.2	<0.6	4.1
<10	5.6	<10	4.8	<0.8	9.6
<15	13.9	<15	14.8	<1.0	15.1
<20	30.0	<20	30.3	<1.5	28.8
<25	47.8	<25	46.3	<2.0	42.8
<30	63.0	<30	60.2	<2.5	56.0
<35	74.5	<35	71.3	<3.0	67.4
<40	82.7	<40	79.6	<3.5	76.8
<45	88.2	<45	85.2	<4.0	84.0
<50	91.9	<50	89.1	<4.5	89.5
<55	94.4	<55	91.8	<5.0	93.6

（续）

<table>
<tr><td colspan="2">Al_1</td><td colspan="2">Al_2</td><td colspan="2">Al_3</td></tr>
<tr><td><60</td><td>96.1</td><td><60</td><td>93.7</td><td><5.5</td><td>96.4</td></tr>
<tr><td colspan="2" rowspan="2">相关系数 R:0.980
分形维数 D:1.40</td><td colspan="2" rowspan="2">相关系数 R:0.975
分形维数 D:1.21</td><td><6.0</td><td>98.2</td></tr>
<tr><td colspan="2">相关系数 R:0.971
分形维数 D:1.70</td></tr>
</table>

由表2-9~表2-11的计算结果可以得出以下结论：

（1）固体推进剂中固体填料的粒度分布在一定的尺度范围内具有明显的分形特征，分形维数 $D\in(0,3)$，且与粒度分布有关。

（2）固体填料的粒度分布越宽，分形维数D越大；一定范围内，细粒度颗粒越多，分形维数D越大。表明在相同体积条件下，占据空间的颗粒越多，空隙则越小。

（3）不同固体填料分形维数的取值范围不同。

另外，本书采用马尔文 Master size 2000（英国）仪器对团聚硼粉的粒度分布进行了研究，结果如图2-16所示。

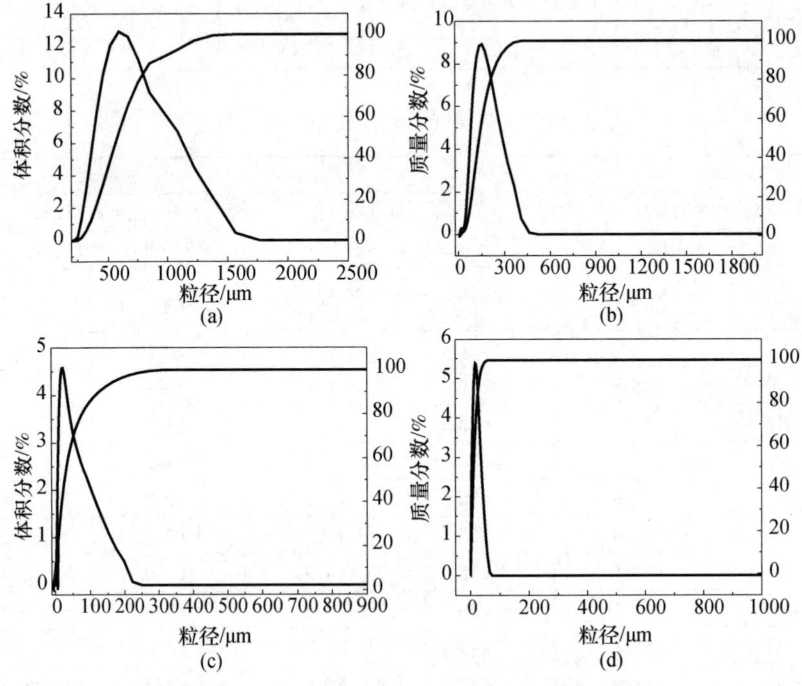

图2-16 不同粒径的团聚硼颗粒的粒度分布

(a) d_{50} = 649.17μm; (b) d_{50} = 152.51μm; (c) d_{50} = 22.99μm; (d) d_{50} = 12.76μm。

从图 2－16 可看出，不同粒径的团聚硼颗粒的粒度分布曲线较平滑，其中，粒径较大颗粒的粒度分布曲线分布较宽，粒径较小的分布曲线窄，表明粒径适中、粒径可控且粒度分布均匀的团聚硼颗粒对富燃料推进剂的制备工艺有改善，这可在高含硼量富燃料推进剂的制备工艺中也得到验证（见 4.4 节）。

在团聚硼颗粒的制备过程中，不同团聚剂等材料含量对团聚硼颗粒的质量有很大的影响[47]。本节采用粒度分析仪研究了无定形硼粉和三种不同类型的团聚硼颗粒的粒度分布曲线，结果如图 2－17 所示。其中，表 2－12 和表 2－13 分别列出了不同类型的团聚硼颗粒制备的原材料配比和基本特性。

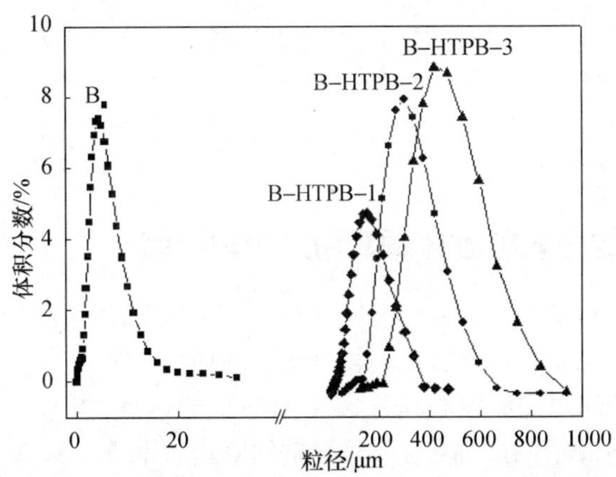

图 2－17　无定形硼粉和团聚硼颗粒的粒径分布曲线

图 2－17 中：B_0 为无定形硼粉；B－HTPB－1～3 为团聚硼颗粒；B－HTPB－1、HTPB/B 质量比为 5/95；B－HTPB－2、HTPB/B 质量比为 10/90；B－HTPB－3、HTPB/B 质量比为 20/80。

表 2－12　不同类型的团聚硼颗粒

样品	HTPB/g	B/g	AP/g	TDI/g	乙酸乙酯/mL
HTPB－B－1	5	95	3	0.5	100
HTPB－B－2	10	90	4	0.5	150
HTPB－B－3	20	80	5	0.5	200

表 2－13　无定形硼粉和团聚硼颗粒粒径基本特性

项目	无定形硼粉	B－HTPB－1	B－HTPB－2	B－HTPB－3
d_{10}/μm	0.794	44.044	179.562	273.976
d_{50}/μm	2.869	125.466	289.761	430.733

（续）

项目	无定形硼粉	B－HTPB－1	B－HTPB－2	B－HTPB－3
d_{90}/μm	7.311	242.140	447.384	631.034
跨度	2.272	0.044	0.924	0.829
密度/(kg/m^3)，×10^3	2.210	2.276	2.020	1.586
体积加权平均值/μm	3.858	135.649	299.955	436.148
比表面积/(m^2/g)	6.460	0.0816	0.0265	0.0282
注：Span＝（$d_{90}-d_{10}$）/d_{50}				

由图2－17和表2－13可看出，无定形硼粉的粒度分布较窄，团聚后的硼粒子粒径增大，不同粒径的团聚硼颗粒的粒度分布较宽，分布均匀，而且分散性较好，按最佳工艺制备的球形团聚硼粉的平均粒径大小为0.15±0.05mm，粒径在0.10～0.20mm的占总数的85%以上。

2.4.5 分形维数表征固体颗粒粒度级配特点

分形维数用于表征固体颗粒粒度级配时具有以下的特点[47]：

（1）分形维数只与混合后不同粒度级别粉体的比例有关，而与其含量无关。

A、B两个级别的固体颗粒构成一个两级配的体系，含量分别为p、q。则混合比例为$k=p/q$，A、B在同样的百分含量间隔内$[X_1,X_2,\cdots,X_n]$对应的粒径分别为$[r_{A1},r_{A2},\cdots,r_{An}]$和$[r_{B1},r_{B2},\cdots,r_{Bn}]$，并且A、B两个级别粒径没有重叠区，即$r_{B1}>r_{Bn}$，则有

$$\ln(y(x_{AB}))=\left[\ln\frac{x_1k}{k+1},\ln\frac{x_2k}{k+1},\cdots,\ln\frac{x_nk}{k+1},\ln\frac{x_1+x_n}{k+1},\ln\frac{x_2+x_n}{k+1},\cdots,\ln\frac{2x_n}{k+1}\right] \tag{2-16}$$

即混合固体颗粒体系的分形维数只与混合物的混合比例（级配值）k有关，而与各混合物组分的具体含量p、q无关。

（2）分形维数与颗粒粒度具有相关性。

从式（2－16）可看出，当粉体体系中细粒度组分的相对含量增加时（即k值增大时），式中前半部分$\ln\frac{x_ik}{k+1}$的值增大，而式中后半部分$\ln\frac{x_i+x_n}{k+1}$的值减小，在粒径值r_{AB}一定的情况下，体系的分形维数增大。

2.4.6 团聚硼颗粒表面粗糙度和粒径分布对富燃料推进剂药浆流变性能的影响

有关文献[48]报道了散粒体的表面粗糙度和粒径分布的分形特性，发现其

遵循一定的分形规律，然而在富燃料推进剂中固体组分的表面粗糙度和粒径分布特性对推进剂药浆的工艺性能的影响研究尚未见报道。为了定量研究团聚硼颗粒的表面粗糙度和粒径分布对富燃料推进剂工艺性能的影响，本节采用分形维数对团聚硼颗粒表面粗糙度和粒径分布的分形维数进行了定量计算，对团聚硼颗粒表面粗糙度和粒径分布分别与分形维数和模拟富燃料推进剂药浆的流变性能之间的关系进行了研究，以此为团聚硼颗粒的制备工艺提供理论依据。

1. 分形维数的计算原理

分形是1973年由Mandelbrot首先提出的，分形理论的基本特点是事物的局部在某些方面（形态、结构、功能等）表现出相似性，它从自身非线性复杂系统入手，将不能定量描述或难以定量描述的复杂对象用一种较为便捷的定量方法表述出来，它具有两个重要特征——自相似性和标度不变性[49]。

团聚硼颗粒是一个三维空间实体，在一定的尺度范围内呈现出自相似分形结构。研究这类材料的表面粗糙度主要有吸附法、图像分析法及小角X射线散射法等，然而其测量及计算都比较困难。本书采用两种简单方法（分规法和周长－面积法）计算出团聚硼颗粒的分形维数，即将团聚硼颗粒投影到二维平面上，对其轮廓投影线进行了分析[50,51]。

1）表面粗糙度分形维数的计算

（1）分规法[46-49]：

设C为分形曲线，则Mandelbrot给出

$$L_E = L_H \delta^{1-D} \tag{2-17}$$

式中：L_E为C的欧氏长度；L_H为C的Hausdorff长度，待定常数；δ为C的标度；D为C的分形维数。

如果δ为分规间距，则L_E可看作是用间距为δ的分规测量C所得到的长度，L_E/δ则为以δ为步长，测量C时得到的步数，记作$N(\delta)=L_E/\delta$。

对式（2-17）变形整理最后可得

$$D = \lim_{\delta \to 0} \frac{\lg N(\delta)}{-\lg \delta} \tag{2-18}$$

D即为分规法计算的分形维数。

在不同的步长δ_i（标度）下，测量分形曲线C得到不同的$N_i(\delta_i)$，在双对数坐标系中，拟合数据$(-\lg\delta_i, \lg N_i(\delta_i))$所得直线斜率即为$D$。

（2）周长－面积法[46-49]：

设C为封闭的分形曲线，则由分形几何理论有

$$P_H^{\frac{1}{D}} = a_0 A^{\frac{1}{2}} \text{和} P_E = P_H \delta^{1-D}$$

式中：P_H为C的Hausdorff长度；A为C所包围的欧氏面积；D为C的分形维数；

a_o是无量纲常数,称为形状因子;P_E为 C 的欧氏长度(周长)。

对式(2-17)和式(2-18)整理变形可得

$$D = \lim_{\delta \to 0} \frac{\lg(P_E/\delta)}{\lg\alpha_0 + \lg(A^{\frac{1}{2}}/\delta)} \tag{2-19}$$

D 即为周长-面积法计算的分形维数。

由于对给定的几何图形,α_0 和 D 都是常数,所以在不同的尺度 $\delta_i(i=1,2,\cdots,n)$ 下,测量分形曲线 C 得到 n 个周长值 P_{Ei}和 n 个面积值 A_i,在双对数坐标系中,对数据$(\lg(A_i^{\frac{1}{2}}/\delta_i),\lg(P_{Ei}/\delta_i))$做线性回归即可求得 D。

2) 粒径分布分形维数的计算

团聚硼颗粒的大小及其分布与团聚硼颗粒的制备工艺及参数密切相关。团聚硼颗粒由无定形硼粉经高分子聚合物团聚成粒径更大的颗粒而成,在其制备过程中,不论是无定形硼粉团聚成颗粒稍大的团聚硼,还是小的团聚硼颗粒团聚成更大的团聚颗粒,其动力学机制是一样的,且其物理过程十分复杂,表现出一定的随机性和不规则性。团聚硼颗粒粒径分布是分形的,可用分形维数来进行度量。

根据图像分析得出的颗粒粒度分布的数据,进行粒度分布分形维数的计算。先将不同类型颗粒不同等效粒度范围内的数量累积百分比统计出来,将粒度值 A 和累积百分比值 B 取对数,在双对数坐标系内画出对应的散点图进行线性拟合,则得到的直线斜率的负值即为该类型颗粒的粒度分布的分形维数。

假定颗粒分布满足:

(1) 幂次律[46-49]:

$$N(r) = kr^{-D} \tag{2-20}$$

式中:$N(r)$为特制尺寸大于 r 的团聚硼颗粒的数目;k、D 均为待定常数。

(2) Weibull 分布模型[46-49]:

$$\frac{M(r)}{M_T} = 1 - \exp\left(-\left(\frac{r}{\sigma}\right)^{\alpha}\right) \tag{2-21}$$

式中:$M(r)$为半径小于 r 的颗粒总质量;M_T为所有颗粒的总质量;σ 为与平均粒径有关的量,通常取颗粒最大粒径;α 为待定常数,称为 Weibull 模量。

当$\frac{r}{\sigma} \ll 1$ 时,则式(2-21)可简化为

$$\frac{M(r)}{M_T} = \left(\frac{r}{\sigma}\right)^{\alpha} \tag{2-22}$$

由式(2-22)可得

$$\sigma = r/\left(\frac{M(r)}{M_T}\right)^{\frac{1}{\alpha}}, \alpha = \lg\frac{M(r)}{M_T}/\lg\frac{r}{\sigma} \tag{2-23}$$

即

$$D = 3 - \alpha \tag{2-24}$$

利用最小二乘法进行曲线拟合，求待定常数 α 和 σ，再利用式(2-24)可求出分形维数 D。

2. 团聚硼颗粒表面粗糙度的表征

根据团聚硼颗粒表面粗糙度的不同，将团聚硼颗粒的轮廓投影线分成6组(其中，1~3组为细轮廓投影线；4~6组为粗轮廓投影线)，每组包括20~30种典型的团聚硼颗粒轮廓投影线，然后用上述两种方法，分别对其求平均分形维数，具体实验步骤见参考文献[47]。表2-14所列为典型团聚硼颗粒表面粗糙度和对应的颗粒投影轮廓投影线及分形维数。其中，D_1 为用分规法计算，D_2 为用周长-面积法计算，在此对每一组剖面线取两个具有代表性的剖面。

表2-14　典型团聚硼颗粒表面粗糙度和对应的轮廓投影线及分形维数

序号	投影轮廓曲线	分形维数 D	$\overline{D}=(D_1+D_2)/2$
1		$D_1=1.023$, $D_2=1.068$	1.046
2		$D_1=1.036$, $D_2=1.084$	1.060
3		$D_1=1.040$, $D_2=1.098$	1.069
4		$D_1=1.045$, $D_2=1.108$	1.077
5		$D_1=1.048$, $D_2=1.124$	1.086
6		$D_1=1.054$, $D_2=1.139$	1.097

由表2-14可以看出，团聚硼颗粒轮廓投影线越粗，团聚硼颗粒的表面粗糙度越大，其平均分形维数越大；反之，团聚硼颗粒轮廓投影线越细，团聚硼颗粒的表面粗糙度越小，其平均分形维数越小，此结果与颗粒的分形特征[46-49]（颗粒的表面粗糙度与颗粒投影轮廓分维均值）的排序相一致，分维越大，表明其偏离

圆的程度越大，粗糙度也越大的结论相一致。对于表面不规则的团聚硼颗粒，用周长－面积法计算的分形维数大于用分规法计算的分形维数，这说明用分形维数 D 可以度量团聚硼颗粒的整体粗糙度。对于同一团聚硼颗粒，利用不同方位的多个剖面线进行综合分析，或用多重分形进行研究可望得到更多的、可真实反映出团聚硼颗粒的特性。

3. 团聚硼颗粒粒径分布的表征

本节还计算了采用不同工艺参数处理的团聚硼颗粒粒度分布的分形维数，利用最小二乘法，进行曲线拟合，并利用式(2－24)求出分形维数 D，结果见表2－15。其中，实验样品采用溶剂挥发法制备，详见参考文献[50]。

表2－15　团聚硼颗粒粒径分布的分形维数

样品	制备参数			粒径中值 d_{50}/mm	分形维数 D
	H/B	T/℃	R/(r/min)		
1	1/9	40	70	0.104	2.88
2	1/9	20	70	0.125	2.81
3	1/9	20	50	0.143	2.77
4	1/9	40	50	0.178	2.75
5	2/8	40	70	0.190	2.71
6	2/8	20	70	0.208	2.63
7	2/8	40	50	0.234	2.59
8	2/8	20	50	0.250	2.55

由表2－15可以看出，粒径中值越小，细粒度的团聚硼含量越多，其分形维数越大；反之，粒径中值越大，粗粒度团聚硼含量越多，其分形维数越小。团聚硼颗粒的形成是由无定形硼粉经高分子聚合物黏结团聚而成粒径更大的团聚硼颗粒，各种粒径的团聚硼颗粒的粒径分布是分形的。各种团聚硼颗粒分布的分形维数 D 的范围在2.55～2.90之间，它不仅受团聚硼颗粒的制备工艺影响，而且与团聚剂的量、碰撞及搅拌速度等因素有关[51]。

2.5　团聚硼颗粒堆积密度研究

团聚硼颗粒的密度与颗粒中各组分之间结合的紧密程度（密实度）密切相关。在团聚过程中，为了保证团聚硼颗粒有一定的密度及满足表面形状等要求，需要进行滚动压实过程。在滚动压实过程中，未固化的可塑性的团聚硼颗粒在滚动压实力的作用下，要经过不断地压紧密实、产生塑性形变，从而使颗粒形状和密实度发生变化，所受的压实力越大，其密实程度越高[51]。在本工艺中所受的压紧力主要由转子旋转产生的离心力控制，转速越大，所受的压紧力越大，粒子也就越密实，所得的团聚硼颗粒的密度也就越大。

硼粉的密度包括松装密度和真实密度两种，两种密度的测量方法基本类似，颗粒松装密度和真实密度是由颗粒尺寸分布同性这一观点确定的。颗粒的真实密度评价了颗粒的疏松度，并且可以通过 H_e 和 H_g 的位移或者通过比重瓶来确定。

2.5.1　团聚硼颗粒堆积密度测试

（1）团聚硼颗粒的筛分：①取容器中不同部位的团聚硼颗粒若干，充分混合，从下至上按目数依次减小顺序放置标准筛，取团聚硼颗粒约 200mL 进行筛分，每次振筛 10min；②将筛分后各粒径范围的团聚硼颗粒装瓶，密封，待用；③重复①、②步骤，直至获得充足的试验原料。

（2）堆积密度的测量：①取 25mL 量筒，称取量筒质量 m_0(g)；②向量筒中添加一种粒径范围的团聚硼颗粒，称取量筒与团聚硼颗粒的总质量 m_1(g)。此时，该粒径范围团聚硼颗粒的松散堆积密度为 $40(m_1-m_0)$(kg/m^3)；③将盛有团聚硼颗粒的量筒进行振实，每次振动时量筒底部距桌面约 1cm，忽略雷诺膨胀[79]。在测试过程中，将各粒径范围的团聚硼颗粒振动 200 次，记录团聚硼颗粒的体积 V(mL)，此时，该粒径范围团聚硼颗粒的振实堆积密度为 $1000(m_1-m_0)/V$(kg/m^3)，直至颗粒密度基本无变化（图 3 – 8）；④另取一个量筒进行称量，重复②、③步骤，对各粒径范围团聚硼颗粒的堆积密度测量三次，取平均值。

2.5.2　团聚硼颗粒的两种堆积密度比较

对不同粒径范围团聚硼颗粒的平均松散堆积密度、平均振实堆积密度以及相应的平均相对误差进行了研究，结果见表 2 – 16。不同粒径范围团聚硼颗粒的松散堆积密度和振实堆积密度随粒径范围的变化规律如图 2 – 18 所示，其增重（定义为团聚硼颗粒振实后质量较其松散堆积后密度的增加百分含量）变化曲线如图 2 – 19 所示。

表 2 – 16　不同粒径团聚硼颗粒的松散堆积密度、振实堆积密度以及相对误差

硼粉粒径/mm	松散堆积		振实堆积	
	平均堆积密度/(kg/m^3)	平均相对偏差/%	平均堆积密度/(kg/m^3)	平均相对偏差/%
无定形硼粉/×10^{-3}	0.40	0.67	0.559	0.32

（续）

硼粉粒径/mm		松散堆积		振实堆积	
		平均堆积密度/(kg/m³)	平均相对偏差/%	平均堆积密度/(kg/m³)	平均相对偏差/%
团聚硼颗粒	$d>0.84$	0.658	0.74	0.706	0.38
	$0.30<d\leqslant0.84$	0.479	1.29	0.649	0.62
	$0.25<d\leqslant0.30$	0.504	2.36	0.514	1.21
	$0.178<d\leqslant0.25$	0.568	0.49	0.628	0.29
	$0.15<d\leqslant0.178$	0.555	0.52	0.643	0.35
	$0.104<d\leqslant0.15$	0.613	0.61	0.653	0.38
	$d\leqslant0.104$	0.620	0.57	0.760	0.31

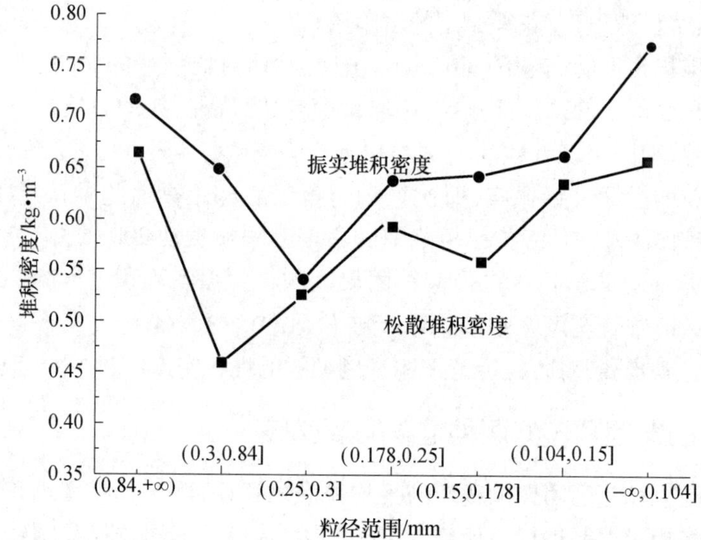

图 2-18 不同粒径范围团聚硼颗粒的松散堆积密度、振实堆积密度结果

从表 2-16 和图 2-18 可看出，各粒径范围团聚硼颗粒的振实堆积密度明显大于松散堆积密度，各粒径范围团聚硼颗粒的松散堆积密度随粒径的减小先减小后增大。当颗粒粒径为 $0.30\text{mm}<d\leqslant0.84\text{mm}$，团聚硼颗粒松散堆积密度达到最小值为 0.479kg/m^3；当 $d\leqslant0.30\text{mm}$，团聚硼颗粒松散堆积密度又迅速增加，团聚硼颗粒的松散堆积密度在 $d\leqslant0.104\text{mm}$ 达到最大值（0.620kg/m^3）。对松散堆积的团聚硼颗粒进行振实，可在很大程度上增加其堆积密度，而且团聚硼颗粒振实堆积密度、松散堆积密度与粒径关系曲线形状基本相似。当 $0.25\text{mm}<d\leqslant0.30\text{mm}$，团聚

硼颗粒振实堆积密度最小，为 0.514kg/m³；当 $d \leqslant 0.104$mm，团聚硼颗粒振实堆积密度达到最大值，为 0.760kg/m³。而无定形硼粉的振实堆积密度仅为 0.559kg/m³，明显比 $d \leqslant 0.104$mm 的团聚硼颗粒的振实堆积密度小。团聚硼颗粒振实堆积密度的最大相对误差为 1.21%，且任何单一粒径范围团聚硼颗粒振实堆积密度测量误差均比同一粒径范围团聚硼颗粒松散堆积密度测量误差小，测量重复性好。

团聚硼颗粒松散堆积密度受团聚硼颗粒堆积状态和人为因素的影响较大，在团聚的过程中加入了 AP，其相对误差最大达 2.36%。由于团聚硼颗粒松散堆积密度的测定存在重复性较差的缺点，本试验采用了振实堆积密度作对照分析。

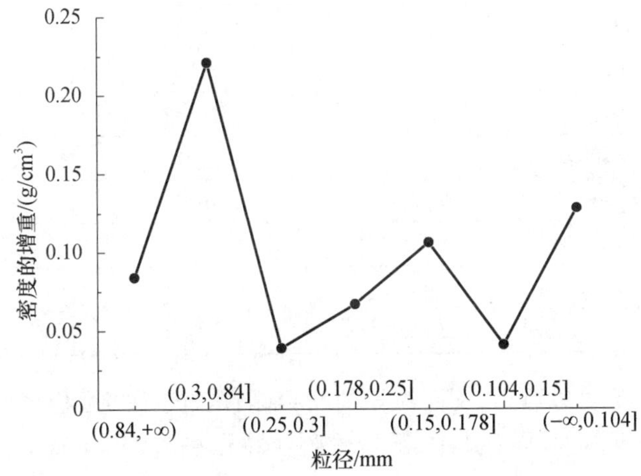

图 2－19 团聚硼颗粒振实后密度的增重变化曲线

由图 2－19 可看出，团聚硼颗粒经振实后密度的增重呈“波浪”式变化。其中，粒径为(0.3，0.84]范围时振实密度较松装密度的增重最为明显，粒径为(0.25，0.30]和(0.104，0.15]时的密度增重基本相当，较其他粒径的团聚颗粒密度增重较小，为 0.04g/cm³。由于振动使得团聚硼颗粒的堆积形式趋于一致，较小粒径团聚硼颗粒的振实堆积密度相对于松散堆积密度的增重百分比相应增大，当颗粒粒径在 $0.15\text{mm} < d \leqslant 0.178\text{mm}$ 范围达到 20.20%。当颗粒粒径 $d \leqslant 0.104$mm，团聚硼颗粒的形状又趋于规则，分布均匀，其中存在大量的小颗粒，细颗粒粉能够很好地对堆积空隙进行填充，因此，该粒径范围团聚硼颗粒松散堆积密度最大，由此，如对各粒径范围的团聚硼颗粒进行合理级配，可增加其堆积密度。此外，该粒径范围的团聚硼颗粒受测量仪器壁面摩擦力的影响，其松散堆积密度较无定形硼粉的增加不多；在振动后，由于外力作用，细小颗粒脱离壁面，对颗粒间间隙进行填充，其振实堆积密度急剧增加(0.760kg/m³)，较其松散堆积

密度增加 16.84%,比相同堆积状态下的无定形硼粉的要高得多。

2.5.3 团聚硼颗粒的流散特性研究

团聚硼颗粒的流散性对富燃料推进剂的流变特性有明显的影响,固体颗粒的振实堆积密度与松散堆积密度的比值可间接表征颗粒的流散性。本节对制备的不同粒径的团聚硼颗粒的流散性进行了研究,结果见表 2-17。

表 2-17 不同粒径团聚硼颗粒的流散特性结果

硼粉粒径/mm		平均松散堆积密度/(kg/m³)	平均振实堆积密度/(kg/m³)	振实堆积密度/松散堆积密度 R
无定形硼粉/$\times 10^{-3}$		0.40	0.559	1.39
团聚硼颗粒	$d > 0.84$	0.658	0.706	1.073
	$0.30 < d \leqslant 0.84$	0.479	0.649	1.355
	$0.25 < d \leqslant 0.30$	0.504	0.514	1.020
	$0.178 < d \leqslant 0.25$	0.568	0.628	1.105
	$0.15 < d \leqslant 0.178$	0.555	0.643	1.158
	$0.104 < d \leqslant 0.15$	0.613	0.653	1.065
	$d \leqslant 0.104$	0.620	0.760	1.226

从表 2-17 可以看出,不同粒径的团聚硼颗粒的振实堆积密度与松散堆积密度的比值 R 明显不同。其中,团聚硼颗粒粒径在 $0.25 < d \leqslant 0.30$ 和 $0.104 < d \leqslant 0.15$ 时的 R 值(1.020 和 1.065)较无定形硼粉的(1.39)明显减小,表明团聚硼颗粒在该粒径范围内的流散性较好,其对含硼富燃料推进剂药浆的流变特性改善明显,这可由 4.3 节和 4.4 节得到验证。

2.5.4 振动次数对团聚硼颗粒振实堆积密度的影响

团聚硼颗粒的振动次数对振实堆积密度有很大影响,本节研究了不同粒径的团聚硼颗粒的振动次数对振实密度的影响,并计算了不同粒径的团聚硼颗粒的密度与振动次数符合的多项关系式,结果见表 2-18,团聚硼颗粒的振实密度随振动次数变化的回归曲线如图 2-20 所示。

表 2-18 不同粒径的硼粉密度与振动次数的多项关系式

颗粒粒径范围	多项关系式	相关系数 R^2
$d > 0.84$	$\rho = 0.66223 + 3.42414 \times 10^{-4} N - 5.84758 \times 10^{-8} N^2$	0.98609
$0.30\text{mm} < d \leqslant 0.84\text{mm}$	$\rho = 0.4896 + 0.00114 N - 1.86631 \times 10^{-6} N^2$	0.98988

（续）

颗粒粒径范围	多项关系式	相关系数 R^2
$0.25\text{mm} < d \leqslant 0.30\text{mm}$	$\rho = 0.5042 + 6.85382 \times 10^{-5} N - 1.13617 \times 10^{-7} N^2$	0.99152
$0.178\text{mm} < d \leqslant 0.25\text{mm}$	$\rho = 0.57216 + 4.47583 \times 10^{-4} N - 7.73443 \times 10^{-7} N^2$	0.98794
$0.15\text{mm} < d \leqslant 0.178\text{mm}$	$\rho = 0.5607 + 0.52533 \times 10^{-4} N - 1.12252 \times 10^{-6} N^2$	0.98675
$0.104\text{mm} < d \leqslant 0.15\text{mm}$	$\rho = 0.61547 + 2.94073 \times 10^{-4} N - 5.02841 \times 10^{-7} N^2$	0.98947
$d \leqslant 0.104\text{mm}$	$\rho = 0.62771 + 9.71801 \times 10^{-4} N - 1.60839 \times 10^{-6} N^2$	0.99238
B_0	$\rho = 0.40706 + 9.42063 \times 10^{-4} N - 1.4066 \times 10^{-6} N^2$	0.99159
注：N 为振动次数；ρ 为团聚硼颗粒振实密度		

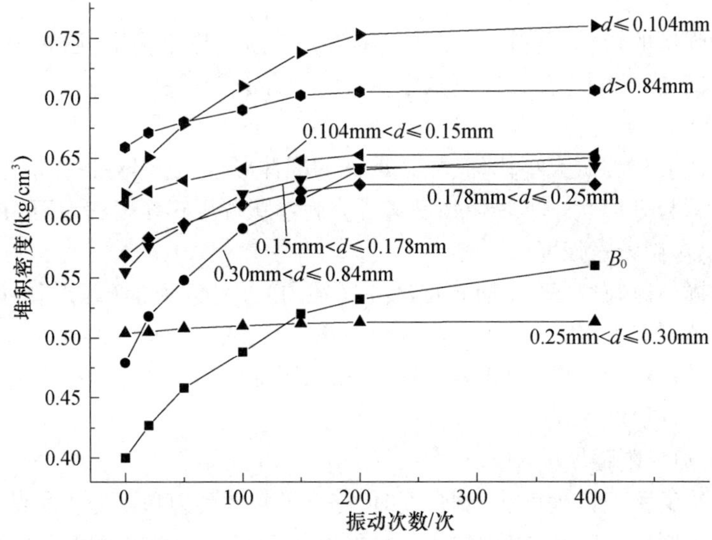

图 2－20 各粒径范围团聚硼颗粒振实后密度与振动次数关系曲线

由图 2－20 可看出，不同粒径团聚硼颗粒的振实密度随振动次数的增加均有不同程度的增大，曲线最终趋于平滑，表明硼粉的团聚改性明显增加了其振实密度，且随着粒子的中径值 d 的变小而先减小后增大，当团聚硼颗粒的粒径为 $d \leqslant 0.104\text{mm}$ 时，其多项式的相关系数达到最大值（0.99238）。因此，从工艺上讲，无定形硼粉的粒径变大及其球形化后大大减少了粒子的比表面积，因此，很大程度上改善了含硼富燃料推进剂的制备工艺性能。

2.6 团聚硼颗粒的强度研究

无定形硼粉经团聚后硼粒子应具备足够的机械强度,以经受推进剂药浆捏合过程中的滚动磨损、装填时冲击和自身重力以及压力、温度产生的各种应力。因此,团聚硼颗粒的机械强度性能常被列为无定形硼粉团聚质量控制的主要指标之一。本节主要采用点接触法对机械搅拌法制备的球形团聚硼颗粒强度进行测试,通过颗粒强度试验结果分析不同工艺条件:搅拌速度、团聚工艺温度、固化催化剂质量含量和黏结剂与硼粉的质量配比等因素对颗粒的强度的影响,进而获得制备强度较高的团聚硼颗粒的工艺条件。

2.6.1 团聚硼颗粒强度测试

作为强度的指标有抗压强度和抗拉强度。前者易于测定,后者理论上便于分析。目前,颗粒的机械强度测试主要有三种方法[40,41]:

1. 单颗粒强度

本方法要求测试大小均匀、数量足够的固体颗粒,适用对象为球形、大片柱状和挤条颗粒等形状。单颗粒强度又可分为单颗粒压碎强度和刀刃切断强度。

1) 单颗粒压碎强度

将单固体颗粒以正向(轴向)或侧向(径向)或任意方向(球形颗粒)放置在两平台间,均匀对其施加负载直至颗粒破坏,记录颗粒压碎时的外加负载。其中强度测试的颗粒数一般选 60 颗,强度数据采用球形和打片柱状颗粒的正压和侧压直接以外加负载表示。

2) 刀刃切断强度

本方法又称刀口硬度法,测强度时,固体颗粒放到刀口下施加负载直至颗粒切断。对于圆柱状颗粒,以颗粒切断时的外加负载与颗粒横截面积的比值来表示。与单颗粒压碎强度相比,该方法在单颗粒强度实际的测试中较少采用。

2. 整体堆积压碎强度

对于固定床来讲,单颗粒强度并不能直接反映固体颗粒在床层中整体破碎的情况,因而需要寻求一种接近固定床真实情况的强度测试方法来表征固体颗粒的整体强度性能,该法即为整体堆积压碎强度。另外,对于许多不规则形状的固体颗粒强度测试也只能采用这种方法。

3. 磨损强度

测试固体颗粒磨损强度的方法最为常用的主要有两种——旋转碰撞法和高

速空气喷射法。根据固体颗粒在实际使用过程中磨损情况,固定床固体颗粒一般采用前一种方法,而流化床固体颗粒多采用后一种方法。不管哪一种方法,它们都必须保证固体颗粒在强度测试中是由于磨损失效,而不是破碎失效。两种区别在于:前者得到的是微球粒子,而后者得到的是不规则碎片。

1)旋转碰撞法

旋转碰撞法是测试固定床固体颗粒耐磨性的典型方法。其基本原理:将固体颗粒装入旋转容器内,固体颗粒在容器旋转过程中上下滚动而被磨损,经过一段时间,取出样品,筛出细粉,以单位质量固体颗粒样品所产生的细粉量,即磨损率来表示强度数据。

2)高速空气喷射法

对于流化床固体颗粒,一般采用高速空气喷射法测定其磨损强度。高速空气喷射法的基本原理:在高速空气流的喷射作用下使固体颗粒呈流化态,颗粒间摩擦产生细粉,规定取单位质量固体颗粒样品在单位时间内所产生的细粉量,即磨损指数作为评价固体颗粒抗磨损性能的指标。

本节主要由标准分样筛对团聚硼颗粒进行筛分处理,按粒径大小分类,为了使实验具有较强的可操作性和稳定性,取适量粒径为1.8~2.1mm的球形团聚硼颗粒,用ZQJ-Ⅱ智能颗粒强度试验机(0~500N)测定颗粒的抗压强度(颗粒直径方向上所受的力),每个条件下测试5颗,最后取其平均值。

2.6.2 强度(抗压)的测试原理

本书主要采用点接触法测试球形团聚硼颗粒样品的抗压强度[42],测试过程中,试验仪的加力速度为5N/s,空程速度为1mm/s,其有关计算公式为

$$\overline{P} = \frac{1}{n}\sum_{i=1}^{n} P_i \tag{2-25}$$

$$P_i = \frac{F_i}{S_i}, i = 1, 2, \cdots, n \tag{2-26}$$

式中:P_i 为第 i 颗的破碎强度(N/mm^2);F_i 为第 i 颗样品所受的力(N);S_i 为每颗颗粒的截面积(mm^2);$\overline{P}$ 为颗粒的平均破碎强度(N/mm^2);n 为测试颗粒数目。

2.6.3 团聚硼颗粒的基本物理参数

球形颗粒散粒体的强度符合Mohr-Coulomb强度理论[43],即

$$\tau = C + \sigma\tan\phi$$

式中:τ 为颗粒体强度;C 为颗粒粉粒间的黏聚力,在图中表现为强度包线与纵

坐标的截距;ϕ 为颗粒的内摩擦角,它包括了颗粒体结构对颗粒强度的贡献,在图中表现为强度包线与横坐标的夹角;σ 为作用在颗粒体上的正应力。

其中,C 值一般为几 Pa 到几十 Pa,C 值越接近于 0,颗粒的球形度越高。因此,理想的球形颗粒散粒体的强度可写成

$$\tau = \sigma\tan\phi$$

本书还对 2mm 单一粒径的团聚硼颗粒强度包线进行了研究,结果如图 2-21 所示。

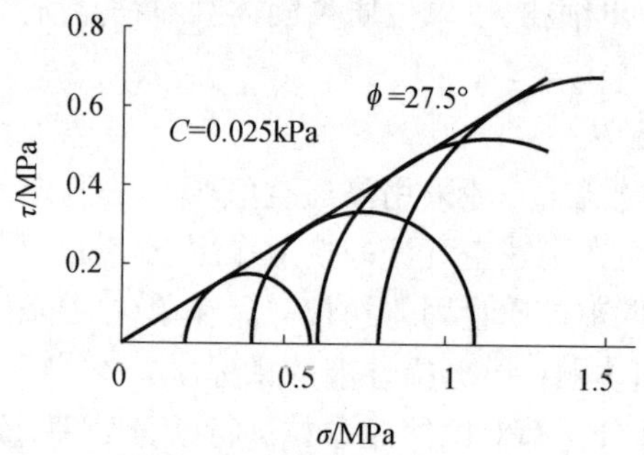

图 2-21　单一粒径(2mm)试样强度包线

由图 2-21 可以看出,此处的 C 值很小,仅为 0.025kPa,其原因主要是球形团聚硼颗粒散粒体之间关系非常简单,颗粒基本仅通过颗粒间的切点相互接触,不存在一般粗粒料颗粒之间存在的相互嵌入、咬合作用[44]。可见,实验所得样品的球形度较好,同一实验条件下,不同批次样品的强度值重复性也较好。

2.6.4 不同因素对团聚硼颗粒强度的影响

1. 搅拌速度对颗粒强度的影响

在团聚硼颗粒制备过程中,发现搅拌速度对颗粒强度有明显的影响,搅拌速度不仅对团聚体颗粒的搅拌质量、制备效率有影响,而且对团聚硼颗粒的强度作用起到至关重要的作用。本节研究了团聚硼颗粒在制备过程中,工艺温度为 30℃的条件下,搅拌速度分别为 50r/min、70r/min、90r/min 和 110r/min 时,对团聚硼颗粒强度的影响,结果见表 2-19。

表 2-19　搅拌速度对颗粒强度的影响

搅拌速度/(r/min)	50	70	90	110
团聚硼颗粒强度/(N/mm^2)	10.372	10.420	10.762	10.301

由表2－19可以看出，在一定的转速范围内，随着转速的增加，团聚硼颗粒的强度先增加后减小，当转速控制在90±2r/min左右时，团聚硼颗粒的强度较高。这是由于转速越小，颗粒的运动越不够充分，颗粒质量相对较差，且捏合机内的温度、湿度分布不够均匀，部分颗粒的孔隙较大，上述原因都会造成颗粒强度的降低；增大转速，由于分子运动速度加快，加剧了颗粒之间及颗粒与器壁之间的碰撞、磨损，易于颗粒球形度的提高，从而改善了球形团聚硼颗粒的质量，进而增大了颗粒的强度；然而再增加转速，硼粉在团聚过程中受到剪切作用增大，溶剂更易挥发，使球形团聚硼的固化加快，所制备出的团聚硼颗粒平均粒径就小；另外，搅拌速度太大则会将团聚硼颗粒体打碎，使得硼粉难以成团聚体颗粒，团聚效率降低，因此，转速保持在一定的范围内才能确保颗粒的团聚质量。

2. 工艺温度对颗粒强度的影响

在球形团聚硼颗粒的制备过程中，工艺温度是影响团聚硼颗粒强度的主要因素之一。本节研究了团聚工艺温度分别为20℃、30℃、40℃和50℃时，对球形团聚硼颗粒强度的影响，结果见表2－20。

表2－20　工艺温度对颗粒强度的影响

工艺温度/℃	20	30	40	50
团聚硼颗粒强度/(N/mm²)	12.292	12.523	12.053	11.979

从表2－20可以看出，团聚硼颗粒的强度随团聚工艺温度的增加，先增加后减小。团聚工艺温度为20℃甚至更低的条件下，溶剂的挥发速率缓慢，团聚硼颗粒含溶剂率较高，单个颗粒的孔隙率，随着实验的进行及样品的后续处理过程中溶剂的挥发而变大，致使颗粒强度降低，团聚质量下降。随着团聚工艺温度的提高，溶剂的挥发速率得到提高，形成的团聚硼颗粒体分散性较好。而当团聚工艺温度过高时，溶剂在搅拌机内以较快的速率挥发并被真空泵抽出，部分黏结剂可快速达到干燥状态，于是黏结剂的沉析速度加快，使硼粉粉体之间的黏结力变小，从而黏结剂不能完全按照预期的要求沉析在固体粒子中间，形成的团聚体缺陷就大，表现在团聚硼颗粒的表面粗糙度相对增大，这对含团聚硼富燃料推进剂的装填密度和药浆工艺性能不利。因而，团聚工艺温度过高或过低的实验条件，都不利于团聚硼颗粒强度的提高。实验发现，合适的工艺温度范围保持在30±2℃之间，可以得到强度较大的团聚硼颗粒。

3. 黏结剂/B质量配比对颗粒强度的影响

黏结剂在团聚工艺过程中充当硼粉粉体之间的桥链作用，黏结剂质量浓度对团聚硼颗粒强度也有很大程度的影响。本节研究了搅拌速度为90r/min，工艺温度为30℃的条件下,黏结剂与硼粉的质量配比分别为5/95、10/90、15/85和20/80时,对团聚硼颗粒强度的影响,结果见表2-21。

表2-21 黏结剂/B质量配比对颗粒强度的影响

HTPB 黏结剂/B 配比	5/95	10/90	15/85	20/80
团聚硼颗粒强度/(N/mm²)	10.985	11.476	11.352	11.028

从表2-21可以看出,黏结剂/B质量配比控制在1/9左右可确保团聚硼颗粒具有较高的强度值。这是因为黏结剂的质量浓度较低时,其溶解后对相同质量硼粉的黏结性能下降,硼粉粉体之间的结合力变小,从而形成的团聚体强度降低;黏结剂的质量浓度较高时,黏度较高,在相同的搅拌速度及工艺温度条件下,会形成较大粒径的团聚硼颗粒体,增大了单个颗粒内部的空隙率,导致团聚硼颗粒的质量下降,同样不利于其强度的提高,这对含硼富燃料推进剂的能量性能和工艺性能都很不利。所以,在不考虑由于实验误差对实验结果所产生影响的条件下,黏结剂质量浓度过高或过低,都会减小团聚硼颗粒的强度。

4. 固化催化剂质量含量对颗粒强度的影响

为了加快黏结剂对无定形硼粉的黏结,在团聚硼颗粒的制备过程中,添加一定含量的固化催化剂,以缩短颗粒产品的固化时间,以增强团聚硼颗粒的强度,在实验过程中发现,固化催化剂质量含量对团聚硼颗粒的强度有很大的影响。本节研究了固化催化剂质量含量分别为0、0.01%、0.02%和0.05%时,对团聚硼颗粒强度的影响,结果见表2-22。

表2-22 固化催化剂质量含量对颗粒强度的影响

固化催化剂质量含量/%	0	0.01	0.02	0.05
团聚硼颗粒强度/(N/mm²)	10.246	10.358	10.559	10.612

在球形团聚硼颗粒的制备过程中,当固化催化剂的质量含量为0时,颗粒强度很容易破碎,用手即可捏碎。从表2-22可以看出,随着固化催化剂质量含量的增加,团聚硼颗粒的强度随之增大,但是当固化催化剂质量含量达到一定值后,对颗粒强度基本没有影响,其强度值增加的幅度不大,而且为了保证团聚硼颗粒的能量特性,需要控制固化催化剂的含量,所以,本节选择固化催化剂的质量含量为0.02%为宜。

综上所述,在搅拌速度为90±2r/min,团聚工艺温度为30±2℃,B/黏结剂配比为9/1和固化催化剂的质量含量为0.02%的工艺条件下,可制备的团聚硼颗粒表观形貌较好,强度较高。另外,影响机械搅拌法制备球形团聚硼颗粒强度的因素较多,作用机理较复杂,而且各因素间有较强相互关联作用,但可以通过改变部分相关因素,来改变其强度值,以满足实际生产需要。

2.7 硼粉团聚前和团聚后的表面特性

2.7.1 团聚硼颗粒表观形貌研究

球形度是评价颗粒质量的重要特性之一,反映颗粒球形度的好坏。颗粒的球形度直接影响其包衣质量,进而影响颗粒在制药过程中的工艺特性。许多学者就粒形对悬浮液黏度的影响提出了一些表征粒形的参数,常用的有形状系数、状态因数和长径比等。根据爱因斯坦公式 $\eta_r = 1 + K_E\varphi$(式中:η_r 为悬浮液的相对黏度;K_E 为 Einstein 系数;φ 为填料的体积分数)可知,硼粒子的表面形状对推进剂的工艺性能有一定的影响[45,46]。

在硼粉团聚过程中,为了使硼粉之间能够黏结,要求粒子有一定的湿度,但是湿度太大在离心过程中预团聚的单个粒子之间会发生黏结,得不到单个预团聚硼粒子。预团聚的硼粒子要在一定的压力下通过挤压使其产生塑性形变,最终完成黏结固化过程,塑性形变的时间越长,我们所期望的碾压密实过程越充分,粒子在滚动过程中就越趋向于球形,即球形度越好。而且,团聚造粒得到的团聚硼颗粒尺寸的分布对于团聚过程来说是一个很重要的过程参数。

为了对团聚后颗粒的结构进行表征,采用电子显微镜对不同粒径的团聚硼颗粒的表观形貌和粒度分布进行了观察和测试,结果如图 2－22 所示。

由图 2－22 可以看出,无定形硼粉粒径较小,粉末呈现“锯齿”形,而各粒径范围的团聚硼颗粒较无定形硼粉的粒径增大,表面形状球形度有大幅度的提高。当颗粒粒径 $d \geqslant 0.84$mm,团聚硼颗粒的形状规则,随着粒径的逐渐减小,团聚硼颗粒表面不同程度地出现了一层粉末状沉积层,这是由于在团聚硼颗粒的制备过程中,随着温度的升高,溶剂挥发后析出的高氯酸铵粉末沉积在团聚硼颗粒的表面。当颗粒粒径在 $0.25\text{mm} < d \leqslant 0.30$mm 范围,团聚硼颗粒松散堆积密度、振实堆积密度相应较小,经 X 荧光分析得出,该粒径范围的团聚硼表面沉积的 AP 粉末最多,这可能是导致该粒径范围的团聚硼颗粒堆积密度较小的主要原因之一。

另外,在团聚硼颗粒的制备过程中,不同团聚剂等材料含量对团聚硼颗粒的质量有很大的影响[47]。本节又采用扫描电镜研究了无定形硼粉和三种不同类型的团聚硼颗粒的表面形貌,结果如图 2－23 所示。其中,不同类型的团聚硼颗粒制备的原材料配比见表 2－23。

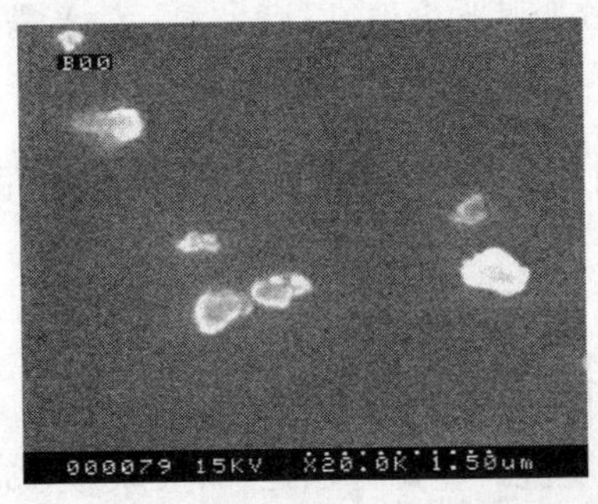

(a)

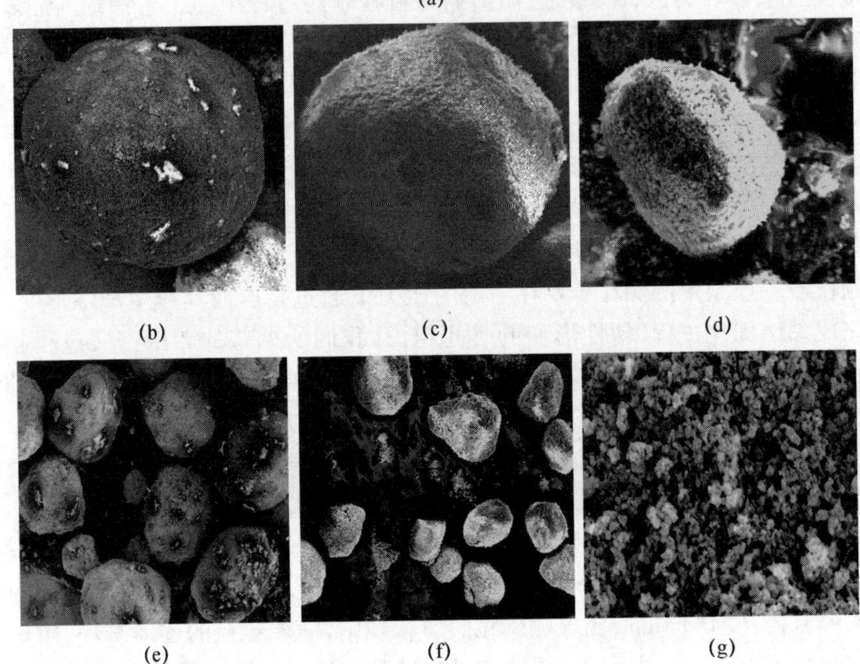

(b) (c) (d)

(e) (f) (g)

图 2－22 不同粒径团聚硼颗粒的形貌照片（×100）

(a)无定形硼粉：$d=1\sim3\mu m$；(b)$d\geqslant0.84mm$；(c)$0.3\ mm<d\leqslant0.84mm$；

(d)$0.25mm<d\leqslant0.3mm$；(e)$0.178mm<d\leqslant0.25mm$；

(f)$0.104mm<d\leqslant0.178mm$；(g)$d\leqslant0.104mm$。

由图 2－23 可以看出，无定形硼粒子的外表面是非常不规则的，呈"锯齿"形，通过团聚改性后，可明显看到团聚硼粒子的球形度已接近圆形或是椭圆形，相对于无定形硼粒子来说，团聚后的硼粒子粒径增大，颗粒表面比较光滑，球形度大幅度得到提高。

表 2-23 不同类型的团聚硼颗粒

类型	HTPB/g	B/g	AP/g	TDI/g	乙酸乙酯/mL
HTPB-B-1	5	95	3	0.5	100
HTPB-B-2	10	90	4	0.5	150
HTPB-B-3	20	80	5	0.5	200

图 2-23 无定形硼粉和团聚硼颗粒扫描电镜照片

(a)无定形硼粉;(b)B-HTPB-1;(c)B-HTPB-1;(d)B-HTPB-1。

2.7.2 团聚硼颗粒的酸度分析

为了对表面团聚改性硼粉和团聚硼颗粒的酸碱性进行表征,研究了甘露醇、TMP、TEA、NaOH 对无定形硼粉进行表面改性和采用 HTPB 作为团聚剂处理的团聚硼颗粒分别为 B-1、B-2、B-3、B-4 和 B-5。测试方法如下:在 5g 硼粉中依次加入 25mL、8.3mL、16.7mL 和 50mL 蒸馏水,配置成浓度为 20%、15%、10% 和 5% 的悬浊液,搅匀并静置 24h 后测试悬浮液的 pH 值,测量前用 3mol/L 的 KCl 缓冲液浸泡测量电极 24h,碱性溶液采用四硼酸钠缓冲液标定,酸性溶液采用邻苯酸氢钾缓冲液进行标定,结果如图 2-24 所示。

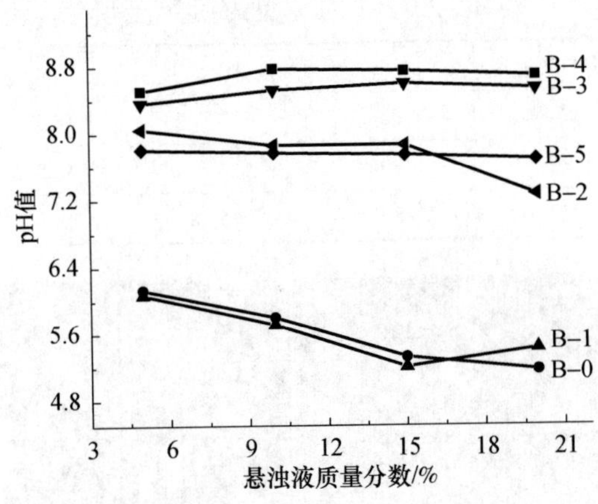

图 2-24　硼粉/水悬浊液质量分数对 pH 值的影响

由图 2-24 可以看出，无定形硼粉经过不同化学物质的表面改性后，其表面由酸性被中和至中性或弱碱性，其表面的 B_2O_3、H_3BO_3 酸性杂质被反应或络合，含量降低，这对硼粉在 HTPB 黏合剂体系中流变特性的改善有利。比较不同改性化学物质对硼粉表面改性的 pH 值，本节发现，B-1 悬浊液的 pH 值基本和改性前相差不大，而 B-2 悬浊液的 pH 值稍有提高，B-3 和 B-4 对悬浊液 pH 值的提高幅度较大，表明硼粉表面的酸性杂质得到有效消除。无定形硼粉经最优化工艺团聚后 B-5，其表面由酸性被中和至中性或弱碱性，其表面的 B_2O_3、H_3BO_3 酸性杂质含量降低，B/H_2O 混合物在不同浓度下的 pH 值基本保持在 7.5 左右，表明硼粉表面的酸性杂质得到有效消除，这对硼粉在 HTPB 黏合剂体系中流变特性的改善非常有利。

2.7.3　团聚硼颗粒的 X 荧光分析

用化学物质对无定形硼粉进行表面改性，目的是使硼粉表面的酸性杂质减少，以提高硼粉的纯度。本节用 X 荧光射线光谱仪研究了采用甘露醇、TMP、TEA 和 NaOH 改性前后硼粉中的各元素的含量，结果见表 2-24。

表 2-24　团聚硼颗粒的 X 荧光分析结果

元素	ω/%						
	B-0	B($_{团}^{TEA}$)①	B($_{团}^{TMP}$)②	B-1	B-2	B-3	B-4
B	91.800	86.5	89.5	93.7	95.0	94.9	94.3
C	—	2.34	1.10	—	—	—	—
O	5.300	6.67	5.44	3.90	2.61	2.60	3.12

（续）

元素	ω/%						
	B－0	$B(^{TEA}_{团})$①	$B(^{TMP}_{团})$②	B－1	B－2	B－3	B－4
F	—	0.137	—	—	—	—	—
Na	—	0.0667	0.0947	—	0.0373	0.0679	0.0911
Mg	2.520	2.16	2.28	2.19	2.15	2.15	2.24
Al	0.0278	0.0279	0.0356	0.0205	0.0272	0.0242	0.0213
Si	0.111	0.0459	0.0562	0.0332	0.0317	0.0498	0.0371
P	0.0211	—	—	—	—	0.00333	—
S	0.0861	0.0227	0.0284	0.0260	0.0173	0.0209	0.0251
Cl	0.00538	1.68	1.16	0.0240	0.0111	0.00698	0.00720
K	0.00130	—	—	—	—	—	—
Ca	0.0218	0.155	0.173	0.0157	0.118	0.0890	0.0835
Cr	—	0.0241	0.0353	0.0181	0.0107	0.00564	0.0277
Ti	0.00554	—	—	—	0.00965	0.00800	—
Mn	0.0271	0.0170	0.0213	0.0123	0.0114	0.0124	0.0157
Fe	0.0326	0.0283	0.0457	0.0111	0.00612	0.00599	0.0248

① $B^{TEA}_{团}$—采用 TEA 预处理的硼粉再进行团聚。② $B^{TMP}_{团}$—采用 TMP 预处理的硼粉再进行团聚。

由表2－23可以看出，无定形硼粉经表面改性后，其表面的B元素质量含量均比无定形硼粉的有所提高，其余元素的含量均有不同程度的降低。其中，B－2和B－3表面改性硼粉的表面硼含量较高，表明硼粉表面的杂质易与其发生化学反应而被驱除，而用B－1表面改性硼粉的表面硼含量较低，表明其驱除的杂质量较少，原因可能是硼粉表面的杂质 B_2O_3 和 H_3BO_3 与硼形成了某种缔合态的化合物，即使进行了化学反应，但只能驱除溶液中的部分 B_2O_3 和 H_3BO_3，其余的 B_2O_3 和 H_3BO_3 仍不能溶解。

对比表2－23中B－4和B－0可知，NaOH溶液中和处理后，硼粉表面的纯度得到提高，硼粉表面的 H_3BO_3 杂质含量大大降低，这是由于在B－4制备过程中，硼粉表面 H_3BO_3 杂质和NaOH发生了化学反应，生成了水溶性的 $NaBO_2$，使硼粉表面的 H_3BO_3 杂质含量降低。

2.7.4 团聚硼颗粒的包覆度研究

包覆度 R 反映了不同条件下样品表面Cl原子浓度变化情况，可表征黏合剂和AP复合物包覆剂在硼粉颗粒表面上的覆盖程度。在保证颗粒流散性好的条件下,R 越大则说明包覆效果越好。包覆剂含有 AP(Cl 元素),而无定形硼粉中不含有 Cl 元素,所以可由样品表面的 Cl 原子质量百分数的变化来计算包覆度[48]:

$$R = \frac{Cl_1 - Cl_0}{Cl_0} \tag{2-27}$$

式中:R 为包覆度;Cl_1 为含包覆剂样品表面含氯元素的质量百分数;Cl_0 为未包覆样品表面含氯元素的质量百分数。本书研究了团聚改性硼粉包覆度 R,结果见表 2-25。

表 2-25　不同包覆剂 AP 含量与包覆度的关系结果

序号	黏合剂含量/%	AP 含量/%	包覆度 R/%
0	0	0	—
1	10	2.0	12.1
2	10	5.0	54.3
3	10	7.0	81.7

从表 2-25 可以看出,随包覆剂 AP 的含量从 2.0% 增加到 7.0%,硼粉的包覆度从 12.1% 提高到 81.7%,表明包覆剂的含量与包覆度之间有较好的相关性,调节包覆溶液中包覆剂的含量可有效改变硼粉表面包覆度的大小,为无定形硼粉表面包覆获得最佳效果提供有效的手段。

2.8　团聚硼颗粒的团聚造粒机理

2.8.1　团聚颗粒的核化和长大理论

湿法造粒时,起初加进的湿物料是分散而松软的小粒,这些小粒在搅拌过程初期阶段形成团粒的核,形成这类核的动力是黏结液体的表面张力,物料总表面自由能的下降以及汽-液界面的减少(图 2-25)。核心可由很细的粉末(小于 325 目)形成,并可促使团粒直径增大至 1 或 2mm,核形成之后,物料的粒度变化过程有许多种,如图 2-26 所示。

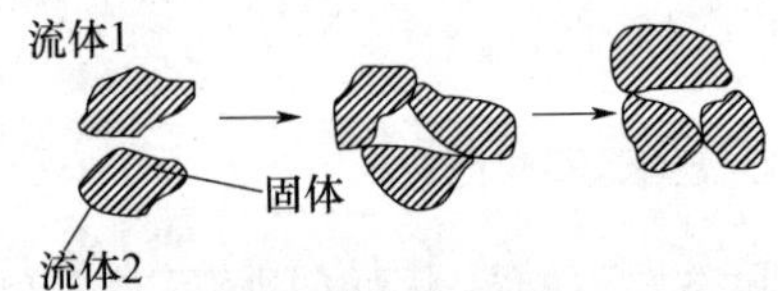

图 2-25　通过汽-液界面减少形成核的图解

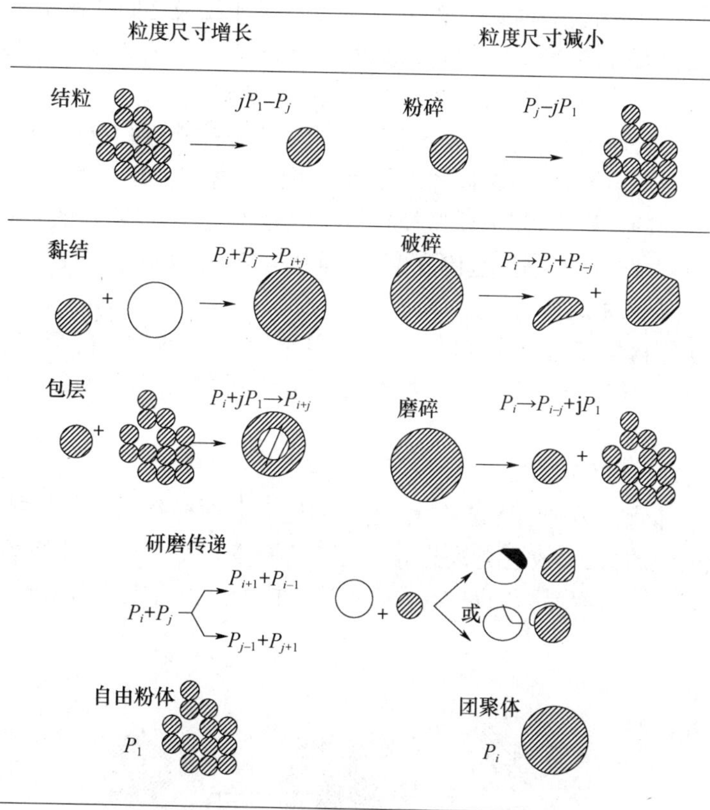

图 2-26　造粒过程中的粒度变化过程图标描述

影响颗粒粒度变化过程的主要因素有原始粉末粒度及固体物料的其他性质、液体的表面张力、黏度以及生产方式(间歇或连续)。核形成之后,粒度增大的主要途径为[49,50]:

(1) 凝聚。

(2) 已有团粒碎料(粉碎、压碎或破碎、磨碎)中细粉或粉末包层。凝聚和包层过程二者可以在一种物料中同时进行,但是一般以一种过程为主。

在团聚造粒过程时,直径为 0.5 ~2mm 的不太结实、强度较小的团粒先破碎为细粉末,然后这些细粉末在较大细粒上包层为团粒;平均直径大于 50μm、粒度均匀的粉粒就是以 HTPB 黏合剂体系为液相进行造粒。反之,粒度分布范围宽、表面积大的细粉粒(如小于 325 目)则适于按照凝聚的方式进行团聚造粒,用这样的粉粒结成团粒后不易破碎,其原因不仅是因为它的强度较高,还由于聚集后要经历一个压实阶段,使多余的液体被挤到团粒的表面上,作为团粒之间的桥连剂,同时还使团粒表面具有塑性,二者都有助于团粒之间的黏结。但是团聚颗粒的直径较大时,在黏结的同时会发生团粒的分裂,使黏结效率下降,因此当团粒粒度增加时,团聚颗粒的黏结速度和效率自然降低。

将混合均匀后的粉体物料放入造粒机中适当地搅拌,随着造粒剂的加入,粉体物料的适度逐渐增大,液相体和固相体之间相互密接接触,产生黏结力而形成团粒。在成粒的过程中,其主要途径包括干混合预先成核、团粒的核化和成长、微分空穴填充、黏结和破碎、包围和磨碎、捏合与撕分、滚制与墩圆[22-25]。

1. 干混合预先成核

由于粉体物料在造粒的过程中会产生静电,具有一定的吸附能力,故在干体混合过程中,会使组分积聚成一个相对松散的絮状团粒,对后期成粒预先提供了成长初期的核。

2. 团粒的核化和成长

随着粉体物料湿度的逐渐增大,起初加进分散而松软的小粒搅拌过程初期阶段形成团粒的核,形成这类核的动力是黏结液体的表面张力,物系总表面自由能的下降以及汽-液界面的减少(图2-27),核心可由很细的粉末形成。

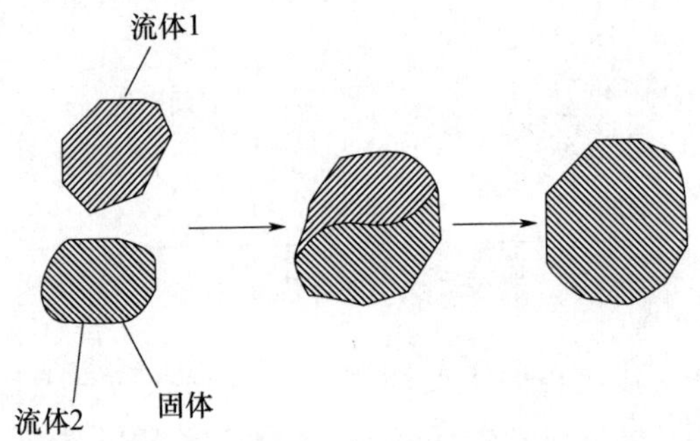

图2-27　通过汽-液界面减少成核图解

核形成之后,物料的粒度变化过程有许多种。影响粒度变化过程的主要因素有进料粉末粒度及固体的其他性质、液体表面张力,黏度及生产方式(间歇或连续)。核形成之后,粒度增大的主要途径有以下两种。

(1) 凝聚:成核的细小颗粒主要通过液体间的表面张力和吸附作用,凝聚形成大颗粒。

(2) 粉末包层:聚集在小颗粒周围的粉末,以颗粒为中心,附着在颗粒体的表面,形成大颗粒。

3. 微分空穴填充

由于较大颗粒的架桥,而在颗粒与颗粒之间形成空穴。在造粒过程中会有相对比较小的颗粒或粉末填充到空穴中,形成截面积变小了的更多的孔穴,如此继续就形成了一个微分空穴过程,这个过程也就是颗粒密度变大,强度变大的过程。

4. 黏结和破碎

由于液体表面张力和黏结力的作用,会使细小粉粒或尺寸较小的颗粒之间相互结合形成大的颗粒;同时由于搅拌和振动又会使已经形成较大尺寸的颗粒出现破碎而变成小颗粒的现象。图 2-28 为颗粒黏结和破碎的示意图。

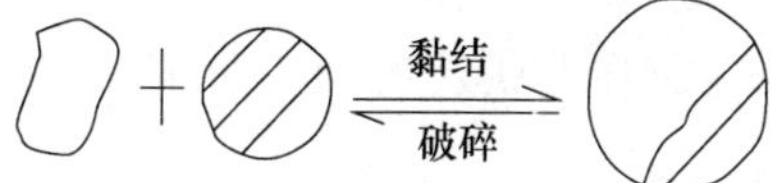

图 2-28　团聚硼颗粒的黏结与破碎

5. 包围和磨碎

由于液体黏结力和表面张力的作用适当和颗粒滚动的空间较大,容易发生物料的包围和磨碎现象。图 2-29 所示为颗粒包围和破碎的示意图。

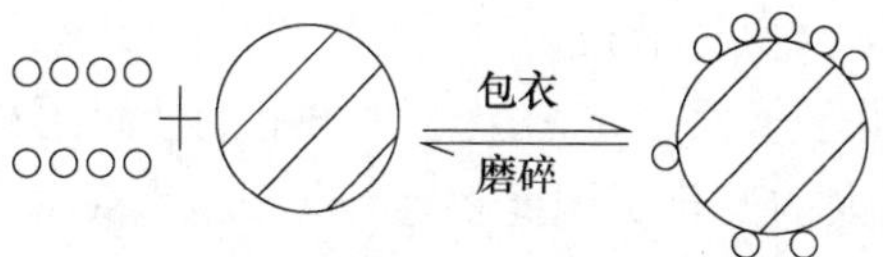

图 2-29　包衣与磨碎示意图

6. 捏合与撕分

在颗粒强度比较小时,液体黏结力和表面张力作用还会导致捏合和撕分现象的发生。图 2-30 所示为颗粒捏合与撕分的示意图。

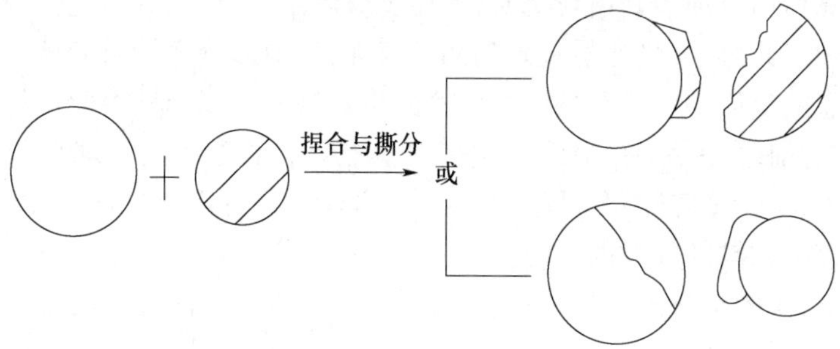

图 2-30　捏合与撕分示意图

7. 滚制与墩圆

根据 Baert 和 Remon 的工作,在造粒过程中,圆柱体的棱角被墩圆,再被墩成哑铃形,然后墩成椭球形,在滚制过程中被墩成圆球,滚制与墩圆机理如图2-31所示。

图2-31 滚制与墩圆示意图

粉体物料随着湿度的增加,逐渐成核后,经过微分空穴填充、黏结核破碎、包围核磨碎、捏合与撕分、滚制与墩圆,使制成的颗粒体反复经过粒径增大和减小的过程,最后制成具有一定强度和硬度的均匀密实颗粒体。

2.8.2 团聚硼颗粒生长过程分析

无定形硼粉在团聚过程中,硼粉表面中的酸性杂质硼酸可与HTPB中的羟基进行化学交联反应,之后通过物理等作用,使得硼粉团聚在一起。无定形硼粉团聚改性过程中,在机械搅拌作用下,硼粉粉体之间、形成团聚硼颗粒体之间互相发生碰撞,决定团粒增长速度的因素是团粒的破碎(或分裂)情况和团粒互相黏结、黏附能力。团粒粒度的增长由团粒的"塑性"和"表面湿度"来确定,即使含液量有微小变化,由于表面黏结剂湿度的作用也会使团粒表面的可塑性、黏性和变形程度等发生很大的变化。因此桥连液体的含量对团粒增长率的变化影响非常大。如果在粒化过程中补充团粒循环"核",那么粒化过程的动力学可大为改善,因为颗粒粒度相差较大使两颗粒之间的链状型桥连液的黏结力加大,所以团粒"核"就轻而易举地把细粉末黏结起来,一层一层地裹成大粒径的颗粒[1,22,25-30]。

对于反应沉淀结晶过程的团聚颗粒生长机理研究至今未能取得令人满意的结果。在硼粉物料加入到造粒机时,易使反应体系中出现局部浓度过饱和,生成硼颗粒晶核。此时,大量离子吸附到晶核表面,其中部分离子与晶核表面缺陷位置存在动态的交换、取代等过程,当硼粉的生长基元沿以晶核为原点的球坐标方向均匀进入晶核各表面时,最终形成热力学上有利的球形或近球形团聚硼颗粒形貌。另外,由于搅拌作用及颗粒自身的布朗运动,当硼颗粒很小时,其在溶液中的运动速率比粒径较大的颗粒要快一些,因而易于被吸附在运动过来的微细硼粉颗粒上,当团聚硼颗粒形成后,沉淀形成速度大大加快,团聚硼颗粒经过晶核形成、晶粒长大和团聚等一系列过程后转变成球形颗粒。当颗粒长大到一定程度时,就会下沉到造粒机底部,导致其生长速率变慢,另外,随着搅拌的进行,硼粉间经过搅拌桨的不断搅拌和剪切等作用,使团聚硼颗粒具有一定的颗粒强度,从而最终获得粒度分布比较集中,具有一定强度的团聚硼颗粒[1,22,25-30]。其生成过程如图 2－32 所示。

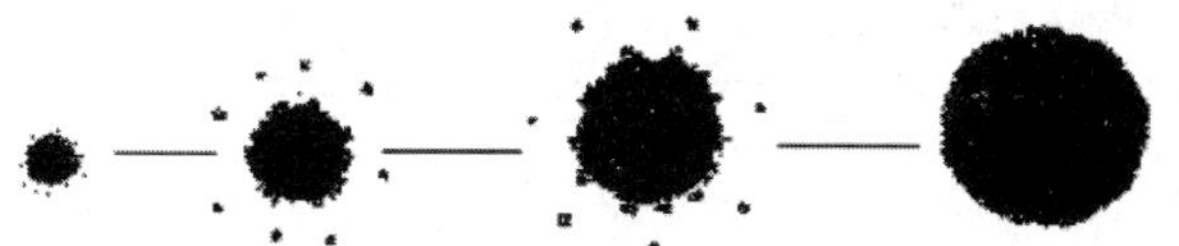

图 2－32 球形团聚硼颗粒的形成过程

2.8.3 团聚硼颗粒的造粒机理分析

无定形硼粉的团聚造粒机理，主要是以黏合剂溶液为媒介，以固体硼粉粉末为核心，粉体相互接触附着团聚并形成颗粒的[1,22,28]。图 2－33 所示为无定形硼粉的团聚造粒过程。

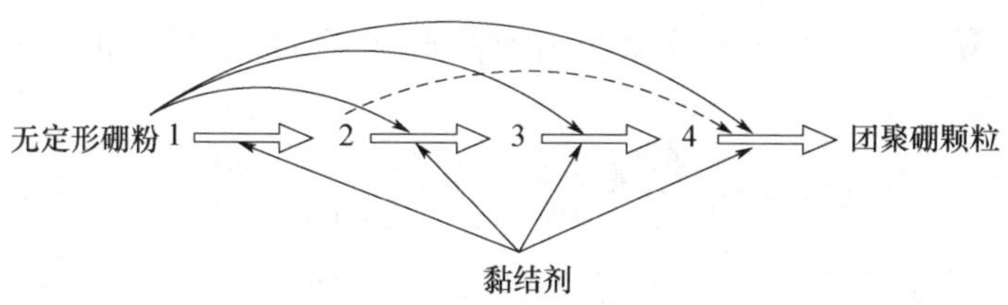

图 2－33 团聚造粒过程简图

1—无定形硼粉末和黏合剂；2—造粒核心（半湿润粉体，由干粉混合制得）；3—生长着的湿润粒子；4—湿润的团聚颗粒。

团聚过程为：向团聚造粒机中加入粒度较细的干粉体－无定形硼粉，其与溶解的黏合剂液滴接触后形成以图 2－33 中 2 所示的团聚造粒核心，再以 2 为核心与黏合剂及干粉体接触形成 3 和 4 所示的团聚颗粒，团聚硼颗粒形成后进行包衣时，以团聚颗粒物料黏结成的小颗粒或循环的小团粒作为核心，在固化催化剂存在的条件下，其与包衣液的黏结较牢固，包衣液是一层一层地直接包在核上形成团粒，此过程形成的团聚颗粒表面光滑成球形，而内部横截面则呈现出一层包一层的“洋葱皮”结构[31,32]。

在颗粒形成的过程中，起黏结作用的是黏合剂体系与颗粒间的表面张力以及负压吸附力，在这些力的作用下形成如图 2－34 所示的交联过程[33,34]。第一阶段当硼粉润湿后，粉粒靠近而形成球粒（图 2－34（a））。此时，各个粉体已为吸附层和薄膜层所覆盖，毛细管溶剂仅存在于各个粉粒的接触点上，粉粒间的其余空间仍为空气所填充，这种状态下有余细粉粒结合不紧密，毛细管力起不到应有的作用，各粉粒间的黏接力较弱；第二阶段颗粒在团聚造粒机中继续碰撞，被进一步挤压密实，引起毛细管性质和尺寸的改变，从而使过剩的毛细管溶剂被挤压到颗粒的表面，如图2－34(b)所示。过剩的颗粒表面在运动中容易粘上一层润湿程度较低的颗粒，颗粒逐渐长大；第三阶段长大到一定尺寸的湿润颗粒进一步紧密地团聚在一起，液体交联变成固态骨架，经干燥即得到团聚体颗粒，如图2－34(c)所示。

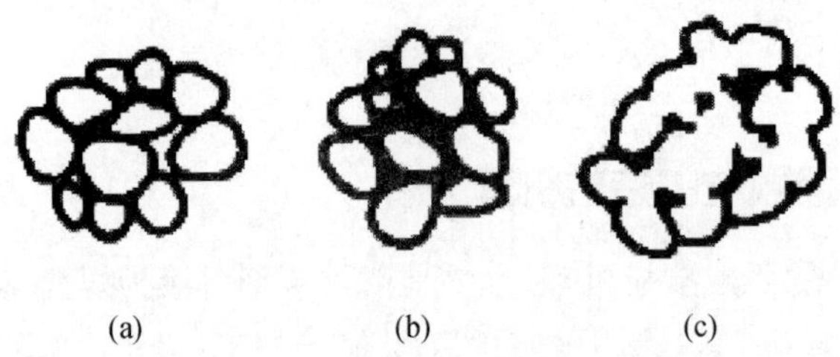

图2－34 颗粒形成机理示意图

Newitt认为，粉体被水或黏合剂溶液湿润后，其结合力可由式(2－28)决定[35]：

$$F=\frac{(1-\varepsilon)K\pi\sigma}{[1+\tan(\theta/2)]d}F=\frac{(1-\varepsilon)d\sigma}{1+\tan(\theta/2)} \tag{2-28}$$

式中：F为粉体间结合力(N)；ε为粉体间孔隙率；d为粉体直径(m)；σ为表面张力(N/m)；θ为湿润部分中心角，如图2－35所示。

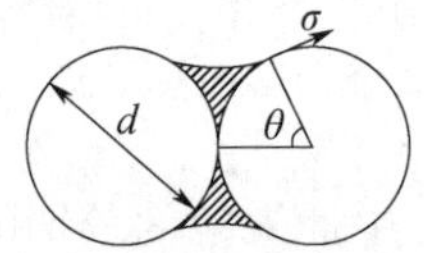

图2－35 粒子间的结合力示意图

Rumf推出了湿润后均一粒径的粉体间附着力用以下公式进行计算[32]：

$$F=\frac{(1-\varepsilon)K\pi\sigma}{[1+\tan(\theta/2)]d} \tag{2-29}$$

式中：K为粉体间的配位数。

对于团聚体颗粒粒径的成长过程，B. J. Ennis[36]分析了造粒过程中力的平衡，提出了颗粒生长理论，即用粒径黏性斯托克斯数St_v判断颗粒粒径生长的原则。此部分主要用于分析团聚颗粒包衣过程中颗粒的生长。

图2－36(a)是两颗粒接触的内部的结构简图。u_0为颗粒的运动速度，a为颗粒的半径，μ为液体桥的黏度，h_0为内部接触区距离的一半，$\delta=2h_0/a$为颗粒间无量纲距离。图2－36(b)是相对运动的两个等质量几何大小的颗粒，相对运动速度为$2u_0$，黏合剂涂层厚度为h，两颗粒碰撞在一起时，喷洒到颗粒表面的黏

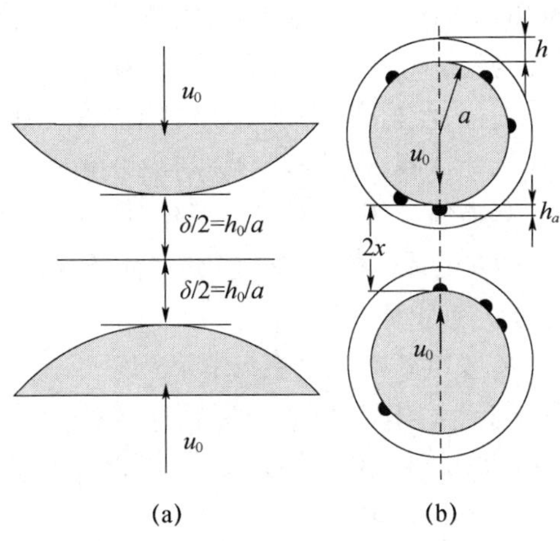

图 2－36　两颗粒碰撞示意图

合剂首先接触,就形成颗粒之间的动态振动液桥,当黏合剂的粘性较大,足以阻止颗粒间的反弹力时,两个颗粒的运动动能就耗散在振动液桥中。当两个颗粒间无量纲距离 $\delta \ll 1$ 时,振动液桥的粘性力比表面张力大一个数量级(仅考虑粘性力对振动桥的作用)。根据每个颗粒力的平衡关系,可以导出

$$u = u_0\left[1 - \frac{1}{S_{tv}}\ln\left(\frac{h}{x}\right)\right] \tag{2-30}$$

$$S_{tv} = \frac{2mu_0}{3\pi\mu a^2} = \frac{4\rho_s u_0 D}{9\mu} = \frac{m\ (2u_0)^2}{2F_{vis}h} \tag{2-31}$$

式中:u 为颗粒运动的相对速度(m/s);u_0 为颗粒运动速度(m/s);S_{tv} 为颗粒粘性斯托克斯数;h 为黏合剂涂厚(m);x 为两颗粒之间的距离(m);a 为颗粒的半径(m);m 为颗粒的质量(kg);μ 为液体桥的黏度(Pas);F_{vis} 为液桥粘性力(N),$F_{vis} = \frac{3\mu u_0}{2\delta\sigma}$。

2.9　晶体硼粉研究

2.9.1　晶体硼粉的制备

工业上常通过铝粉还原硼砂法制备晶体硼,反应如下:

$$Na_2B_4O_7 + 4Al \longrightarrow 4B + Na_2Al_2O_4 + Al_2O_3 \tag{2-32}$$

工艺过程如下:在常压、750℃的熔融炉中,将硼砂脱水得到无水硼砂,然后经过冷却、粉碎,按配料比与铝、硫混匀,投入反应炉高温反应,其中,硫作为还原性介质。冷却后将熔块取出粉碎,经盐酸、氢氟酸多次浸洗,最后水洗、碱洗、分离干燥,得到灰黑色有金属光泽的晶体硼。通过该方法制备硼粉的晶体硼含量≥80%。

高纯度硼的方法一般有氯化硼氢还原法、氢化硼裂解法。通过氯化硼氢还原法可以得到纯度≥99.999%的晶体硼,而氢化物裂解法硼粉的纯度≥99.99%。

氯化硼氢还原法的反应原理如下:

$$2BCl_3 + 3H_2 \longrightarrow 2B + 6HCl \tag{2-33}$$

氢化硼裂解法是工业生产中常用的方法,反应式如下:

$$6NaH + 8BF_3(C2H5)_2O \longrightarrow B_2H_6 + 6NaBF_4 + 8(C_2H_5)_2 \tag{2-34}$$

$$B_2H_6 \longrightarrow 2B + 3H_2 \tag{2-35}$$

2.9.2 晶体硼粉的物化特性

1. 晶体硼粉的纯度和表面形貌分析

由于硼粉表面杂质对推进剂的工艺性能、燃烧性能均产生不利影响,采用高精度的荧光光谱仪分析了晶体硼粉的纯度及其微量组分的组成,并与无定形硼粉进行了纯度分析比较,结果见表2-26。

表2-26 两种硼粉中微量元素及其含量

元素	无定形硼粉/%	晶体硼粉/%
B	91.8	98.2
O	5.3	0.700
Mg	2.52	0.890
Na	—	—
Al	0.0278	0.0556
Si	0.111	—
P	0.0211	—
S	0.0861	—
Cl	0.00538	0.0177
K	0.00130	—
Ca	0.0218	0.0563
Ti	0.00554	—
Mn	0.0271	0.0169
Fe	0.0326	0.0187

从表2-26可以看出，晶体硼粉中主要杂质元素为O和Mg，微量元素为Al、Cl、Ca、Mn、Fe等。由于氢元素不出峰，若忽略其他元素，认为O全部以B_2O_3存在，则计算出晶体硼粉中单质B的百分含量达到97.88%，颗粒尺寸为2~5μm，大部分颗粒不规则，但在微观上为晶体结构。营口硼粉中除硼元素外，主要杂质元素为氧和镁，还存在多种微量元素杂质，将氧元素换算为B_2O_3后，单质硼百分含量为89.4%。因此，晶体硼粉中单质B的百分含量远高于无定形硼粉；不仅B_2O_3、H_3BO_3杂质等含量少，而且元素种类也较少，杂质对富燃料推进剂的工艺性能、燃烧性能的影响将变小。

通过扫描电镜观察了晶体硼粉的表面形貌，与无定形硼粉进行了对比，结果如图2-37、图2-38所示。由图可见，晶体硼粉颗粒的尺寸为2~5μm，大部分颗粒不规则，颗粒表面存在较多的棱角，但也有部分颗粒呈片状，大颗粒上吸附着不规则的小颗粒，表面存在较多的缺陷和位错；无定形硼粉颗粒尺寸为1~2μm，无规则的形状，颗粒表面的棱角多、不光滑。

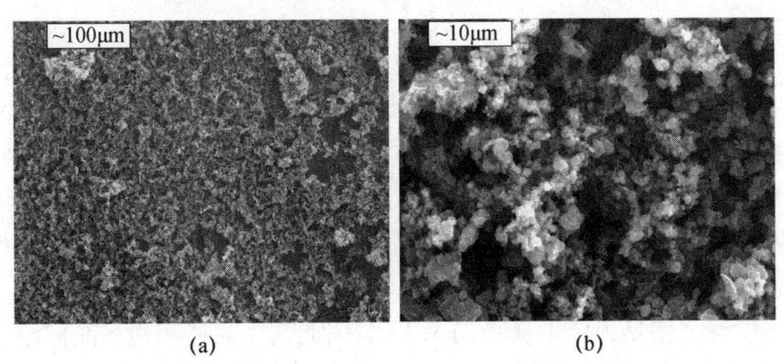

图2-37　无定形硼粉的SEM图片

(a)×500；(b)×4000。

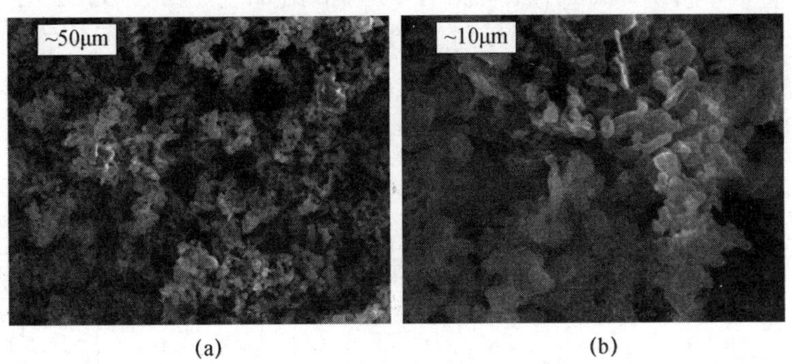

图2-38　晶体硼粉的SEM图片

(a)×1000；(b)×4000。

2. 晶体硼粉 XRD 分析

为研究晶体硼粉颗粒的微观结构,进行了 XRD 分析,结果如图 2-39 所示。

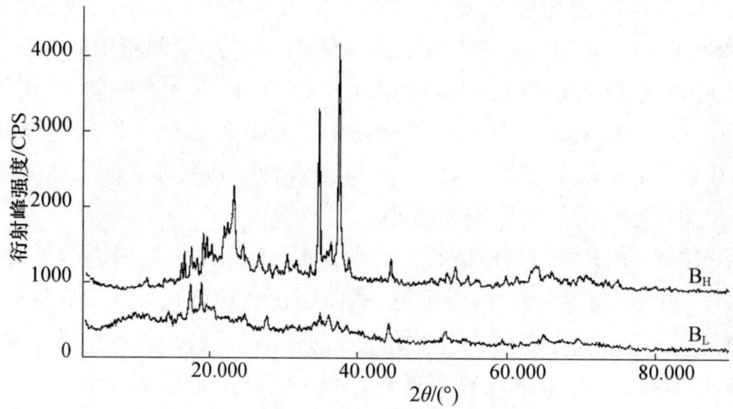

图 2-39 晶体硼粉和普通硼粉的 XRD 图谱

在无定形硼粉的 XRD 图谱上,17.48°、18.78°衍射峰及 20°~40°衍射峰均属于单质 B,其在 18.78°处的最大衍射峰强度为 614CPS,而在 11.16°、12.23°、16.18°的衍射峰的宽化,在其他位置的衍射峰消失或强度大大降低,呈明显的无定形体结构。晶体硼粉在 22.34°、34.60°、37.38°处存在较强的衍射峰,在 37.38°处的最大衍射峰强度达到 3154CPS,这应该是硼粉单质的另一种衍射峰。由于两种硼粉样品在相同条件下测试,可对其最大衍射峰强度进行比较,晶体硼粉最大衍射峰强度是无定形硼粉的 5.1 倍,因此认为晶体硼粉呈晶体结构。

3. 晶体硼粉的 XPS 分析

X 射线光电子能谱(XPS)是一种研究表面元素存在形态的有效分析技术。根据光电子吸收峰的位置(电子结合能),可鉴定出样品中存在的元素及化合物中同种元素的不同存在形态。通过 X 射线能谱分析表征了硼粉表面 B 的存在状态。由于 B_E 和 B_W 与 B 原料的纯度接近,且受仪器精度的影响,所得 XPS 谱图相同,表面存在 C、O、B 三种原子,三种样品中各原子的摩尔含量也一致,结果见表 2-27。

表 2-27 不同硼粉表面元素的含量

元素	含量/%			
	B_L	B_H	B_E	B_W
B 1s	27.12	27.28	27.14	27.10
O 1s	18.57	19.30	18.84	18.65
C 1s	54.31	53.42	54.02	54.25

依据 Gadssian 法对无定形硼粉的谱图进行了分解和叠加，如图 2－40 所示。

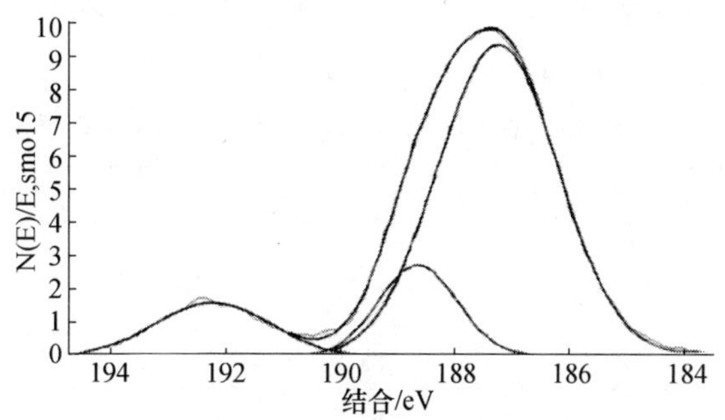

图 2－40　无定形硼粉的 XPS 谱

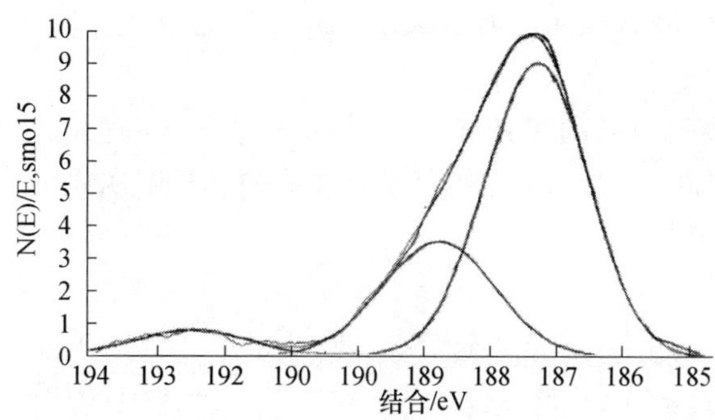

图 2－41　晶体硼粉的 XPS 谱

在 B 1s 的能谱图上，190.7～195.0eV 处的谱峰属于 B_2O_3 和 H_3BO_3，两者的标准结合能分别为 192eV 和 193eV，峰位置接近，而且 B 原子的灵敏度较低，因此谱峰强度小，不便于进行分解与拟合；184.0～190.7eV 处的谱峰属于单质 B，标准结合能为 187.3eV，对该谱峰拟合后发现，除 187.3eV 处单质 B 外，在 189eV 处还存在一种 B 的谱峰，郑剑等人[33]对硼粉类似的表面分析中认为该谱峰是 B 的一种化合物。

推测 189eV 处谱峰属于表面态的 B 氧化物。由于 B 原子价电子层结构为 $2S^2 2P^1$，提供成键的电子是 $2S^1 2P_x^1 2P_y^1$，B_2O_3 中的 B 与 O 形成价键后还缺两个电子才能达到饱和状态，同时，O 电负性大，电子云偏向 O，可见 B_2O_3 成为强电子接受体。又因为细粒度的硼粉比表面积大，表面能较高，硼粒子表面层原子的最外层电子活性高，外层电子易于偏离其原子轨道，是弱电子给予体。因此，B_2O_3 易接受多个单质 B 原子外层电子而稳定，形成一种缔合态的 B_XO 氧化物。

进一步分析认为，该缔合态的 B_xO 氧化物的存在与硼粉的纯度无关，存在于硼粉表面。为证实这一点，在相同条件下对保定晶体硼粉进行了 XPS 分析，受 B 原子的灵敏度影响，能谱峰元素图与无定形硼粉的类似，B 1s 的能谱图如图 2－41 所示，各谱峰相对原子含量见表 2－28。

表 2－28　无定形硼粉和晶体硼粉中表面物种中硼元素的含量

类型	结合能/eV		含量/%	
	B_L	B_H	B_L	B_H
B	187.29	187.32	73.48	65.81
B_xO	188.68	188.80	14.17	27.94
B_2O_3、H_3BO_3	192.26	192.50	12.35	6.24

由表 2－28 结果可以看出，即使纯度达到 99% 的保定硼粉，在硼粉表面，B_2O_3 和 H_3BO_3 中的 B 原子占 6.24%，单质硼占 65.81%，仍有 27.94% 为缔合态的 B_xO 氧化物。

4. *晶体硼粉的表面酸度分析*

在相同的条件下，测试了晶体硼粉悬浊液的 pH 值，并与营口无定形硼粉进行了对比，结果如图 2－42 所示。

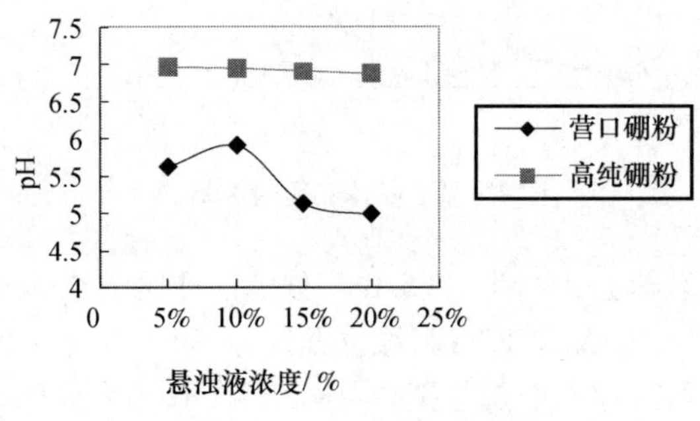

图 2－42　晶体硼粉的 pH 值

由图 2－42 可见，随悬浊液浓度增加，晶体硼粉的 pH 值几乎不变，接近 7，显示中性，这主要因为晶体硼粉中 B_2O_3、H_3BO_3 杂质少；而在悬浊液浓度为 5% ~20% 范围，营口无定形硼粉 pH 值在 5.6 ~5.0 之间，明显呈酸性。

2.10　硼/镁(铝)复合粉研究

无定形硼粉除了表面存在的 H_3BO_3、B_2O_3 等杂质外，由于其粒径约为 1 ~3μm，容易自团聚给富燃料推进剂的制备工艺带来难题，如果将硼粉与其他金属粉(如镁粉、铝粉等)进行复合化,使其制备成金属复合粉,不仅可发挥各金属粒子的优异特性和复合化后的复合粉特性,还可改善其使用效果。俄罗斯的O. G. Glotov等人[34-36]研究了铝-硼机械合金的HTPB推进剂燃烧特性。配方的组成见表2-29。

表2-29　推进剂配方

配方号	金属		HTPB/%	AP1/%	AP2/%	HMX/%
	含量/%	Al/B 比例				
0	18	100/0	15	27	40	—
1	18	50/50	15	27	40	—
2	18	30/70	15	27	40	—
3	18	10/90	15	27	40	—
4	18	16/84	15	27	40	—
5	18	64/36	15	27	40	—
6	18	100/0	14	21	32	15
7	19.6	50/50	15	20	31	14.4
8	18	50/50	14	21	32	15
9	18	50/50	14	21	32	15

注:HTPB为商业R-45型,没有添加剂;AP1为比表面积6000cm^2/g的粉末;AP2为粒径250~315μm的商业粉末,没有进行附加处理;HMX为粒径125~315μm的商业粉末,没有进行附加处理

表2-30列出了0.1~4.2MPa压力下的燃速数据和常压下的火焰温度数据。

表2-30　(1~42 atm)和火焰温度T(常压)

推进剂代号	压力1atm		压力P	
	燃速/(mm/s)	火焰温度T/℃	压力/atm	燃速r/(mm/s)
0	1.4±0.1	1630±20	42	6.9±0.5
1	1.3±0.1	1620±20	N/A	N/A
2	1.2±0.1	1600±20	N/A	N/A
3	1.2±0.1	1470±20	42	9.3±0.9
4	1.8±0.1	1450±20	43	13.4±1.2
5	1.3±0.1	1630±20	42	9.4±0.6
6	1.8±0.1	1950±20	39	6.2±0.6
7	1.7±0.1	1500±20	41	6.7±0.3
8	1.5±0.1	1700±20	41	7.2±0.4
9	1.5±0.1	1750±20	40	6.3±0.3

实验结果表明,配方中的 Al 被 Al - B 合金取代可使推进剂燃速增加。随着合金和 HMX 的含量增加,燃速压力指数降低,燃速增加。研究发现影响推进剂燃烧的根本因素是合金中的硼含量和合金的粒径;合金的粒径依赖于原料的粒径和加工方法。含合金和 HMX 的推进剂中的金属完全燃烧率很高。

另外,本节对硼粉与镁粉(铝粉)进行了复合粉的制备,并对其特性进行了初步研究。

2.10.1 硼镁(铝)复合粉的表面形貌和粒度分布研究

通常,为了提高含硼富燃料推进剂的点火性能,镁粉作为富燃料推进剂中容易点火的金属燃料而成为改善含硼富燃料推进剂点火性能常用金属粉。除了镁粉之外,金属粉 - 铝粉也是作为富燃料推进剂的燃料组分之一可较大幅度提高富燃料推进剂的能量性能。本书对硼镁(铝)复合粉进行了初步研究。图 2 - 43 所示为硼铝复合粉的 SEM 照片和粒度分布曲线,图 2 - 43 所示为不同粒径的硼镁复合粉 SEM 照片和粒度分布曲线。

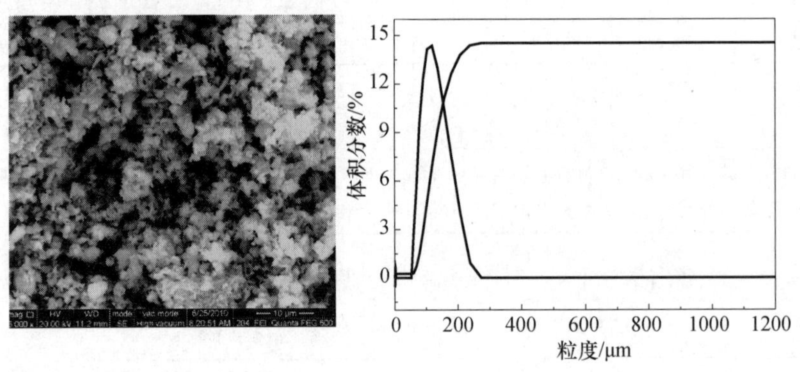

图 2 - 43 硼铝复合粉的 SEM 照片和粒度分布曲线

由图 2 - 43 可以看出,硼铝复合粉的颗粒体分散性相对无定形硼粉(图 2 - 22)的较好,颗粒粒度分布较集中,曲线平滑,其中位径约为 146.65μm,相对于硼镁复合粉的粒径较小。

由图 2 - 44 可以看出,不同粒径的硼镁复合粉较无定形硼粉粒度有所增大,球形度提高,颗粒分散性较好,颗粒间互不黏结,颗粒形貌基本呈近球形,而且两种不同粒径的颗粒体粒度分布曲线平滑,2[#]颗粒的体积分布较 1[#]颗粒的体积分布较集中,而 1[#]曲线的体积分布较宽,颗粒的粒度较大。其中,1[#]颗粒的中位径约为 454.24μm,2[#]颗粒的中位径基本是 1[#]颗粒的一半左右,约为 248.68μm。

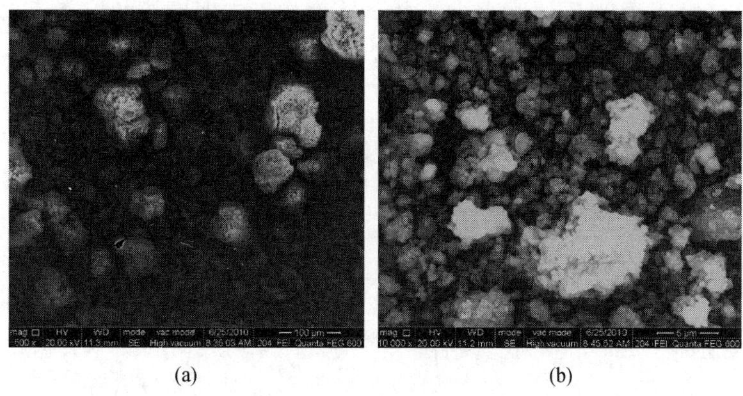

(a) (b)

图 2-44 硼镁复合粉的 SEM 照片和粒度分布曲线

(a)1#颗粒;(b)2#颗粒。

2.10.2 硼镁(铝)复合粉的密度研究

颗粒的密度是颗粒的基本物性,它在颗粒学中有着广泛的应用,也是颗粒粒度分布、孔隙度等测定中的重要参数之一。对于一定体积的发动机燃烧室,为了增大发动机装药的质量,这就为含硼富燃料推进剂的密度提出了更高的要求,这不得不使研究者关注推进剂填料组分和颗粒粒度级配的密度大小。硼粉的密度包括松装密度和真实密度两种,两种密度的测量方法基本类似。颗粒的真实密度评价了颗粒的疏松度,并且可以通过比重瓶法来确定。在密度测试过程中,为了使颗粒充分分散开,通常向密度瓶中添加微量的介质,本实验的介质密度为 0.998g/cm^3。本节采用比重瓶法研究了硼镁(铝)复合粉和无定形硼粉的真密度,结果见表 2-31。其中,硼镁复合粉密度的测试选用 2#颗粒。

表 2-31 硼镁(铝)复合粉和无定形硼粉的密度结果

类型	真实密度/(g/cm^3)	平均值/(g/cm^3)
无定形硼粉	2.229	2.209
	2.257	
	2.138	
硼镁复合粉	2.840	2.852
	2.835	
	2.881	
硼铝复合粉	3.113	3.014
	2.909	
	3.021	

从表2－31可以看出，硼镁复合粉的密度较无定形硼粉的提高了22.55%，硼铝复合粉的密度比无定形硼粉的提高了26.71%。由于硼镁复合粉在微观上颗粒粉粒间的孔隙小，排列堆积密实，从而硼镁复合粉的自身真实密度大大增加，从而使推进剂的密度增大，这对含硼富燃料推进剂固体填料的射程的提高非常有利。而且硼铝复合粉的密度相对于硼镁复合粉的密度较高，这可能由于两种复合粉中铝粉的密度较镁粉的密度大的缘故。

2.10.3 硼镁(铝)复合粉X射线荧光分析

将镁粉和无定形硼粉进行复合化，目的是使硼粉表面的酸性杂质减少，并增大硼粉的颗粒粒径。本节采用X射线荧光光谱仪对硼镁复合粉和无定形硼粉中各元素的含量进行了测试，结果见表3－32。

表2－32　硼镁(铝)复合粉与无定形硼粉中各元素的含量比较

元素	ω/%		
	无定形硼粉	硼镁复合粉1#样品	硼铝复合粉
B	91.800	76.10	79.21
O	5.300	10.8	9.28
Mg	2.520	10.5	0.98
Al	0.0278	1.30	12.12
Si	0.111	0.399	0.321
P	0.0211	0.0169	0.011
S	0.0861	0.0289	0.013
Cl	0.00538	—	—
K	0.00130	—	—
Ca	0.0218	0.104	0.097
Ti	0.00554	0.00936	0.0071
Cr	—	0.0856	0.062
Mn	0.0271	0.0178	0.023
Fe	0.0326	0.405	0.331

从表2－32可以看出，将无定形硼粉与镁粉复合后，硼粉中镁粉增加了8%，硼元素的含量比硼原料的低15%，其余元素的含量均有不同程度的增加，而O含量增加了5.5%，表明硼粉表面的B_2O_3和H_3BO_3杂质可能与硼或镁形成某种缔合态的化合物，即使硼镁复合粉中的B_2O_3和H_3BO_3的浓度极小，但是其表面其余的B_2O_3和H_3BO_3仍不能溶解，对于提高硼镁复合粉的纯度，有待于

进一步研究。同样,硼粉与铝粉复合形成复合粉后,硼元素的含量降低,而硼粉中的铝粉含量增加明显,其余元素的含量也均有不同程度的增加,表明硼铝复合粉纯度的提高也需进一步研究。

2.10.4　硼镁(铝)复合粉表面酸度分析

为了对表面改性硼粉的酸碱性进行表征,通过在相同条件下测定硼镁复合粉与水混合形成的悬浊液的 pH 值大小来分析其表面特性。将硼镁复合粉配制成质量分数为 20% 的悬浊液,并先后稀释成 15%、10% 和 5% 的溶液,将分别静置 2h 后测试其 pH 值,并与无定形硼粉进行了对比,结果如图 2-45 所示。

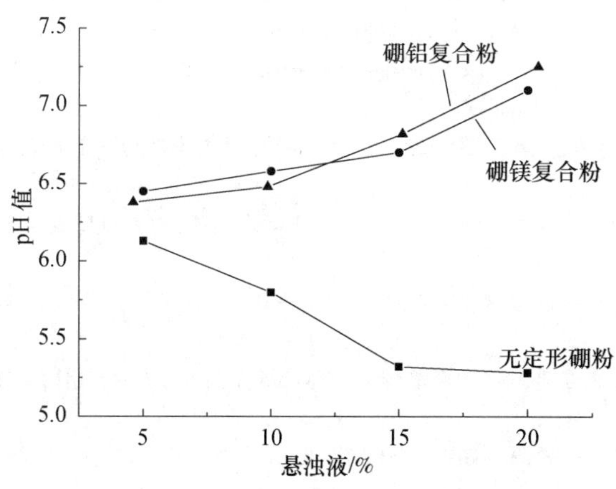

图 2-45　悬浊液质量分数对 pH 值的影响

从图 2-45 可以看出,随着 B/H_2O 混合悬浊液浓度的增加,B_0/H_2O 悬浊液体系的 pH 值均显酸性,在浓度为 20% 时,pH 值达到最低 5.1,表明无定形硼粉表面的确存在 H_3BO_3 等酸性物质,而两种复合粉与 H_2O 组成的悬浊液的 pH 值明显增大,其数值均基本分布在 7.0 左右,显示中性,这主要因为硼镁(铝)复合粉中 B_2O_3、H_3BO_3 杂质在制备过程中被有效地消除,这对含硼富燃料推进剂的工艺性能改善研究非常有利,可见,对无定形硼粉进行金属复合化可有效降低硼粉表面的酸性,并提高硼粉的粒径,这将明显改善含硼富燃料推进剂的工艺性能。

综合团聚硼颗粒的制备工艺及优化参数条件的研究,并结合其颗粒堆积密度、颗粒强度等特性对团聚硼颗粒和硼金属复合粉在富燃料推进剂中的应用进行了验证研究,结果表明团聚硼颗粒和硼金属复合粉可有效改善含硼富燃料推进剂的制备工艺性能,可制备出硼含量为 40% 的富燃料推进剂,结果详见 4.4 节。

参 考 文 献

[1] 张家骅,胡顺楠,顾炎武,等. 整体式固体火箭冲压发动机研制[J]. 推进技术,1998. 19(2):9 - 13.

[2] 赵孝彬. 硼粒子包覆工艺及对硼的表面和燃烧特性的影响[J]. 固体火箭技术,1998, 21(1): 21 - 24.

[3] 庞爱民,郑剑,肖金武. 硼粉在冲压发动机补燃室中可燃性研究[J]. 含能材料,2004,增刊: 379 - 383.

[4] 庞维强,张教强,张琼方,等. 硼的包覆及含硼推进剂燃烧残渣成分分析研究[J]. 固体火箭技术, 2006,29(2):204 - 207.

[5] 崔永寿. 冲压:火箭的固体推进剂燃速控制实验研究(译文)[J]. 飞航导弹,1986,(9):41 - 44.

[6] Pace K K, Jarymowycz T A, Yang V, et al. Effect of magnesium - coated boron particles on burning characteristics of solid fuel in high - speed crossflows . Combustion of Boron - Based Solid Propellants Solid Fuels 1993. CRC: Boca Raton, Florida, 332 - 347.

[7] 胥会祥,朱欣华,赵凤起,等. 固体燃料冲压发动机用富燃料推进剂的发展现状[J]. 飞航导弹,2012 (8):69 - 73.

[8] 庞维强,张教强,国际英,等. 21 世纪国外固体推进剂的研究与趋势[J]. 化学推进剂与高分子材料, 2005,3(3):16 - 20.

[9] 庞维强,樊学忠,张教强. 无定形硼粉的 HTPB 团聚新方法改进[J]. 西北大学学报(自然科学网络版),2009,7(1):1 - 6.

[10] 庞维强,樊学忠,蔚红建,等. 团聚硼颗粒与不同黏合剂的表 - 界面作用[J]. 火炸药学报,2013,36 (3):83 - 86.

[11] 庞维强,樊学忠,胥会祥,等. 硼镁复合粉特性及对富燃料推进剂燃速特性影响[J]. 固体火箭技术, 2013,36(3):363 - 367.

[12] 王英红,李葆萱,李进贤,等. 含硼富燃料推进剂凝相反应对低压燃烧的影响[J]. 推进技术,2004, 25(2):170 - 172.

[13] 胡荣泽,刘森英. 颗粒的表面粗糙度[J]. 粉体技术,1998,4(3):1 - 3.

[14] 杨华山,方坤河,涂胜金. 磷渣粉体颗粒表面粗糙度的定量表征[J]. 粉煤灰综合利用,2008(3): 55 - 56.

[15] 邵龙义,沈蓉蓉,杨书申. 北京市 PM10 粒度分布分形维数特征[J]. 中国矿业大学学报,2008,37 (3): 803 - 807.

[16] 彭瑞东,谢和平,鞠杨. 二维数字图像分形维数的计算方法[J]. 中国矿业大学学报,2004,33(1): 19 - 25.

[17] 庞维强,樊学忠. 团聚硼颗粒表面粗糙度和粒径分布对富燃料推进剂药浆流变性能的影响[J]. 含能材料,2011,19(1):46 - 49.

[18] 鲁植雄,张维强,潘君拯. 分形理论及其在农业土壤中的应用[J]. 土壤学进展,1994,22(5): 44 - 45.

[19] 李后强,汪富泉. 分形理论及其在分子科学中的应用[M]. 北京:科学出版社,1993.

[20] 王飞,吴成宝. 用投影轮廓分维钟中位维表征颗粒群粗糙度的研究[J]. 中国粉体技术,2006(6): 24 - 28.

[21] 李克．将分形维作为粉体颗粒参数的讨论[J]．锦州师范学院学报(自然科学版),1993 (1):66 -68.

[22] 樊学忠,庞维强,胥会祥,等．球形团聚硼颗粒制备工艺优化[J]．火炸药学报,2010,33(1):64 -66.

[23] 张济忠．分形[M]．北京:清华大学出版社,1995.

[24] 庞维强,樊学忠,胥会祥,等．采用化学物质对无定形硼粉表面改性研究[J]．固体火箭技术, 2010, 33(2):196 -200.

[25] PANG Wei - qiang, FAN Xue - zhong, YU Hong - jian, et al. Application of Amorphous Boron Agglomerated with Hydroxyl Terminated Polybutadiene in Fuel - rich Solid Propellant. Propellant Explosive & Pyrotechnics,2011,36.

[26] 张炜,朱慧,王春华,等．富燃料推进剂的常压热分解特性研究[J]．固体火箭技术,2001, 24(1):39 -42.

[27] 庞维强,樊学忠,胥会祥,等．采用化学物质对无定形硼粉表面改性研究[J]．固体火箭技术,2010, 33(2):196 -200.

[28] 郑剑．高含硼富燃料推进剂技术研究[D]．北京:北京理工大学,2003.

[29] Liao Lin - quan, Pang Wei - qiang, Xu Hui - xiang, et al. Effects of Different Size and Shaped Magnesium Particles on the Properties for Fuel Rich Solid Rocket Propellant[J]. 2012International Conference on Chemical, Material and Metallurigical Engineering (ICCMME),《Advanced Materials Research》, Kunming, Yunnan,2013,1.

[30] PANG Wei - qiang, FAN Xue - zhong. Study on Uncertainty of Combustion Heat for a Type of Mg/Al Fuel - rich Propellant[C]. Theory and Practice of Energetic Materials. 2009.

[31] 唐汉祥,陈江,吴倩,等．硼粉改性对推进剂工艺性能的影响[J]．含能材料,2005,13 (2):69 -75.

[32] 庞维强．高含硼量富燃料推进剂研究[D]．西安:西安近代化学研究所,2011.

[33] 胥会祥,赵凤起,庞维强,等．纳米Al/HTPB悬浮液的流变性能[J]．火炸药学报,2012,35(6):89 -93.

[34] 庞维强,樊学忠．不同粒径团聚硼颗粒的堆积密度研究[J]．含能材料,2010,18 (3):403 -406.

[35] Weiqiang Pang, Xuezhong Fan, Fengqi Zhao, et al. Effects of different metal fuels on the characteristics of HTPB - based fuel rich solid propellants [J]. Propellants, Explosive, Pyrotechnics, 2013, 38 (6): 482 -486.

[36] 樊学忠,庞维强,胥会祥,等．球形团聚硼颗粒制备工艺的优化[J]．火炸药学报, 2010,33(1): 64 -74.

[37] 庞维强,樊学忠,胥会祥．含团聚硼富燃料推进剂能量特性及燃烧性能[J]．火炸药学报,2012,35 (2):62 -65.

[38] 庞维强,樊学忠,胥会祥,等．球形团聚硼颗粒的强度研究[J]．含能材料, 2009,17(5):510 -513.

[39] Weiqiang Pang, Xuezhong Fan, Yunna Xue, et al. Study on the compatibility of tetraethylammonium dodecahydrododecaborates (BHN) with some energetic components and inert materials[J]. Propellants, Explosive, Pyrotechnics, 2013,38(2):278 -285.

[40] 李疏芬,金荣超．硼包覆对富燃料推进剂热分解特性的影响[J]．兵工学报(火化工分册),1997, (1):1 -4.

[41] 庞维强,樊学忠,胥会祥,等．含团聚硼富燃料推进剂表 - 界面性能研究[J]．固体火箭技术,2013, 36(4):521 -525.

[42] 庞维强,樊学忠,张龙彬. 高含能材料在固体推进剂中的应用及发展趋势[J]. 飞航导弹,2009,(1):58 - 64.

[43] 庞维强,胥会祥,廖林泉,等. 高能硼氢燃烧剂与固体推进剂常用组分相容性的 DSC 法研究[J]. 固体火箭技术,2013,36(1):67 - 72.

[44] 王英红. 含硼富燃料推进剂低压燃烧研究[D]. 西安:西北工业大学,2004.

[45] 庞维强,樊学忠,吕康. 硼粉理化特性及其在富燃料固体推进剂中的应用进展[J]. 飞航导弹,2009,(10):53 - 57.

[46] 徐佩弦. 高聚物流变学及其应用[M]. 北京:化学工业出版社,2003.

[47] 杨中权,王锐鑫. 含硼固体推进剂[A]. 国防科工委固体推进剂专业组,特种推进剂研讨论文集[C]. 1997.

[48] 田宏远,周文静,马亚南,等. HNS 与 NQ 的表面能研究[J]. 含能材料,2011,19 (1):98 - 101.

[49] 庞维强,樊学忠,张教强. 纳米颗粒在制备过程中的团聚现象研究[J]. 化学工业与工程技术,2008,29(3):19 - 23.

[50] 庞维强,张教强. 21 世纪纳米技术在固体推进剂中的应用研究[J]. 纳米科技,2005,2(2):9 - 13.

[51] 庞维强,樊学忠. 固体推进剂用含能黏合剂研究进展[J]. 化学与黏合,2008, 30(5):46 - 49.

第三章 团聚硼颗粒与黏合剂体系的表-界面性能研究

3.1 概 述

富燃料推进剂是由大量的固体填料和黏合剂体系组成的多相界面复合材料,其药浆的工艺性能除决定于黏合剂体系(黏合剂和固化剂)本身流变特性(即工艺性能)外,还与固体填料和黏合剂体系的表-界面有很大的关系[1-3],含团聚硼富燃料推进剂药浆流变特性(工艺性能)及机理和团聚硼颗粒与黏合剂体系的表-界面特性密切相关。团聚硼是高含硼量富燃料推进剂制备的重要原材料,其表-界面特性对制备合适粒径和形貌等的团聚硼颗粒有很大影响,无定形硼粉的团聚方法处理及机理和硼粉与黏合剂体系的表-界面性能也密切相关[4]。因此,研究不同条件下制备的团聚硼颗粒的表面性能和其与黏合剂体系、其他固体填料间的表-界面性能对含硼富燃料推进剂的制备工艺具有重要意义[5]。本章借助表-界面张力仪、扫描电镜等手段系统研究了不同类型的团聚硼颗粒的表面特性,采用红外光谱分析、X射线光电子能谱分析和固体颗粒表面能研究了无定形硼粉的团聚机理,研究了富燃料推进剂中团聚硼颗粒和主要填料(AP和Al)与推进剂黏合剂体系的表-界面性能,还研究了含团聚硼富燃料推进剂的填料/黏合剂体系多相组分之间的表-界面性能,为无定形硼粉的团聚改性和含团聚硼富燃料推进剂药浆的制备工艺提供理论依据。

3.2 测试原理和测试方法

3.2.1 表-界面化学原理[6]

Yong从研究一种液体附着在另一种固体上作用力平衡条件出发,提出了著名的杨氏方程:

$$\gamma_s = \gamma_{sl} + \gamma_l \cos\theta \tag{3-1}$$

式中：γ_s 为固体物质表面张力；γ_l 为液体物质表面张力；γ_{sl}为固液间界面张力；θ 为接触角。

Girifalco 和 Good 从物理化学概念出发导出了 γ_s、γ_l 和 γ_{sl}（固相－液相界面张力）之间的重要关系：

$$\gamma_{sl} = \gamma_s + \gamma_l - 2\phi\,(\gamma_s\gamma_l)^{1/2} \tag{3-2}$$

式中：ϕ 为摩尔体积因子，一般体系中 ϕ 值近似为 1。

由式(3－1)和式(3－2)得到

$$\gamma_{sl} = (\gamma_s^{1/2} - \gamma_l^{1/2})^2 \tag{3-3}$$

Fowkes 根据界面吸引力的分类，假定总的表面自由能等于表面上各种分子间力的贡献总和。因此表面自由能可写成：

$$\gamma = \gamma^d + \gamma^p \tag{3-4}$$

式中：上标 d 和 p 分别表示非极性和极性力的分量。据此，Owens 和 Wendt 提出了界面张力表达式的一般形式：

$$\gamma_{12} = [(\gamma_1^d)^{\frac{1}{2}} - (\gamma_2^d)^{\frac{1}{2}}]^2 + [(\gamma_1^p)^{\frac{1}{2}} - (\gamma_2^p)^{\frac{1}{2}}]^2 \tag{3-5}$$

式中：下标 1 和 2 为液体、固体或固体、液体的组合。

对式(3－3)推广得到

$$1 + \cos\theta \approx 2\left[\frac{(\gamma_s^d)^{\frac{1}{2}}(\gamma_1^d)^{\frac{1}{2}}}{\gamma_1} + \frac{(\gamma_s^p)^{\frac{1}{2}}(\gamma_1^p)^{\frac{1}{2}}}{\gamma_1}\right] \tag{3-6}$$

用两种已知 γ_1、γ_1^p 和 γ_1^d 的液体测量它们与固体物质的接触角，即可推算出固体的 γ_s、γ_s^p 和 γ_s^d。

在液－固接触体系中，界面受到两边分子力的作用而存在吸附作用，分离界面两相吸附作用是所需的功即两物质表面附着过程的能量变化即黏附功为

$$W_a = \gamma_s + \gamma_l - \gamma_{sl} \tag{3-7}$$

接触体系的黏附功越大，对形成有效和高性能的粘接结构越有利。

若 S_1 和 S_2 两个固体界面均浸没在液体 l 中，则它们的黏结面 S_1S_2 在液体 l 中是否稳定存在也可按照黏附功计算：

$$W_a = \gamma_{s_1l} + \gamma_{s_2l} - \gamma_{s_1s_2} \tag{3-8}$$

若 $W_a > 0$，$\gamma_{s1} < \gamma_s + \gamma_1$ 或 $\gamma_{s_1s_2} < \gamma_{s_11} + \gamma_{s_21}$，则 s 和 l 会相互吸附或 S_1 和 S_2 的黏结面 S_1S_2 在液体 l 中能稳定存在，且 W_a 越大，黏附作用越强；反之则 s 和 l 自发分离或黏结面 S_1S_2 在液体 l 中容易分离。

Wilhelmy 吊片法用于测量固体、薄膜和纤维等样品的动态接触角测量，其基本关系如下：

$$\cos\theta = \frac{F}{L \cdot \sigma} \tag{3-9}$$

式中：θ 为接触角；L 为浸润深度；F 为浸润力；σ 为表面张力。

Modified Washburn 方法适用于测量各种粉末样品的动态接触角，其基本关系如下：

$$\cos\theta = \frac{m^2\eta}{t\rho^2\sigma_L c} \tag{3-10}$$

式中：m 为质量(g)；t 为时间(s)；η 为液体黏度(MPa·s)；σ_L为液体表面张力(mN/m)；ρ 为液体密度(g/cm^3)；θ 为液体/粉末接触角；c 为校正因子。

3.2.2 接触角测试原理

粉末试样装填到试管中，在颗粒之间会形成微小的毛细管。粉末接触角是根据液体毛细管上升原理，接触角不同，液体上升的速度不同，从而得到上升液体质量随时间的变化曲线，采用式(3－11)计算出接触角[7]：

$$\cos\theta = \frac{m^2 \cdot \eta}{t\rho^2\sigma_L \cdot C} \tag{3-11}$$

式中：θ 为接触角；m 为液体质量(g)；η 为液体的黏度(MPa·s)；ρ 为液体密度(g/cm^3)；σ_L 为液体表面张力(mN/m)；t 为时间(s)；C 为粉末的毛细管数，由正己烷测试获得。

片状试样在探针液体(探针液体对试样不溶解、不发生化学反应)中移动时，会产生质量变化，变化幅度与试样的接触角有关。采用式(3－12)计算接触角[7]：

$$\cos\theta = \frac{F}{L \cdot \sigma} \tag{3-12}$$

式中：θ 为接触角；F 为提升时的力(mN)；L 为润湿长度(m)；σ 为液体表面张力(mN/m)。

3.2.3 黏附功与铺展系数的计算原理

黏附功是指剥开不同相单位黏附面积所需做出的功，当两相相同时，称这个功为内聚功，黏附功和内聚功是表示两相界面作用的一个最有力的参数。根据这个概念，得到 A、B 两种材料黏附时的黏附功 W_{AB}和内聚功 W_{CA}的热力学表达式[7]：

$$\gamma_{AB} = [(\gamma_A^d)^{1/2} - (\gamma_B^d)^{1/2}] + [(\gamma_A^p)^{1/2} - (\gamma_B^p)^{1/2}]^2 W_{AB} = \gamma_A + \gamma_B - \gamma_{AB} \tag{3-13}$$

$$W_{CA}=2\gamma_A \tag{3-14}$$

式中：γ_A、γ_B 分别为 A、B 的表面自由能；γ_{AB}为 AB 之间的界面自由能。

另外，根据黏附功和内聚功的概念，黏附功和内聚功等于两个单独的相相互靠近生产界面时，单位面积 Gibbs 自由能的减少值：

$$\Delta G_{AB} = -W_{AB} \tag{3-15}$$

$$\Delta G_{CA} = -W_{CA} \tag{3-16}$$

因此，从热力学角度来讲，黏附功越大，两相的界面作用就越大。

铺展系数也是界面作用研究中的一个重要参数，A 在 B 上的铺展系数 $S_{A/B}$ 定义为

$$S_{A/B} = W_{AB} - W_{CA} \tag{3-17}$$

由式(3-13)、式(3-14)和式(3-17)得到

$$S_{A/B}=\gamma_B-\gamma_A-\gamma_{AB} \tag{3-18}$$

若 $S_{A/B}>0$，则 A、B 的相互作用强，足以使 A 润湿 B；$S_{A/B}<0$，A、B 之间则不发生润湿。

界面张力 γ_{AB}也可以用式(3-19)进行计算[11]：

$$\gamma_{AB}=[(\gamma_A^d)^{1/2}-(\gamma_B^d)^{1/2}]+[(\gamma_A^p)^{1/2}-(\gamma_B^p)^{1/2}]^2 \tag{3-19}$$

式中：γ_A^d、γ_A^p 分别为材料 A 的表面自由能的极性和非极性分量；γ_B^d、γ_B^p 分别为材料 B 的表面自由能的极性和非极性分量，γ_{AB}为 AB 之间的界面自由能。

3.2.4 测试方法

本书根据表面化学原理，应用 DCAT21 型表面/界面张力仪测试了不同类型团聚硼颗粒、GAP 和 HTPB 的接触角 θ；采用 Modified Washburn 方法测试了推进剂的几种不同类型的团聚硼颗粒、铝粉和 AP 等固体粉末填料的接触角。

表-界面性能测试：采用动态接触角和界面张力仪，应用 Wilhelmy 吊片法测试硼粉(无定形硼粉和不同类型的团聚硼颗粒)和推进剂黏合剂体系的接触角，步进速率为 0.2mm/s，浸入深度 8mm；应用 Modified Washburn 方法测试硼粉、高氯酸铵(AP)和铝粉(Al)的接触角，步进速率 0.2mm/s；温度 20℃。

用长度为 24cm，厚度为 0.15mm 的载玻片沾取 GAP、HTPB 试样各三份，室温下放置一周，待成膜后，采用 Wilhelmy 吊片法分别测试 GAP、HTPB 在甘油、水、乙二醇中的接触角。团聚硼颗粒接触角的测量使用 Modified Washburm 粉末法，称取一定量的团聚硼颗粒四份，分别置于粉末测试专用管中，分别测试其在正己烷、丙酮和乙二醇中的质量随时间的变化曲线，获得团聚硼颗粒在不同测试液中的接触角。

(1) 红外光谱分析：将样品与 KBr 粉末研磨均匀、压片制样，测试在室温下

进行，得到样品的红外光谱图，其中仪器的分辨率为 $4cm^{-1}$。

（2）XPS 光电子能谱分析：X 射线源为 MgK_{α}，通能 35.75eV，分析器真空优于 6.7×10^{-6}Pa，扫描速率为 0.05eV/s。

（3）微观形貌测试：采用扫描电镜观察样品的微观形貌。

3.3 团聚硼颗粒与黏合剂体系的表-界面性能

团聚硼颗粒与黏合剂体系之间的表-界面性质对含硼富燃料推进剂的流变特性有明显影响[7]。由于无定形硼粉与黏合剂体系发生缩合反应，生成黏度很大的高聚物，导致含硼富燃料推进剂工艺性能严重恶化，因此需要对无定形硼粉进行团聚处理，使其具有如下特点[8,9]：

（1）团聚硼颗粒粒径较大，球形度较高，表面光滑；

（2）团聚硼颗粒制备工艺稳定，粒径可控；

（3）减少硼粉表面的活性基团，使其与黏合剂体系不反应或反应不强烈，两者之间混合后没有明显的"凝胶"现象；

本节采用表-界面化学原理及分析方法，研究了不同类型的团聚硼颗粒、团聚硼颗粒与黏合剂体系和含团聚硼富燃料推进剂主要组分（团聚硼、黏合剂体系、AP 和 Al 等）的表-界面性质。

3.3.1 团聚硼颗粒的表面特性研究

本节研究了不同类型的团聚硼颗粒在不同介质中的接触角，结果如图 3-1～3-2 所示，还研究了团聚硼颗粒和主要填料（AP，粒度为 104～150μm；Al 粉，粒度为 29.6μm）的表面张力，结果见表 3-1。为了表示方便，本章研究的不同类型的硼粉代号见表 3-2。

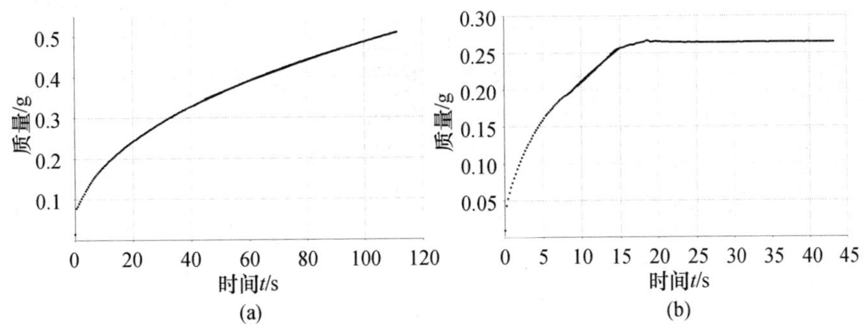

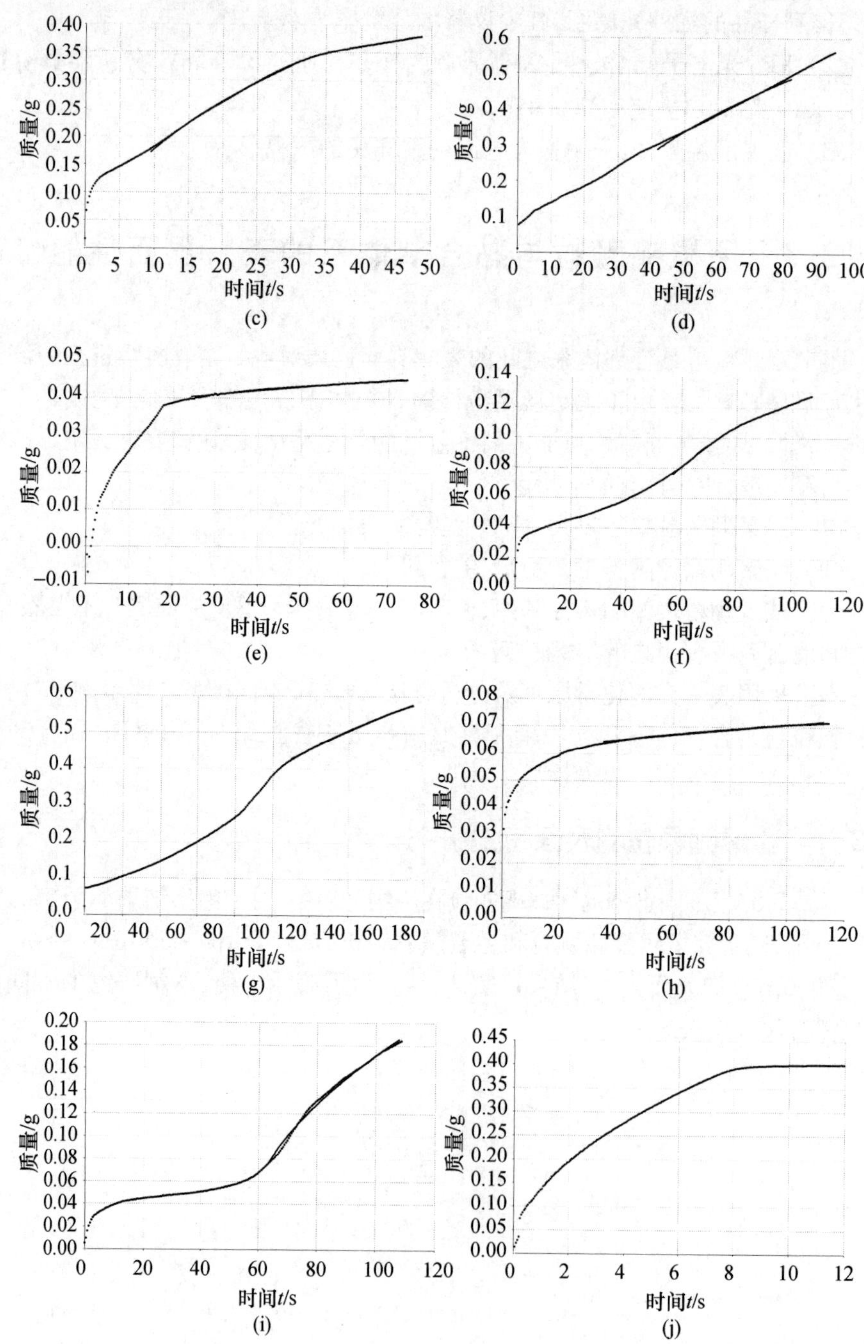

0.40
0.35
0.30
0.25
0.20
0.15
0.10
0.05
质量/g
0 5 10 15 20 25 30 35 40 45 50
时间t/s
0.6
0.5
0.4
0.3
0.2
0.1
质量/g
0 10 20 30 40 50 60 70 80 90 100
时间t/s
0.05
0.04
0.03
0.02
0.01
0.00
−0.01
质量/g
0 10 20 30 40 50 60 70 80
时间t/s
0.14
0.12
0.10
0.08
0.06
0.04
0.02
0.00
质量/g
0 20 40 60 80 100 120
时间t/s
0.6
0.5
0.4
0.3
0.2
0.1
0.0
质量/g
0 20 40 60 80 100 120 140 160 180
时间t/s
0.08
0.07
0.06
0.05
0.04
0.03
0.02
0.01
0.00
质量/g
0 20 40 60 80 100 120
时间t/s
0.20
0.18
0.16
0.14
0.12
0.10
0.08
0.06
0.04
0.02
0.00
质量/g
0 20 40 60 80 100 120
时间t/s
0.45
0.40
0.35
0.30
0.25
0.20
0.15
0.10
0.05
0.00
质量/g
0 2 4 6 8 10 12
时间t/s

(c) (d)

(e) (f)

(g) (h)

(i) (j)

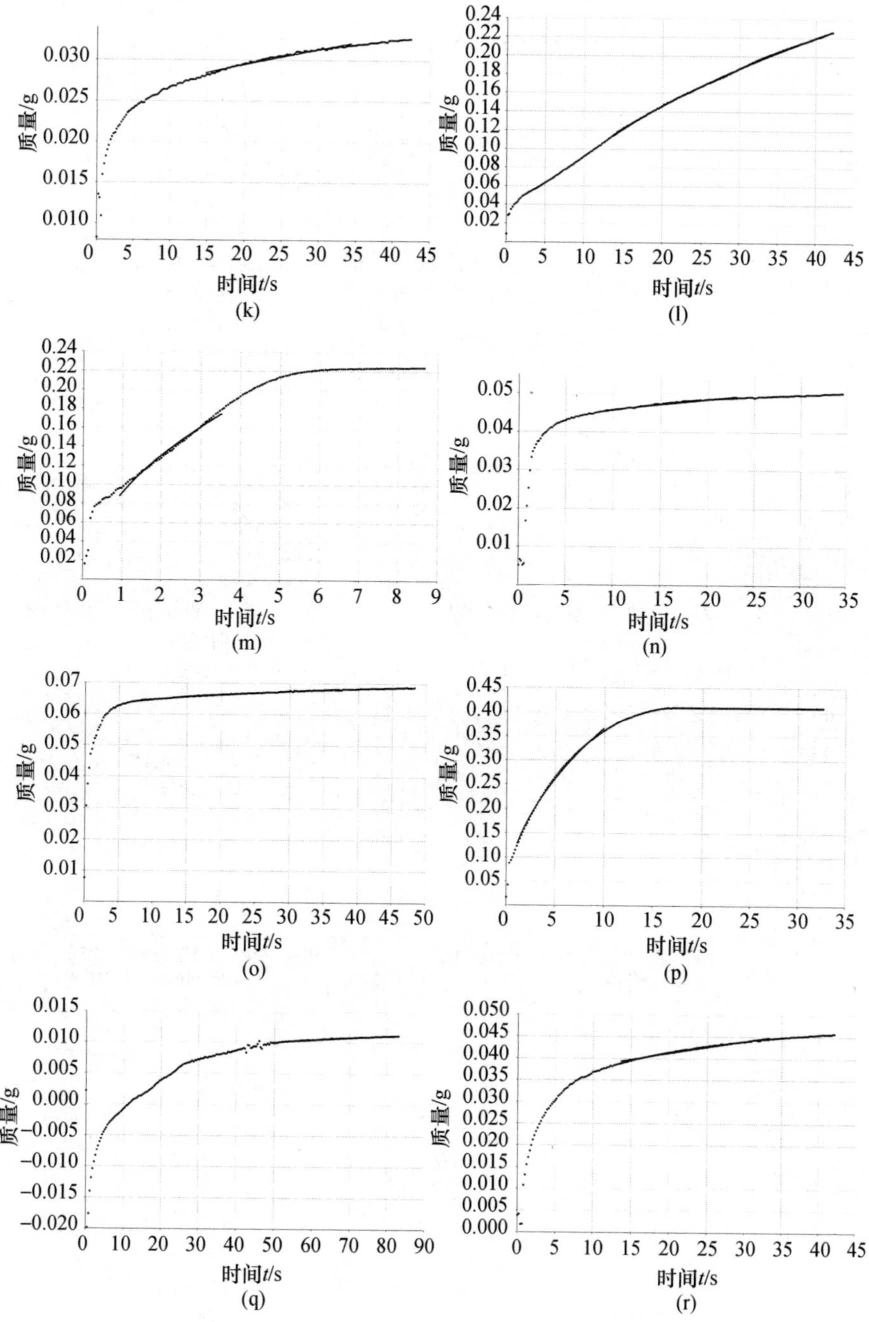
质量/g
时间t/s
(k)
(l)
(m)
(n)
(o)
(p)
(q)
(r)

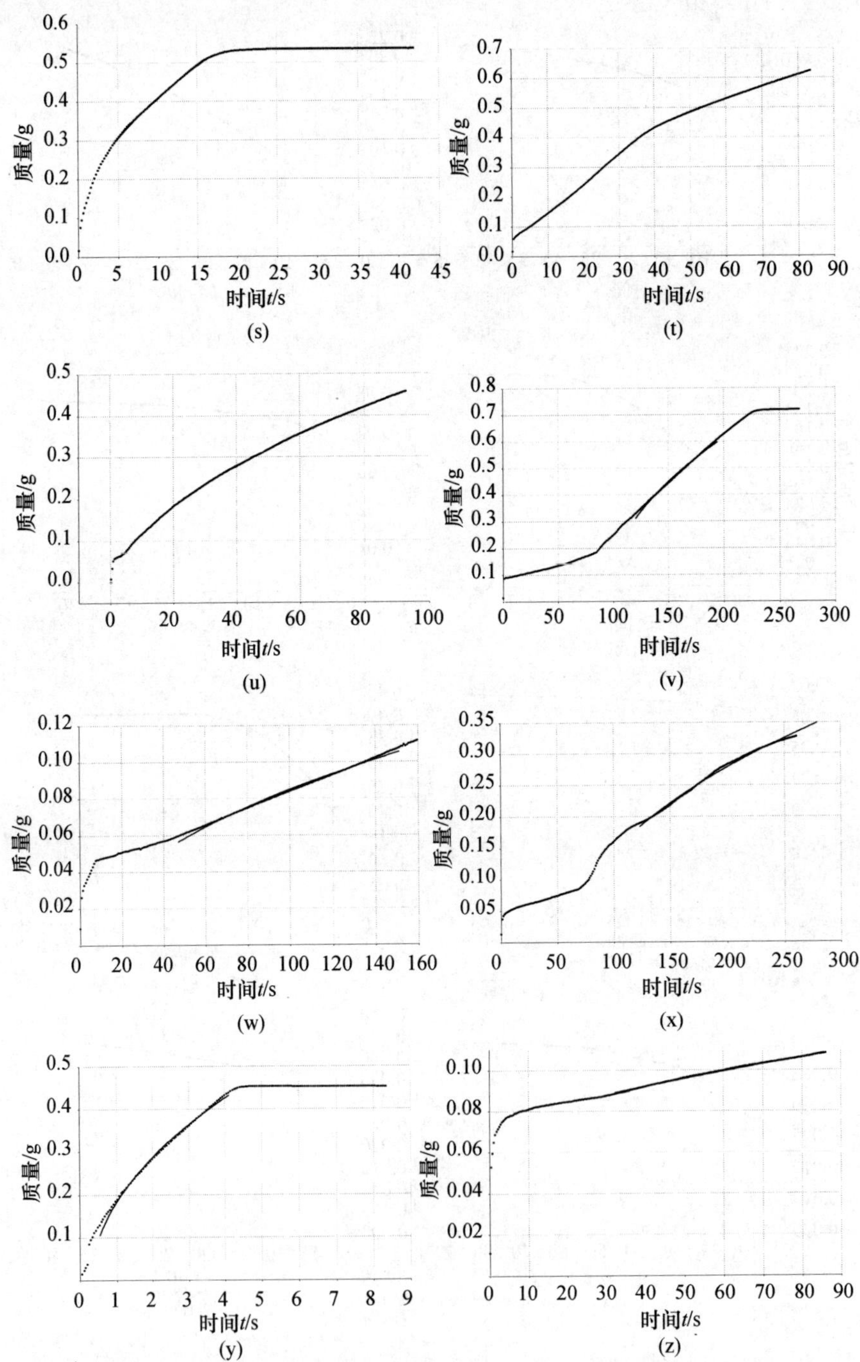

质量/g
时间t/s
(s)
(t)
(u)
(v)
(w)
(x)
(y)
(z)

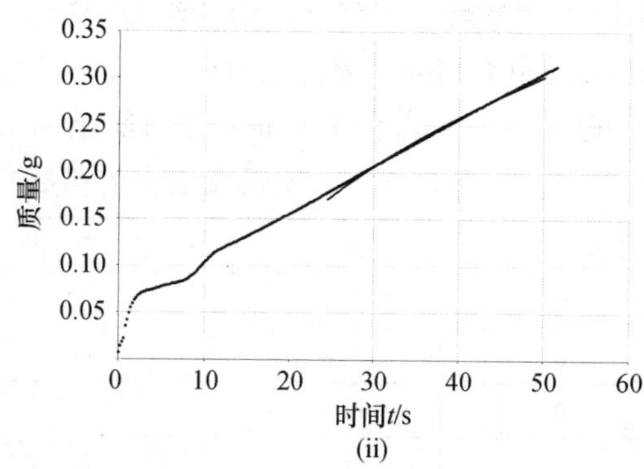

(ii)

图3－1　不同类型硼粉的接触角

(a)B1/n－Hexane 的接触角；(b)B1/Water 的接触角；(c)B1/Ethylene Glycol 的接触角；(d)B2/n－Hexane 的接触角；(e)B2/Water 的接触角；(f)B2/Ethylene Glycol 的接触角；(g)B3/n－Hexane 的接触角；(h)B3/Water 的接触角；(i)B3/Ethylene Glycol 的接触角；(j)B6/n－Hexane 的接触角；(k)B6/Water 的接触角；(l)B6/Ethylene Glycol 的接触角；(m)B7/n－Hexane 的接触角；(n)B7/Water 的接触角；(o)B7/Ethylene Glycol 的接触角；(p)B9/n－Hexane 的接触角；(q)B9/Water 的接触角；(r)B9/Ethylene Glycol 的接触角；(s)B10/n－Hexane 的接触角；(t)B10/Water 的接触角；(u)B10/Ethylene Glycol 的接触角；(v)B14/n－Hexane 的接触角；(w)B14/Water 的接触角；(x)B14/Ethylene Glycol 的接触角；(y)B18/n－Hexane 的接触角；(z)B18/Water 的接触角；(ii)B18/Ethylene Glycol 的接触角。

表3－1　不同介质的基本物化特性

类型	密度/(g/cm^3)	黏度/(mPa·s)	表面张力/(mN/m)
正己烷	0.66	0.308	18.43
水	1.00	1.00	72.75
乙二醇	1.11	21.8	48.0
甘油	1.26	1412.00	63.40

表3－2　采用不同的处理方法研究的硼粉的代号

代号	处理硼	代号	处理硼	代号	处理硼
B1	辽宁营口硼	B8	B(NaOH)	B15	B(TEA80 目下)
B2	丹东硼 B_{0d}	B9	B((NaOH＋团)	B16	B(TEA＋团 20 目以上)
B3	唐山硼 B_{ot}	B10	B(团)	B17	B(TEA＋团 50－60 目)
B4	晶体硼 2μm	B11	B(AP＋团包)	B18	B(TEA＋团 60－80 目)
B5	晶体硼 50μm	B12	B(AP＋团)	B19	B(TEA＋团 80 目以下)
B6	B(甘露醇)	B13	B(TEA50－60 目)	B20	B(TMP＋团 60－80 目)
B7	B(乙醇)	B14	B(TEA60－80 目)	B21	B(TMP＋团 80 目以下)

依据表3-3中团聚硼颗粒在不同介质中接触角的研究结果，采用WORK（Owens - Wendt - Rabel and Kaelble）界面张力计算方法分别拟合了不同组分的表面张力及其非极性分量和极性分量，拟合曲线和计算结果见表3-4。

表3-3　团聚硼颗粒在不同介质中的接触角

样品	正己烷/(°)	水/(°)	乙二醇/(°)	甘油/(°)
HTPB	0	—	50.27	59.14
AP	0	—	89.69	85.09
Al	0	—	0	37.84
B1	0	44.27	0	—
B2	0	89.95	50.081	—
B6	0	89.99	48.75	—
B7	0	89.95	89.08	—
B10	0	83.55	0	—
B12	0	89.99	22.45	—
B17	0	89.71	26.30	—
B18	0	89.97	61.73	—
B20	0	89.85	61.55	—

表3-4　团聚硼颗粒的表面张力

样品	γ/(mN/m)	γ^d/(mN/m)	γ^p/(mN/m)	样品	γ/(mN/m)	γ^d/(mN/m)	γ^p/(mN/m)
HTPB	703.23	145.58	557.65	AP(104~150μm)	19.40	2.25	17.15
Al(29.6μm)	50.32	18.67	31.65	B1	75.47	23.50	51.97
B2	93.51	80.89	12.62	B6	97.86	84.76	13.16
B7	48.96	9.74	39.22	B10	168.00	145.74	22.26
B12	187.05	156.99	30.06	B17	173.40	146.58	26.82
B18	59.33	48.43	10.90	B19	211.88	176.65	35.23
B20	60.02	48.60	11.42				

从表3-4可以看出，采用不同处理方法得到的团聚硼颗粒中B19、B12、B17和B10的表面张力较大（分别为211.88mN/m，187.05mN/m，173.40mN/m和168.00mN/m），B7、B18和B20的表面张力较小（分别为48.96mN/m，59.33mN/m和60.02mN/m），与AP和铝粉的表面张力接近。其中，B7的表面张力比其他团聚硼颗粒的表面张力小，与铝粉的表面张力接近，这可能与处理剂无水乙醇的基本物化特性有关；而B19的表面张力较大，这可能是采用三乙醇胺（TEA）预处

理的硼粉经团聚和过筛后，细颗粒粒度较多，比表面积增大的缘故。研究结果表明，将这两种方法处理的硼粉添加到富燃料推进剂中可有效阻止硼粉表面杂质与推进剂中 HTPB 预聚物的反应，使硼粉与 HTPB 混合物的流变特性明显改善，这与 4.3 节中的结果相一致。

上述研究结果表明，与无定形硼粉的表面特性相比，团聚硼颗粒的表面性能有明显的改善，因此，本书对硼粉与 HTPB 黏合剂的反应本质和其团聚改性机理进行了研究。

3.3.2 接触角和表面自由能的计算

采用表－界面张力仪测试了不同类型的团聚硼颗粒（ABP）、GAP、HTPB、AP 和铝粉在 20℃下的接触角，结果见表 3－5，根据表 3－5 中的接触角测试结果，采用式（3－19）拟合了表面自由能 γ、非极性分量 γ^d 和极性分量 γ^p，得到各自的表面自由能及其分量，结果列于表 3－6。

表 3－5 团聚硼颗粒、GAP 和 HTPB 的接触角

类型		蒸馏水	甘油	乙二醇	正己烷
硼粉	无定形硼粉	14.14	37.25	17.34	0
	乙醇处理	14.19	32.23	12.36	0
	AP 处理	21.12	24.20	21.05	0
	团聚硼颗粒	20.45	32.11	30.64	0
HTPB		87.92	84.62	70.62	0
GAP		80.84	90.35	66.91	0
AP		89.98	86.95	—	0
铝粉		86.95	86.95	—	0

表 3－6 团聚硼颗粒、GAP 和 HTPB 的表面自由能

样品名称	γ/(mN/m)	γ^d/(mN/m)	γ^p/(mN/m)
团聚硼颗粒	59.33	48.43	10.90
GAP	24.60	3.01	21.59
HTPB	21.50	12.23	9.27
AP	29.40	7.25	22.15
铝粉	29.11	18.92	20.19

当黏合剂的表面自由能远远低于推进剂固体填料的表面自由能时，黏结体系才能对填料表面产生良好的润湿性和包覆性能[7]。由表 3－6 可以看出，团聚

硼颗粒表面自由能(59.33mN/m)较高,两种黏合剂的表面自由能(24.60mN/m和21.50mN/m)小于推进剂固体组分填料AP和铝粉的表面自由能(29.40mN/m和29.11mN/m),计算结果表明,HTPB和GAP均可对团聚硼颗粒产生良好的浸润效果。

3.3.3 黏附功和铺展系数的计算

在液、固接触体系中,由于界面两边分子力的作用而存在吸附作用,分离两相吸附作用所需的功称为黏附功,因此,黏附功可以反映界面两相黏结牢固程度。将表3-3中数据代入式(3-3)和式(3-9)得到ABP/HTPB、ABP/GAP、AP/Al粉和ABP/AP界面之间的黏附功W_a和铺展系数S,结果见表3-7。

表3-7 团聚硼颗粒-黏结剂界面之间的黏附功和铺展系数

界面	S/(mN/m)	W_a/(mN/m)
ABP/GAP	21.98	61.38
ABP/HTPB	20.27	60.98
ABP/AP	7.50	51.56
ABP/Al粉	6.49	55.12

由表3-7可以看出,团聚硼颗粒与两种黏结剂界面间的铺展系数(21.98mN/m和20.27mN/m)都大于团聚硼颗粒与AP和铝粉的铺展系数(7.50mN/m和6.49mN/m),表明该两种黏结剂与团聚硼颗粒的相互作用都较强,可使黏结剂充分润湿团聚硼颗粒;ABP/GAP和ABP/HTPB界面的黏附功比较接近(61.38mN/m和60.98mN/m),均大于ABP/AP和ABP/Al粉界面的黏附功(51.56mN/m和55.12mN/m),表明团聚硼颗粒与GAP和HTPB之间的相互作用较团聚硼颗粒与AP和铝粉之间的作用强。

通常,固-液界面张力越小,液体对固体表面的浸润性越强;固-液界面的黏附功越大,其界面的黏结越牢固。本节从界面黏附功与表面张力的关系式(3-15)和式(3-17),计算得到含硼富燃料推进剂不同填料与黏合剂体系界面(HTPB/AP、HTPB/B和HTPB/Al等界面)间的界面张力γ_{12}和界面黏附功W_a,结果见表3-8。

表3-8 推进剂中的黏合剂体系与填料的界面张力和黏附功

界面	SE/(mN/m)	γ_{12}/(mN/m)	W_aD/(mN/m)
HTPB/AP	19.42	2.75	37.39
HTPB/Al	21.80	2.45	39.37

（续）

界面	SE/(mN/m)	γ_{12}/(mN/m)	W_a/(mN/m)
HTPB/B1	50.05	33.73	65.20
HTPB/B2	73.10	73.10	61.58
HTPB/B6	77.50	98.15	64.19
HTPB/B7	28.54	12.76	36.20
HTPB/B10	147.58	82.66	94.90
HTPB/B12	166.63	103.98	104.39
HTPB/B17	152.97	86.69	99.15
HTPB/B18	38.91	20.27	61.54
HTPB/B19	191.46	96.82	112.90
HTPB/B20	39.54	21.93	62.98
注:SE 为总表面能			

从表3-8可看出,团聚处理硼粉与HTPB黏合剂体系的黏附功(36.20~112.90mN/m)明显大于AP(37.39mN/m)和铝粉(39.37mN/m)与HTPB黏合剂体系之间的黏附功,其界面张力(12.76~98.15mN/m)也明显大于AP(2.75mN/m)和铝粉(2.45mN/m)的界面张力,表明推进剂中的黏合剂体系与硼粉的黏结作用明显大于其与AP和铝粉的黏结作用,但硼粉在黏合剂体系中的浸润性弱于AP和铝粉,即黏合剂体系在B粉表面的铺展和形成界面的能力较弱,这与硼粉添加到富燃料推进剂中造成推进剂药浆黏度增大,进而导致推进剂制备工艺性能变差有关。在团聚处理硼粉中,B7、B18和B20与HTPB黏合剂体系之间的界面张力较小(分别为12.76mN/m,20.27mN/m和21.93mN/m),黏附功较大(分别为:36.20mN/m,61.54mN/m和62.98mN/m),表明这三种团聚处理硼粉与HTPB之间的黏附作用较强,浸润性较好,将其添加到富燃料推进剂中,推进剂药浆的制备工艺性能较好,这可由4.3.2节和4.3.3节的结果得到验证。铝粉与黏合剂体系的黏附功(39.37mN/m)大于AP与黏合剂体系的黏附功(37.39mN/m),而其界面张力(2.45mN/m)小于AP(2.75mN/m),表明铝粉与黏合剂体系的浸润性较好,且黏结较为牢固,由于铝粉是刚性填料且具有较高的表面活性,能明显提高交联网络的二级交联(物理交联)作用,因此,铝粉可明显降低富燃料推进剂药浆的黏度,从而改善其工艺性能;而AP虽然相对铝粉更易于在黏合剂体系中分散,但其与黏合剂体系的黏结性能较弱,因此,受力也易发生“脱湿”,相应导致推进剂的工艺性能变差和力学性能降低。

3.3.4 团聚硼颗粒的表面改性机理研究

1. *硼粉与 HTPB 反应的本质*

文献[10－15]报道了硼粉与丁羟黏合剂混合时，搅拌时间越长，搅拌过程越充分，混合物的黏度越大，这一现象可能是硼粒子表面的 B_2O_3 和/或 H_3BO_3 和 HTPB 的羟基（－OH）反应产生的高聚物。

其基本的化学反应如下[16]：

$$B_2O_3(s) + 3H_2O = 2H_3BO_3 \tag{3-20}$$

$$B_2O_3 + 6ROH \longrightarrow 2B\begin{array}{l}\diagup OR \\ —OR \\ \diagdown OR\end{array} + 3H_2O \tag{3-21}$$

$$H_3BO_3 + 3ROH \longrightarrow B\begin{array}{l}\diagup OR \\ —OR \\ \diagdown OR\end{array} + 3H_2O \tag{3-22}$$

$$\begin{array}{c} H \\ | \\ R—C—OH \\ | \\ R—C—OH \\ | \\ H \end{array} + \begin{array}{l} OH \\ \quad \diagdown \\ \quad\ B—OH \\ \quad \diagup \\ OH \end{array} \longrightarrow \begin{array}{c} H \\ | \\ R—C—O \\ | \\ R—C—C \\ | \\ H \end{array}\!\!\begin{array}{l} \diagdown \\ \ B—OH \\ \diagup \end{array} + 2H_2O \tag{3-23}$$

$$2\begin{array}{c} H \\ | \\ R—C—OH \\ | \\ R—C—OH \\ | \\ H \end{array} + \begin{array}{l} OH \\ \quad \diagdown \\ \quad\ B—OH \\ \quad \diagup \\ OH \end{array} \longrightarrow \left[\begin{array}{c} H \\ | \\ R—C—O \\ | \\ R—C—O \\ | \\ H \end{array}\!\!\begin{array}{c} \diagdown \quad \diagup \\ B \\ \diagup \quad \diagdown \end{array}\!\!\begin{array}{c} H \\ | \\ O—C—R \\ | \\ O—C—R \\ | \\ H \end{array} \right]^{-} + H^{+} \tag{3-24}$$

在 HTPB 与 H_3BO_3、B_2O_3 的酯化反应中，H_3BO_3 相当于 3 官能度，B_2O_3 的官能度大于 3，也可能大于 6，HTPB 的平均官能度为 2[17]，当 H_3BO_3 与 HTPB 发生酯化反应时，相当于 2～3 官能团反应体系，由于有一种单体的官能度 >2，其反应历程必然是先形成支链，进一步反应交联成体型聚合物[18,19]。当聚合反应达到某一程度时，体系的表观黏度急剧上升，最终形成凝胶。硼粉与 HTPB 以1∶1相混合时，出现凝胶的临界反应程度最高为 44.5%[20,21]。硼粉表面存在大量的 H_3BO_3 和 B_2O_3，硼粉粒度很小，因此，H_3BO_3、B_2O_3 与 HTPB 接触的面积非常大，致使其交联反应速度明显提高。实际推进剂药浆的混合中，硼粉的质量分数高，HTPB 的质量分数少，加上捏合机的强力搅拌又使反应物料的接触面积更大，混合更充分，致使其交联反应的速度更为明显的提高，使推进剂药浆急剧凝胶化从而导致制备工艺严重恶化[23]。图 3－2 所示为 2～3 官能度体系反应时的结构变化简图（设反应的官能团为 A 和 B）。

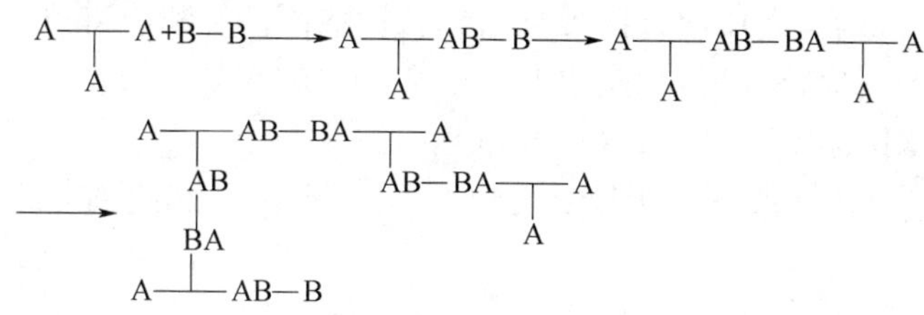

图 3－2　2～3 官能度体系交联反应的结构变化简图

2. *硼粉的表面改性机理*

本节采用表面能、红外光谱和 X 射线光电子能谱的分析手段对不同类型的团聚硼颗粒的团聚改性机理进行了研究，为团聚硼颗粒的制备和富燃料推进剂表－界面改性研究提供理论参考。

1）团聚硼颗粒的表面能研究

团聚硼颗粒的表面自由能与含硼富燃料推进剂药浆流变特性有密切关系[24－27]。本节对不同类型的团聚硼颗粒和富燃料推进剂主要填料（AP 和铝粉）的表面自由能进行了研究，结果见表 3－9。

表 3－9　团聚硼颗粒的表面自由能

样品	表面自由能/（mN/m）	样品	表面自由能/（mN/m）
AP	19.42	Al	21.80
B1	55.05	B2	73.09
B5	199.42	B6	77.50
B7	28.45	B9	58.75
B10	147.58	B11	40.31
B12	166.63	B13	181.3
B14	199.42	B15	187.99
B16	128.45	B17	152.98
B18	38.91	B20	39.54

从表 3－9 可以看出，与 AP 和铝粉颗粒的表面自由能（分别为 19.42mN/m

和 21.80mN/m)相比,采用不同处理方法获得的团聚硼颗粒的表面自由能较高,其结果在 28.45 ~ 199.42mN/m 范围内,其中,B7 的表面自由能(28.45mN/m)接近 AP 和铝粉的表面自由能,表明用乙醇处理的硼粉具有一定的效果;B18 和 B20 的表面自由能(分别为 38.91mN/m 和 39.54mN/m)虽大于 B7,但其实际应用于富燃料推进剂药浆的流变特性好于 B7,表明采用 TEA 和 TMP 可有效降低硼粉的表面自由能,而用此方法处理适当粒度级配的硼粉,实际应用于富燃料推进剂药浆的流变特性更好,这也和 4.3.2 节中的结果一致。

2)团聚硼颗粒红外光谱 FT-IR 分析

本节对不同团聚改性的硼颗粒进行了 FR-IR 研究,结果如图 3-3 所示。

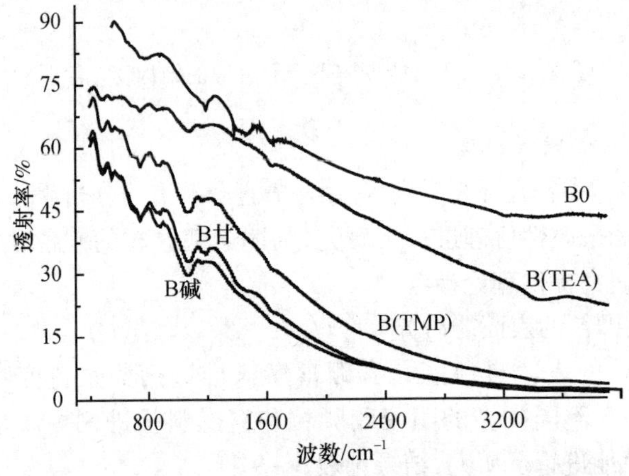

图 3-3 不同团聚改性的团聚硼颗粒的 FT-IR 谱图

从图 3-4 可以看出,无定形硼粉经团聚改性后分别出现了位于 $3448cm^{-1}$、$2889cm^{-1}$、$1468cm^{-1}$、$1388cm^{-1}$、$1093cm^{-1}$ 附近的振动峰。表明位于 $3448cm^{-1}$ 附近为的峰为二缔合体 -OH 的峰,位于 $2889cm^{-1}$ 为 $-CH_2-$ 的伸缩振动峰,且其峰明显减弱,位于 $1468cm^{-1}$ 为 $-CH_2-$ 的弯曲振动峰,位于 $1093cm^{-1}$ 附近可能为 Si-O-R 或醚的伸缩振动峰,表明是 Si-O-R 伸缩振动峰,位于 $1388cm^{-1}$ 为 $-\overset{|}{\underset{|}{C}}-$ 的伸缩振动峰。从上述实验结果发现,不同处理方法对硼粉表面的红外吸收峰有明显影响,表明不同处理方法对硼粉的表面有明显的改性作用。本节将不同方法改性的团聚硼颗粒加入富燃料推进剂配方中发现,甘露醇和 NaOH 团聚改性的团聚硼颗粒对富燃料推进剂制备工艺改善不大,而采用 TMP 和 TEA 团聚改性的硼粉对富燃料推进剂的制备工艺有明显改善,这与上述 FT-IR 曲线中出现的特征峰结果基本吻合。

3）团聚硼粉的X射线光电子能谱分析

为了确定样品表面各元素的含量以及HTPB与硼粒子表面的作用状态，采用XPS光电子能谱对HTPB-B-2样品进行了硼粉团聚改性前后表面各元素含量分析，结果见表3-10。

表3-10　无定形硼粉和HTPB团聚改性硼粉表面各元素含量

样品	表面元素含量的摩尔含量/%		
	B	C	O
无定形硼粉	27.12	54.31	18.57
HTPB团聚改性硼粉	10.75	83.77	7.48

从表3-10可以看出，经过HTPB团聚改性后，团聚颗粒表面的B含量大幅度减少，从27.12%降至10.75%，而碳含量增加，从54.31%提高到83.77%，氧含量减少，从18.57%降至7.48%。上述结果表明，硼粉团聚改性后其表面明显存在一层高聚物HTPB薄膜，这对改善其与HTPB黏合剂的相容性作用明显。

无定形硼粉的团聚改性与其处理过程的表面化学组成变化有关[27-35]。甘露醇（一多元醇）与H_3BO_3的反应是一定量反应，因而在化学分析中用来测定硼酸的含量，其反应式为

$$2\begin{array}{l}CH_2-OH\\ |\\ CH-OH\\ |\\ (CHOH)_3\\ |\\ CH_2-OH\end{array} + H_3BO_3 \longrightarrow \left\{\begin{array}{ccc}CH_2-O & & O-CH_2\\ | & \diagdown\;B\;\diagup & |\\ CH-O & & O-CH\\ | & & |\\ (CHOH)_3 & & (CHOH)_3\\ | & & |\\ CH_2-OH & & CH_2-OH\end{array}\right\}H^+ + 3H_2O \quad (3-25)$$

本节对无定形硼粉进行预处理的化学物质TEA和TMP等也是一多元醇，因而其和硼酸的反应与硼酸与甘露醇的反应是一致的，二者生成：

$$\left\{\begin{array}{ccccccc}R_3 & & R_4O & & OR_5 & & R_4-OH\\ & \diagdown\;C\;\diagup & & \diagdown\;B\;\diagup & & \diagdown\;C\;\diagup & \\ HO-R_6 & & R_5O & & OR_6 & & R_3\end{array}\right\}^- H^+ \quad (3-26)$$

从对无定形硼粉表面团聚改性的机理来看，关键是在硼粉表面形成B←N配位键。氧化硼与TEA和TMP的反应产物也应以结构（3-26）存在，原因是硼酸与TEA和TMP反应生成（3-26）的反应是一酯化反应，氧化硼与TEA和TMP的反应也为酯化反应。从结构（3-26）可知，硼原子满足八隅体结构，硼原子的成键轨道也由SP^2杂化轨道变成SP^3杂化轨道，它接受了氧原子上的孤对

电子形成了 B←O 配位键,因而以结构(3-26)存在的化合物也可以说是一种"络合物",其结构比较稳定。因此,本节采用 TEA 和 TMP 团聚处理硼粉是有效的,将其处理的团聚硼颗粒应用于富燃料推进剂的制备中,推进剂药浆的流变特性有明显改善。

3.4 含团聚硼富燃料推进剂的表-界面(多界面)特性研究

本节通过研究团聚硼颗粒的表面性能,计算了多种不同类型的团聚硼颗粒与富燃料推进剂黏合剂体系(HTPB)、填料(AP、Al)的界面张力和黏附功,结果见表3-11。

表3-11 团聚硼与富燃料推进剂组分间的界面张力和黏附功

特性	硼粉样品	HTPB	AP	Al
W_a/(mN/m)	B1	65.20	54.43	57.01
	B2	61.58	72.05	76.72
	B6	64.19	74.56	79.37
	B7	36.20	42.42	43.02
	B10	94.90	105.43	112.02
	B12	104.39	113.07	120.00
	B17	99.15	108.11	114.78
	B18	61.54	50.83	54.22
	B19	112.90	121.43	128.84
	B20	62.98	51.56	55.12
γ_{12}/(mN/m)	B1	33.73	35.54	29.84
	B2	73.10	20.46	27.32
	B6	98.15	22.36	19.93
	B7	12.76	18.04	15.17
	B10	82.66	61.57	57.36
	B12	103.98	72.98	68.42
	B17	86.69	62.29	60.00
	B18	20.27	7.50	6.49
	B19	96.82	89.45	84.42
	B20	21.93	8.23	8.11

从表3-11可以看出,不同团聚处理硼颗粒与HTPB黏合剂体系的黏附功为36.20~112.90mN/m,与AP的黏附功为42.42~121.43mN/m,与铝粉的黏附功为43.02~128.84mN/m,均大于富燃料推进剂HTPB黏合剂体系分别与AP和铝粉的黏附功(37.39mN/m、39.37mN/m),表明团聚处理硼粉与推进剂组分间的黏附作用较强;不同团聚处理硼颗粒与HTPB黏合剂体系的界面张力为12.76~103.98mN/m,与AP的界面张力为7.50~89.45mN/m,与Al的界面张力为6.49~84.42mN/m,均大于富燃料推进剂HTPB黏合剂体系分别与AP和铝粉的界面张力(2.75mN/m、2.45mN/m),表明团聚处理硼粉与推进剂组分之间的浸润性差于HTPB与AP和铝粉之间的浸润性。比较不同类型的团聚处理硼粉分别与HTPB、AP和铝粉之间的黏附功和界面张力,综合考虑其之间的黏附作用和浸润性,结果表明,B7、B18和B20分别与HTPB、AP和铝粉之间的界面张力较小,黏附功较大,表明这三种团聚处理硼粉分别与HTPB、AP和铝粉之间的黏附作用较强,浸润性较好,容易铺展开,同样将其应用于富燃料推进剂中,推进剂药浆流变特性较好,这与4.3节结果一致。

为了研究团聚硼颗粒吸附在填料表面形成的界面(填料/团聚硼颗粒)能否在交联体系中稳定存在,本节应用界面黏附功计算公式(3-17)分别计算了两种不同三界面间的黏附功 W_{adh},结果见表3-12。

表3-12　富燃料推进剂组分多界面间黏附功 W_{adh}(mN/m)比较

界面	团聚硼/AP/HTPB	团聚硼/Al/HTPB
B1	-7.32	-6.68
B2	13.92	16.61
B6	13.82	16.65
B7	-10.33	-11.71
B10	11.98	17.59
B12	12.13	17.08
B17	12.41	17.10
B18	15.74	18.35
B19	11.98	17.21
B20	15.66	18.48

从表3-12可以看出,无定形硼粉与填料形成的多界面间黏附功均小于0(分别为:-7.32mN/m和-6.68mN/m),采用不同方法处理得到的团聚硼颗粒与填料形成的多界面间黏附功除了B7外其他值均大于0,其中,B18和B20与AP、铝粉和HTPB间形成的界面黏附功较大,因此其与推进剂组分填料间的黏

结最为稳定和牢固，表明这些团聚硼颗粒能牢固得吸附并保持在富燃料推进剂的交联体系中；而 B7 与填料间的界面黏附功最小，表明其与富燃料推进剂填料组分间的黏结性能相对较弱，因此，只采用无水乙醇对无定形硼粉进行表面改性对富燃料推进剂药浆的工艺性能改善不大，此结果与 2.3 节中硼粉的预处理结果相一致。

3.5 团聚硼颗粒对含硼富燃料推进剂微观形貌的影响

基于以上实验结果，本节分别对比了不同含量的团聚硼颗粒的富燃料推进剂的微观形貌的变化，结果如图 3-4 所示。

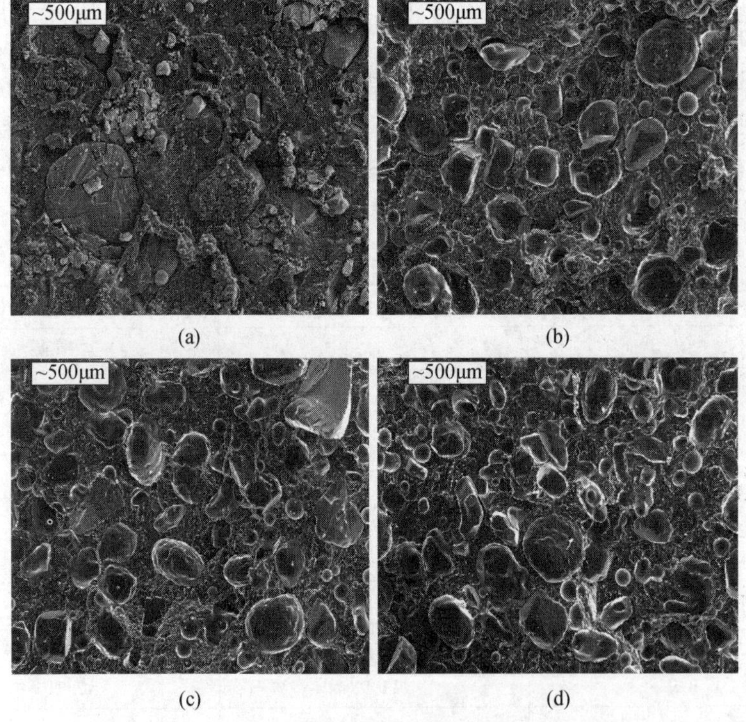

(a) (b) (c) (d)

图 3-4 含不同硼粉富燃料推进剂的微观形貌照片

(a)含 20% 无定形硼粉；(b)含 20% 团聚硼颗粒；(c)含 30% 团聚硼颗粒；(d)含 40% 团聚硼颗粒。

由图 3-4 可以看出，图 3-4(a)图中无定形硼粉无规则的黏结在推进剂表面，含无定形硼粉的富燃料推进剂的填料颗粒与交联网络体系界面间存在明显的空穴、缝隙，表明填料与交联网络的黏结效果较差，而且，存在明显的"凝胶"现象。不同团聚硼含量的富燃料推进剂表面平整，填料包括团聚硼颗粒的规整度提高，各种填料颗粒与黏合剂体系的黏结状况明显改善，而且黏结牢固，因此，团聚硼颗粒可有效起到物理交联和界面增强作用。

参考文献

[1] 杜美娜，罗运军. RDX 表面能及其分量的测定[J]. 火炸药学报，2007，30(1)：36-39.

[2] 杜美娜，罗运军，李国平. Washburn 薄层毛细渗透法测定 ε 晶型 CL-20 的表面能及其分量[J]. 含能材料，2007，15(6)：269-272.

[3] 南海，王晓峰. FOX-7 的表面能研究[J]. 含能材料，2006，14(5)：388-390.

[4] 张伟，樊学忠，封利民，等. 少烟 NEPE 推进剂的表面和界面性能[J]. 火炸药学报，2009，32(3)：41-45.

[5] Mamur A，Cohen R D. Characterization of porous media by the kinetics of liquid penetration：The vertical capillaries model [J]. Journal of Colloid and Interface Science，1997，189：299-304.

[6] 马东旭，王晶禹. 超细 HMX 的表面能研究[J]. 山西化工，2009，129(3)：17-19.

[7] 周文静，马亚楠，王克勇，等. NTO 与黏结剂的界面作用[J]. 火炸药学报，2010，33(4)：40-43.

[8] 王晗，樊学忠，周文静，等. AP/Al/CMDB 推进剂表面和界面性能研究[J]. 含能材料，2010，18(6)：685-688.

[9] 庞维强，樊学忠，张教强，等. 无定形硼粉的团聚技术[J]. 火炸药学报，2008，31(2)：46-48.

[10] Van Oss Care J. Interfacial Forces in Aqueous Media [M]. New York：Marcel Dekker，1994.

[11] 范克雷维伦 D W. 聚合物的性质-性质的估算及其与化学结构的关系[M]. 许元泽，赵德禄，吴大诚，译. 北京：科学出版社，1981.

[12] 顾惕人，朱步瑶，李外郎，等. 表面化学[M]. 北京：科学出版社，2009，29(3)：17-18.

[13] 庞维强. 高含硼量富燃料推进剂研究[D]. 西安：西安近代化学研究所，2011.

[14] 庞维强，李宏岩，樊学忠，等. 团聚硼颗粒与黏合剂表界面作用研究[C]. 2012 年火炸药技术学术研讨会论文集，2012.

[15] 田宏远，周文静，马亚南，等. HNS 与 NQ 的表面能研究[J]. 含能材料，2011，19 (1)：98-101.

[16] 陈艳萍. 高能含硼富燃料推进剂研究[D]. 长沙：国防科学技术大学，2005.

[17] 李江存，焦清介，任慧，等. 不同键合剂与 RDX 表界面作用[J]. 含能材料，2009，17 (3)：274-277.

[18] 范克雷维伦 D W. 聚合物的性质-性质的估算及其与化学结构的关系[M]. 许元泽，赵得禄，吴大诚译. 北京：科学出版社，1981.

[19] 庞维强，樊学忠，蔚红建，等. 团聚硼颗粒与不同黏合剂的表-界面作用[J]. 火炸药学报，2013，36(3)：83-86.

[20] 杜美娜，罗运军，李国平. Washburn 薄层毛细渗透法测定晶型 CL-20 的表面能及其分量[J]. 含能材料，2007，15(3)：269-272.

[21] 杜美娜，罗运军. RDX 粒径和表面能对 HTPB 推进剂力学性能的影响[J]. 含能材料，2008，16(4)：441-445.

[22] 庞维强，樊学忠，胥会祥，等. 含团聚硼富燃料推进剂表-界面性能研究[J]. 固体火箭技术，2013，

36(4):521 - 525.

[23] 张庆华,刘龙孝,陈丰秋,等. 采用 XPS 与接触角法研究氟聚合物表面结构与性能[J]. 高等学校化学学报,2006,27(4):790 - 792.

[24] 庞维强,樊学忠. 团聚硼颗粒表面粗糙度和粒径分布对富燃料推进剂药浆流变性能的影响[J]. 含能材料,2011,19(1):46 - 49.

[25] 郑剑,王爱华,庞爱民. 含硼 HTPB 富燃料推进剂工艺恶化机理研究[J]. 推进技术, 2003,24(3):282 - 285.

[26] 郑剑. 高能含硼富燃料推进剂技术研究[D]. 北京:北京理工大学,2004.

[27] 潘祖仁. 高分子化学[M]. 北京:化学出版社,1992.

[28] 曾昭伦. 元素有机化学(第三分册):有机硼化合物化学[M]. 北京:科学出版社,1965.

[29] 宋华杰,董海山,郝莹. TATB_HMX 与氟聚合物的表面能研究[J]. 含能材料,2000,8(3):104 - 107.

[30] 杜美娜,罗运军,杨寅,等. 反相气相色谱法研究端羟基聚丁二烯(HTPB)黏合剂的表面性质[J]. 含能材料,2007,15(6):646 - 649.

[31] 王晗,樊学忠,周文静,等. AP/Al/CMDB 推进剂表面和界面性能研究[J]. 含能材料, 2010, 18(6):685 - 688.

[32] 喻鸿钢. 复合固体推进剂界面粘接的预估、表征及优化[D]. 长沙:湖南大学,2008.

[33] 张斌,罗运军,谭惠民. 多种键合剂与 CL - 20 界面的相互作用机理[J]. 火炸药学报, 2005, 28(3):23 - 26.

[34] 张伟,谢五喜,樊学忠,等. 固体推进剂组合药柱的界面力学性能[J]. 火炸药学报,2014,37(1):

[35] 吴人杰. 高聚物的表面与界面[M]. 北京:科学出版社,1998.

第四章 流变性能和制备工艺

4.1 概 述

含硼富燃料固体推进剂属复合固体推进剂，其由不同粒径及粒度分布的氧化剂(AP)、金属粉(B、Al 和 Mg 等)等固体颗粒悬浮于高分子预聚物中形成悬浮体系。推进剂药浆的流变特性，是推进剂制备工艺性能好坏的主要判据，只有流变特性良好的富燃料推进剂药浆才能制备出结构完整的推进剂药柱。含硼富燃料推进剂药浆的流变特性影响推进剂的制备工艺，即可加工性等。因此，为了研制高含硼量(不低于40%)富燃料推进剂，含硼富燃料推进剂药浆的流动性和流平性就成了推进剂制备首要解决的难题[1-4]。本章依据确定的高含硼量富燃料推进剂基础配方，研究了黏合剂体系、团聚硼颗粒/HTPB 悬浮液和高含硼量富燃料推进剂的流变特性，重点研究了不同含量和粒径及粒度级配的团聚硼颗粒对含硼富燃料推进剂制备工艺性能的影响，为高含硼富燃料推进剂的研制提供参考依据。

4.2 推进剂流变特性的表征和测试

4.2.1 流变特性的表征

1. 黏度

流体黏度的定义是从牛顿黏性定律中导出的[98,99]。液体流动时阻力的大小与液层相互位移的速度成正比，这种阻力是由于液体“缺乏润滑”所致。这个“缺乏润滑”的特性参数被定义为黏度。其表示式由两块平行板间的液体受力情况定义为

$$F = -f = \eta \cdot A \cdot \frac{dv}{dy} \tag{4-1}$$

经变换后成为

$$\tau = \eta \dot{\gamma} \tag{4-2}$$

式中：τ 为剪切应力，即单位面积上所受的剪切力；$\dot{\gamma}$ 为剪切速率即单位时间内的剪切形变；η 为牛顿黏性定律的比例系数，称黏度系数，有时称动力黏度和绝对黏度，简称黏度。其国际单位为 Pa·s。

2. 表观黏度

高分子预聚体、高聚物熔体以及它们的悬浮体绝大多数均属非牛顿流体，故不能用牛顿黏度来描述它们的流变行为。为了研究这类流体的流变特性，提出了表观黏度的概念。所谓表观黏度，是根据这类流体的流动情况直接观测的结果。因此，用表观黏度的数据时，应注明观测的条件（如剪切速率等），其表达式为

$$\eta_a = K\dot{\gamma}^{n-1} \tag{4-3}$$

表观黏度 η_a 不是一个物质常数，它是剪切速率和剪切速率指数的函数，从量纲分析它的单位已失去意义，但为了便于与牛顿黏度对应，仍称其单位为 Pa·s。在研究推进剂药浆的流变特性时，用的就是表观黏度的概念。

3. 相对黏度

相对黏度的表达式为

$$\eta_r = \frac{\eta}{\eta_0} \tag{4-4}$$

式中：η_0 为溶剂或悬浮剂的黏度；η 为溶液或悬浮液的黏度。相对黏度 η_r 为一个无量纲的值。

引入此概念的优点是：

（1）便于测量，无须测绝对黏度；

（2）使相关的黏度表达式简化，如爱因斯坦公式原为 $\eta = \eta_0(1+2.5\phi)$，用相对黏度则变为 $\eta_r = 1+2.5\phi$。

4. 屈服值

复合固体推进剂的药浆可成为牛顿流体（这是最希望的），有时可能成为假塑性体，但大多数情况下是屈服值-假塑性体，这类流体的特点是存在有屈服值（屈服应力），即只有当剪切应力超过某一临界值（屈服值）时，它才开始流动，而一旦流动，其剪切应力（减去屈服值后的净剪切应力）又与剪切速率是非线性关系，屈服值也是作为评价固体推进剂药浆流变特性的重要参数之一。

本章主要采用表观黏度和屈服值表征含硼富燃料推进剂药浆的流变特性。

4.2.2 测试的仪器装置

在推进剂的研究和制造中，G. A. Fluke 概括有 9 种黏度计可用于测定药浆

流变性[5]。其中三种是旋转式的;三种是流动型的;一种弹簧式的;一种毛细管的;一种可见流动式的。实际上,常用的只有旋转黏度计、挤压黏度计和落球黏度计。本书用到的黏度仪属旋转黏度仪类,具体涉及 NDJ-4 型旋转黏度计和 HAAKE 旋转黏度仪。前者类似于 Brookfield 黏度计,后者属于 Searle 型黏度计[3,5,6]。

旋转黏度计有同轴双圆筒和单圆筒二种。同轴双圆筒旋转黏度计,用内筒作转子的称为 Searle 型,用外筒作转子的称为 Couette 型。前者适于剪切速率在 $10s^{-1}$以内、高黏度样品,它以内筒作转子,比较容易控制测定样品温度,但在高转速下测低黏度样品时,离心力使样品发生湍流,测定失稳。这类黏度计配有速度程序设计,可在所需剪切速率范围内,连续对样品进行流变性测定,尤其适于评价药浆非牛顿流动特性。若再带有计算机控制系统,则可设计极低的剪切速率,满意地进行屈服值测定。

单圆筒旋转黏度计又称 Brookfield 黏度计,相当于同轴双圆筒旋转黏度计只有一个内筒。测定原理可视为同轴双圆筒旋转黏度计外圆筒为无限大的情况,可用于推进剂药浆流变性能研究,也可在推进剂混合和浇铸工艺现场进行质量监督。本节采用 NDJ-4 型旋转黏度仪和 RV20 旋转黏度仪分别测试了 HTPB 在 40~60℃的表观黏度和 50℃下不同类型的团聚硼颗粒和不同黏合剂配比后的表观黏度,并对含团聚硼富燃料推进剂在 50℃下的流变特性进行了研究。

4.2.3 样品的制备

团聚硼颗粒的制备见参考文献[7]。

B/HTPB 悬浮液的制备:将不同类型的硼粉与 HTPB 按照 1:10 的质量比充分混合,搅拌均匀后于 50℃烘箱中保温,取适量药浆于测量筒中保温恢复形变 10~15min,进行黏度测试。

含团聚硼富燃料推进剂药浆的制备:按 100g 的投料量依次将液料组分和固料组分称入瓷皿中,混匀后于 50℃烘箱中保温,取适量药浆于测量筒中保温恢复形变 10~15min,进行黏度测试。

4.2.4 测试方法

HTPB 黏合剂流变特性的测试:将 50g 的 HTPB 倒入恒温筒中,充分搅匀后于 40℃的保温筒中恢复形变 10~15min,取 5 个小烧杯各盛放 10g,逐渐升温至 60℃,分别进行不同温度的表观黏度测试。

B/HTPB 悬浮液流变特性的测试:将不同类型的硼粉与 HTPB 按照 1:10 的

质量比充分混合，搅拌均匀后于50℃烘箱中保温，取适量药浆于测量筒或圆形杯和探头转子或锥形板的间隙中保温恢复形变10~15min，进行黏度测试。

含团聚硼富燃料推进剂药浆流变特性的测试：按100g的投料量依次将液料组分和固料组分称入瓷皿中，混匀后于50℃烘箱中保温，取适量药浆于测量筒中保温恢复形变10~15min，称取适量于测量筒或圆形杯和探头转子或锥形板的间隙中进行测试，其中，剪切速率$\dot{\gamma}$为$0 \sim 10s^{-1}$。

4.3 不同因素对富燃料推进剂流变性能的影响

4.3.1 HTPB黏合剂的流变特性

HTPB是含硼富燃固体推进剂常用黏合剂，本节研究了不同温度下的富燃料推进剂用黏合剂HTPB的表观黏度，结果如图4-1所示。

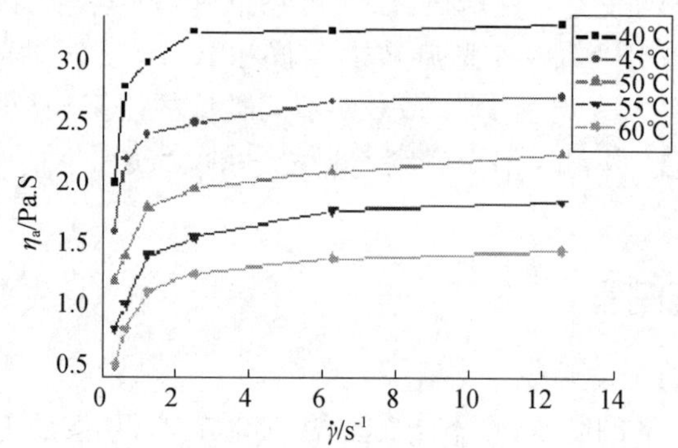

图4-1 不同温度下HTPB的表观黏度η_a-剪切速率$\dot{\gamma}$变化曲线

由Arrhenius公式[8]可知，温度对推进剂药浆黏度有一定的影响。从图4-1可以看出，HTPB的表观黏度在不同温度下呈现一定的规律性。开始阶段，随剪切速率的增大而急剧增加，当剪切速率大约为$4.5s^{-1}$后，随剪切速率的增加，表观黏度基本不发生变化，而是趋于某一定值，表明HTPB受高剪切力时，流动极近似牛顿流体的特性，且随着温度的增加黏合剂表观黏度降低，目测可显见其容易流动且表观黏度指数呈下降趋势。

图4-2所示为温度对黏合剂HTPB表观黏度的影响曲线，可用Arrhenius公式$\eta_a = Ae^{\frac{E_a^*}{RT}}$表示[100]。其中，$\eta_a$为表观黏度，$E_a^*$为表观活化能，$R$为气体常数，$T$为药浆热力学温度，$A$为指前因子。

从图4-2可以看出，随温度的增加，HTPB黏合剂的表观黏度呈指数趋势下降，即黏合剂随温度的升高而变稀，更容易流动。将$\ln\eta$对$1/T$作图，可得一直线，其斜率约为$E_a^*/R=3.8$，即可得出HTPB的表观黏度活化能E_a^*为31.593kJ/mol，这与文献[101,102]报道的结果基本一致（一般聚丁二烯类高聚物的流动活化能为20.9~33.5kJ/mol）。

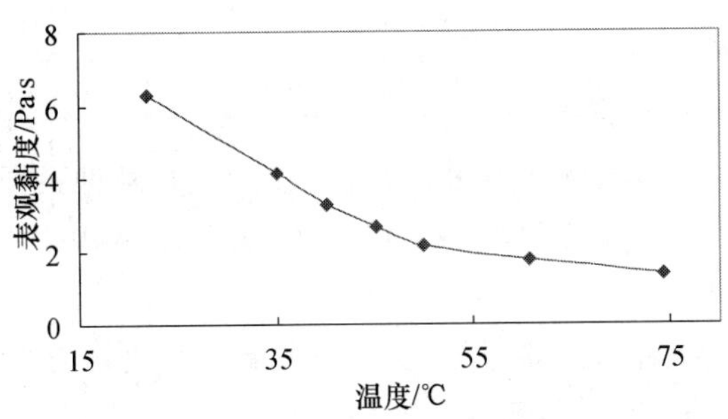

图4-2　HTPB在不同温度下的表观黏度变化曲线

4.3.2　团聚硼/HTPB悬浮液流变特性研究

对含硼富燃料推进剂药浆流变特性的影响主要有两个方面：一是推进剂配方组分的影响，其中包括黏合剂体系和固化剂的影响、氧化剂和金属粉含量和粒度及粒度级配的影响和其他组分的影响等；二是工艺条件的影响，其中包括捏合机的结构和尺寸、捏合温度、捏合时间、投料顺序等的影响。本节对不同含量和粒径及粒度级配的团聚硼颗粒、氧化剂AP和其他组分对富燃料推进剂流变特性的影响进行了研究。

1. 团聚硼颗粒的含量和粒径对硼/HTPB黏合剂悬浮液流变特性的影响

本节研究了不同含量和粒径的团聚硼颗粒与HTPB黏合剂形成悬浮液的流变特性，结果见表4-1。

表4-1　不同含量团聚硼颗粒与HTPB悬浮液形成的流变特性

B/HTPB	B_A(178~250μm)		B_B(74~150μm)	
	η/(Pa·s)	流动方程	η/(Pa·s)	流动方程
15/45	5.033	$Tau=5.226G_p^{0.956}$	6.201	$Tau=7.812G_p^{0.932}$
20/45	10.528	$Tau=9.987G_p^{0.942}$	11.765	$Tau=12.104G_p^{0.9120}$
30/45	13.187	$Tau=12.785G_p^{0.938}$	14.215	$Tau=15.352G_p^{0.6538}$
40/45	25.121	$Tau=24.122G_p^{0.976}$	35.383	$Tau=36.684G_p^{0.5625}$
50/45	32.897	$Tau=32.567G_p^{0.972}$	89.321	$Tau=89.107G_p^{0.4279}$

（续）

B/HTPB	B_A(178 ~ 250μm)		B_B(74 ~ 150μm)	
	η/(Pa·s)	流动方程	η/(Pa·s)	流动方程
55/45	92.542	$Tau = 0.5814 + 90.23G_p^{0.939}$	115.104	$Tau = 8.134 + 89.9071G_p^{0.696}$
60/45	101.102	$Tau = 2.934 + 95.45G_p^{0.979}$ 可缓慢流动	158.021	$Tau = 23.555 + 101.213G_p^{0.784}$ 流动性较差
注：Ostwald－de－Waele 方程为 $Tau = K \cdot G_p^n$；Herschel－Bulkley 方程为 $Tau = Tauk + KG_p^n$				

从表 4－1 可以看出，随团聚硼颗粒含量的增加，两种不同粒径的团聚硼颗粒与 HTPB 组成的悬浮液的表观黏度均增大，流动方程由 Ostwald－de－Waele 幂率方程转变为 Herschel－Bulkley 方程[9]。当质量比为 55/45 时，团聚硼/HTPB 悬浮液出现屈服值，B_A的屈服值较小；当 B/HTPB 比例为 60/45 时，该悬浮液仍能缓慢流动和流平，B_B具有较大的屈服值；当质量比为 60/45 时，该悬浮液的流动性和流平性变差。因此，较大粒径的 B_A与 HTPB 形成的悬浮液具有较好的流变特性，将其应用于含硼富燃料推进剂中可明显改善推进剂的工艺性能。

2. 团聚硼颗粒的粒径对硼/黏合剂悬浮液流变特性的影响

为了研究不同黏合剂和不同粒径的团聚硼颗粒对富燃料推进剂流变性能的影响，研究了两种不同黏合剂（X、Y）对无定形硼粉进行团聚后的 5 种不同类型的团聚硼粒子与 HTPB 黏合剂组成的悬浮液的表观黏度，其中：B/黏合剂 = 1/10（质量比），不同类型的团聚硼粒子见表 4－2，对含 5 种不同类型的团聚硼粒子与 HTPB 混合悬浮液在 50℃ 下的表观黏度变化情况进行了研究，结果如图 4－3 所示。

表 4－2　不同类型的团聚硼颗粒

Samples	黏合剂	硼粉粒径/mm
B_0	X	0.001 ~ 0.003
B_1	X	0.15 ~ 0.30
B_2	X	0.105 ~ 0.15
B_3	Y	0.15 ~ 0.30
B_4	Y	0.105 ~ 0.15
B_5	Y	0.30 ~ 0.45
注：黏合剂 X 为聚乙烯醇缩丁醛，Y 为端羟基聚丁二烯		

X 和 Y 分别为对无定形硼粉进行团聚时采用的团聚黏合剂，书中测试的是团聚硼/HTPB 悬浮液的表观黏度。

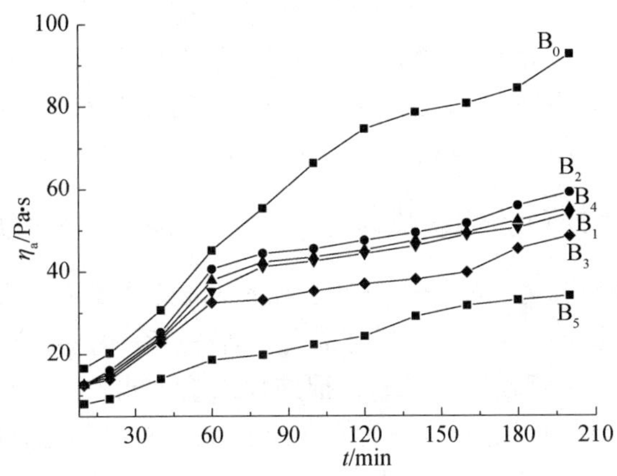

图 4－3　不同类型团聚硼颗粒与 HTPB 悬浮液的表观黏度曲线(50℃)

由 Einstein 公式[8－10]可知,固体硼粉颗粒的粒度、粒形对富燃料推进剂药浆的黏度有很大的影响。从图 4－2 可以看出,几种硼粉分别和 HTPB 混合后,起始黏度较小,随时间的增长,黏度不断增大,这可能是随着时间的增长,固－液界面间反应不断进行,使悬浮液浆料中连续相分子变大和交联,增加了阻碍浆料流动的结构阻力所致。在相同含量条件下,团聚硼与 HTPB 悬浮液浆料的黏度均远小于无定形硼粉浆料的黏度,表明团聚硼对改善 HTPB 富燃料推进剂浆料的工艺性能非常有效。对比两种不同粒度的团聚硼颗粒可见,当团聚黏合剂相同时,B_1 和 B_3 悬浮液浆料的黏度分别比 B_2 和 B_4 悬浮液浆料的黏度小,可见其黏度随团聚硼颗粒粒径的增大而减小,这可能是由于团聚硼颗粒粒度小,混合物的假塑性增大,由重力作用引起阻碍流动的静力学阻力变小。颗粒粒度减小时,颗粒的球形度减小,表面突起和凹坑增多,团聚硼粉颗粒间的内摩擦概率和作用力增大。因此,在相同情况下,随团聚硼颗粒粒径的减小,其黏度系数 K 值变大,此结论和 Einstein 公式一致,而且对采用相同粒径、不同团聚黏合剂制备的团聚硼颗粒 B_3 和 B_4 悬浮液浆料的黏度分别比 B_1 和 B_2 悬浮液浆料的黏度小,这可能是 B_3 和 B_4 团聚硼用团聚黏合剂采用了富燃料推进剂组分 HTPB 的缘故。

从图 4－3 还可以看出,含细粒度团聚硼颗粒浆料的黏度随混合时间的延长在较长时间内一直呈上升趋势并很快达到一较高值,这说明细粒度团聚硼颗粒由于其粒径、结构及表面性质特殊,对悬浮液浆料特性的影响十分显著,因此,在实际推进剂配方设计与工艺设计过程中应重点考虑这一影响。另外,从文献[9]可知,团聚硼颗粒的制备方法可有效阻止硼粉表面杂质与推进剂中 HTPB 预聚物的反应,使硼粉与 HTPB 混合物的流变性能改善。当 HTPB 中填充团聚硼粉时,虽然硼粉的颗粒度较大,但仍具有相当大的表面积,固液间存在一定的表面张力；另一方面，团聚硼粉近似成球形，表面仍有大量的突起，极易和 HTPB 预聚物链段发生缠结，因此，团聚硼粉颗粒通过和预聚物体系的相互作用，在混合物中形成一种准网络结构。随时间的增长，硼粉颗粒和预聚物体系相互作用的准网络结构逐渐被破坏，表观黏度和屈服值降低。

4.3.3 不同组分对含硼富燃料推进剂药浆流变特性的影响

1. 团聚硼粉粒径对含硼富燃料推进剂药浆流变特性的影响

含硼富燃料推进剂的工艺性能是推进剂制备过程中的决定性因素。本节研究了不同粒径的团聚硼颗粒对富燃料推进剂工艺性能（流平性和流动性）的影响，并与含无定形硼粉富燃料推进剂的进行了对比，推进剂配方组分为团聚硼颗粒为15% ~40%，金属粉为5%，结果见表4－3。

表4－3 不同粒径团聚硼颗粒对含硼富燃料推进剂药浆流平性的影响

硼粉的粒径	硼含量/%	流平性	硼粉的粒径	硼含量/%	流平性
$d>0.84$	20%	流平	$0.30\text{mm}<d\leqslant0.84\text{mm}$	20%	流平
	30%	不流平		30%	不流平
	40%	呈“散沙”状		40%	基本呈“散沙”状
$0.18\text{mm}<d\leqslant0.25\text{mm}$	20%	流平	$0.104\text{mm}<d\leqslant0.15\text{mm}$	20%	流平
	30%	流平		30%	不流平
	40%	可流动，但不流平		40%	可流动，但不流平
$d\leqslant0.104\text{mm}$	20%	不流平	无定形硼粉	20%	不流平
	30%	堆积		30%	无法浇铸
	40%	无法浇铸		40%	无法制药

由表4－3可以看出，含无定形硼粉的富燃料推进剂的流平性较差，含10%无定形硼粉的推进剂药浆粗糙，伴随有丝状黏胶出现，随着硼含量的增加，工艺性能急剧恶化，推进剂药浆不流平，进而堆积起来。含团聚硼富燃料推进剂药浆的流平性较含无定形硼粉的富燃料推进剂药浆对工艺性能有较大幅度改善。在硼含量相同的条件下，随着硼粉粒径的增大，含硼富燃料推进剂药浆的流平性变好。

为了研究团聚硼颗粒的粒度对含硼富燃推进剂工艺性能的影响，研究了 B_5 团聚硼粒子对富燃料推进剂药浆的屈服值和表观黏度的影响。其中，测试温度为50℃，含团聚硼富燃料推进剂配方（质量分数）为 HTPB 黏合剂体系 30%，团聚硼（$B_{团}$）40%，AP30%。含团聚硼富燃料推进剂药浆的测试条件与 B/HTPB 混合物的相同，结果如图4－4和图4－5所示。

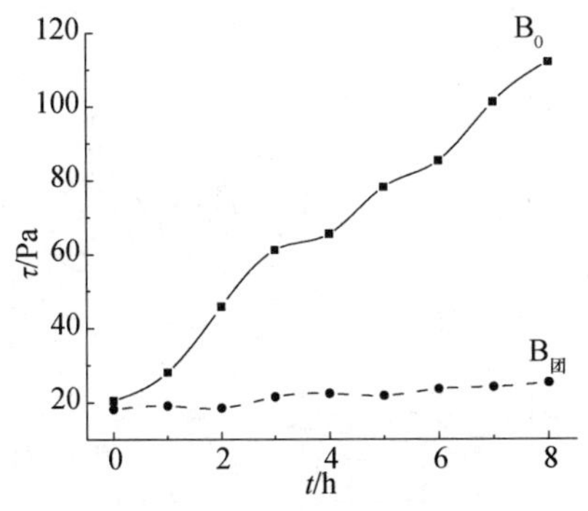

图 4－4　含团聚 B 富燃料推进剂屈服值随时间变化曲线

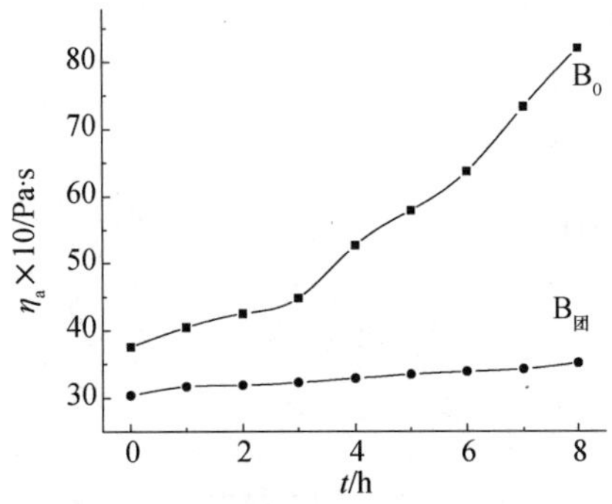

图 4－5　含团聚 B 富燃料推进剂表观黏度随时间变化曲线

由于含硼富燃料推进剂药浆属非牛顿流体且具假塑性，其中细粒度、锯齿形状的无定形硼粉具有很大的比表面积，其与 HTPB 混合时产生大的运动阻力，在搅拌作用下黏度很快增大，而且其纯度低，表面含有 B_2O_3 等杂质，B_2O_3 可与空气中的水分作用生成 H_3BO_3，与 HTPB 的羟基发生化学作用使产生部分聚合作用，由文献[11－13]可知，采用球形团聚硼颗粒的富燃料推进剂药浆工艺性能有所改善。从图 4－4 和图 4－5 可以看出，含团聚硼富燃料推进剂相对具有较好的流变性能，混合物的屈服值和表观黏度基本不随混合时间的增长而增加，这是由于含团聚硼富燃料推进剂药浆流变特性的变化趋势与其临时结构的强度和内摩擦力有关。在固体填充量为 70% 的条件下，团聚硼富燃料推进剂药浆的屈服值和表观黏度随时间变化趋势基本相同，无定形硼粉经过团聚改性后，在推进剂药浆中的黏度和屈服值显著降低。3h 内随着时间的增加屈服值和黏度缓慢增长，随着时间的增加，屈服值和黏度都有较大的增幅，呈非线性趋势增加。在 8h 之前表观黏度小于 1000Pa · s，屈服值小于 120Pa，此时，含团聚硼富燃料推进剂药浆具有良好的流动性，而且影响药浆流动的结构阻力较小，表现出良好的流平性。可见，将无定形硼粉进行团聚改性后，粒度增大，可使含团聚硼富燃料推进剂具有更好的工艺性能。

2. AP 含量及粒度对富燃料推进剂药浆流变特性的影响

AP 作为富燃料推进剂固体填料中主要的氧化剂，其含量和粒度级配不仅对富燃料推进剂药浆的流变特性有明显的影响，还影响富燃料推进剂的燃速。本节固定团聚硼颗粒的含量（40%）研究了不同含量和粒度级配的 AP 对富燃料推进剂药浆流变特性的影响，结果如图 4－6 和图 4－7 所示，推进剂药浆的试验条件与 B/HTPB 悬浮液的基本相同。表 4－4 所列为推进剂配方中 AP 的不同粒度级配。

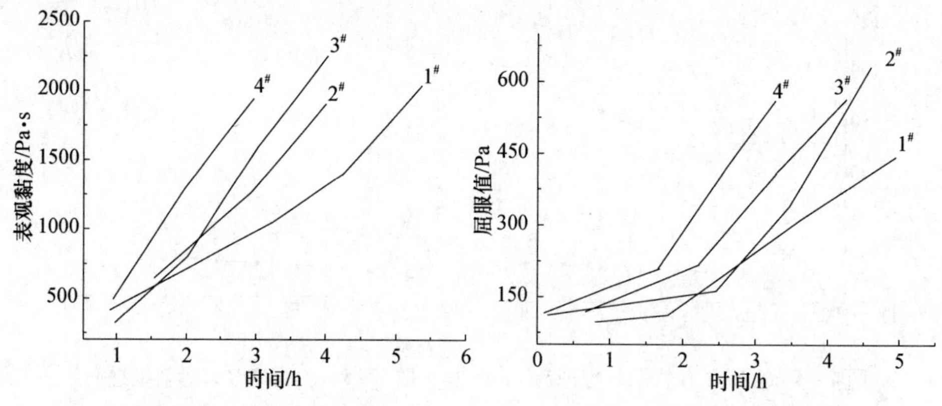

图 4-6 AP 粒度级配对富燃料推进剂药浆表观黏度(η_a)的影响

图 4-7 AP 粒度级配对富燃料推进剂药浆屈服值(τ)的影响

表 4-4 AP 的不同粒度级配

编号	比例	不同粒度的 AP			
		Ⅰ(250~420μm)	Ⅱ(178~250μm)	Ⅲ(104~150μm)	Ⅳ(1~3μm)
1#	1:1:2	1	1	2	—
2#	1:1:1	1	—	1	1
3#	1:1:1	—	1	1	1
4#	2:1	—	—	2	1

由图 4-6 和 4-7 可以看出,四种推进剂药浆的表观黏度和屈服值的起点均较低,其屈服值在 110Pa 附近,随时间的增加,推进剂药浆的表观黏度和屈服值均增大。其中,$1^{\#}$推进剂配方的表观黏度和屈服值随时间的增大趋势相对缓慢,$4^{\#}$推进剂配方的表观黏度和屈服值增加最快,而$2^{\#}$和$3^{\#}$配方在搅拌 2h 后随时间的增加二者的表观黏度和屈服值基本呈“线性”增大[14-16];$1^{\#}$推进剂配方中不含超细粒度 AP,其药浆的流动性和流平性较好,$3^{\#}$推进剂配方采用Ⅲ类 AP 取代了Ⅱ类 AP,但添加量不变,正是由于Ⅲ类 AP 的粒度和Ⅱ类 AP 的粒度比较接近,其二者的流变特性比较接近;同样$4^{\#}$推进剂配方中Ⅲ和Ⅳ类 AP 的粒度的减小和含量的增加而影响了推进剂药浆的表观黏度和屈服值,进而影响了推进剂药浆的流变特性。

本节研究了剪切速率对含团聚硼富燃料推进剂药浆表观黏度的影响,结果如图 4-8 所示。

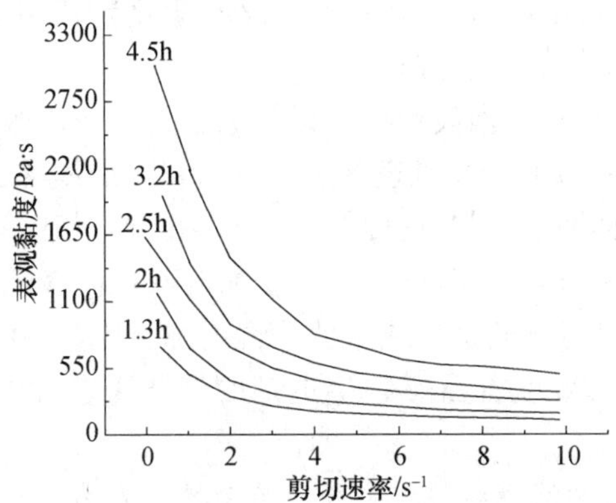

图 4－8　剪切速率对含硼富燃料推进剂药浆表观黏度的影响

由图 4－8 可以看出，随着剪切速率的增加，推进剂药浆的表观黏度降低，在搅拌 2h 时推进剂药浆的表观黏度急剧降低，基本呈“指数”趋势，而在搅拌 4.5h 后随时间的增加，曲线变化平缓，最终趋于一定值。

3. 金属粉对含硼富燃料推进剂药浆流变性的影响

为了提高富燃料推进剂的能量性能，推进剂配方中通常添加适量的金属粉（Mg、Al 和 Mg－Al 合金粉）[17]。本节研究了含 5% 的不同金属粉对富燃料推进剂药浆流变特性的影响，结果如图 4－9 所示。

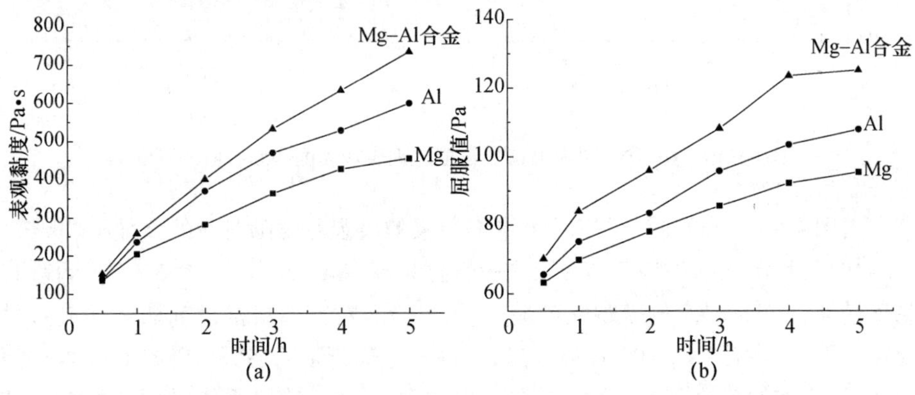

图 4－9　不同金属粉对含硼富燃料推进剂表观黏度和屈服值的影响

由图 4－9(a) 可看出，含不同金属粉推进剂药浆的表观黏度随时间的增长而显著增加；当捏合 2h 时，含铝粉和含 Mg－Al 合金粉推进剂药浆的表观黏度随时间增长而增加较快，其中，含 Mg－Al 合金粉的增加的幅度更大，而含镁粉推进剂药浆的表观黏度增长相对缓慢，这可能是由于推进剂药浆中使用了球形镁粉的缘故。表明不能简单地用铝粉或 Mg/Al 合金粉代替镁粉,而应根据不同金属粉的粒度、形貌等特性进行添加。

由图 4－9(b)可看出,含镁粉和含铝粉推进剂药浆屈服值随时间的增加而缓慢增加,而含 Mg－Al 合金粉推进剂起始时(0.5h)曲线的起点最高,药浆的屈服值随时间的增加而明显增加,这可能与 Mg－Al 合金粉颗粒不规则,表面不光滑有关。而推进剂配方采用球形镁粉后,镁粉与其他固体组分相互间作用力较小,随时间的增加,推进剂药浆的屈服值缓慢增加。因此,在含硼富燃料推进剂中添加球形镁粉可有效改善富燃料推进剂的制备工艺性能,还可改善其点火性能[18]。

4. *KP 含量对含硼富燃料推进剂药浆流变性的影响*

本节研究了 KP 的含量(5%～15%)对富燃料推进剂药浆流变特性的影响,结果如图 4－10 所示,推进剂药浆的试验条件与 B/HTPB 悬浮液的基本相同。

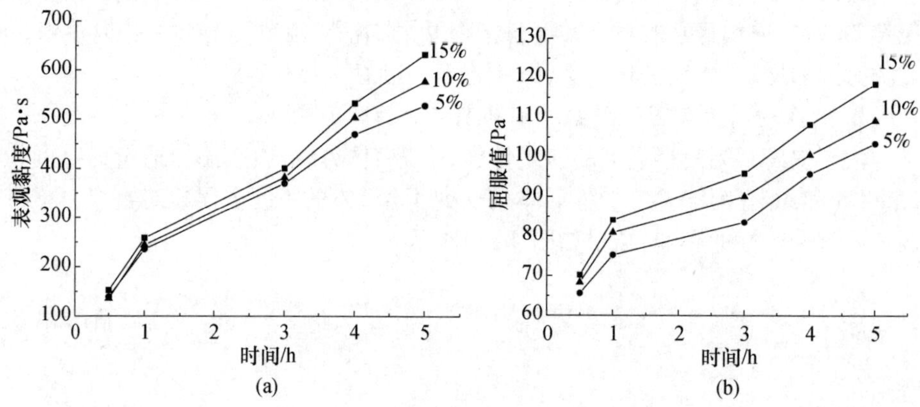

图 4－10　KP 含量对含硼富燃料推进剂表观黏度和屈服值的影响

由图 4－10(a)可看出,三种推进剂药浆的表观黏度随时间的增加呈“指数”式增加,而且增加的趋势基本一致,三条曲线基本重合,其中,含 5% KP 的表观黏度最低,含 15% KP 的表观黏度最高,可见,KP 对富燃料推进剂药浆的表观黏度影响不大。由图 4－10(b)可看出,三种推进剂药浆的屈服值随时间的增加而增加,且增加的趋势基本一致,同样表现为含 5% KP 的屈服值最低,含 15% KP 的屈服值最高。另外,采用5%～15% 的 KP 部分代替 AP 后,其表观黏度和屈服值均增加,结果表明,采用合适粒度的 AP 相对于 KP 可降低推进剂的表观黏度和屈服值,从而有效地改善含硼富燃料推进剂的工艺性能。

5. *表面活性剂对含硼富燃料推进剂药浆流变性的影响*

本节研究了表面活性剂(SP)对含团聚硼富燃料推进剂药浆流变特性的影

响,其中,推进剂配方 P－2 是在 P－1 配方的基础上外加 0.2% 的表面活性剂 SP,结果如图 4－11 所示。推进剂药浆的试验条件与 B/HTPB 悬浮液的试验条件基本相同。

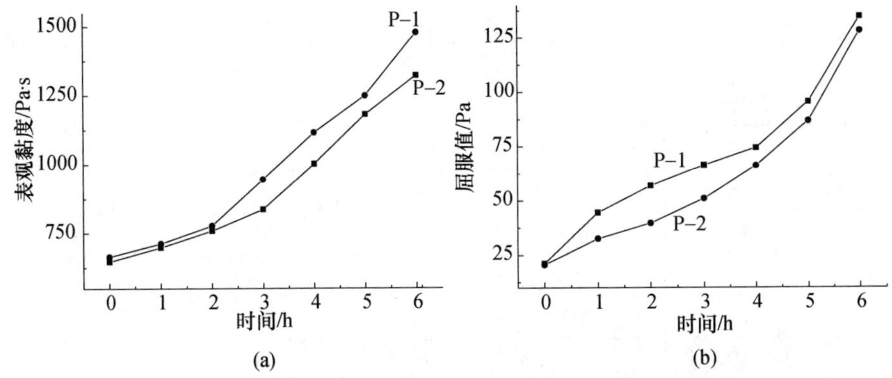

图 4－11　表面活性剂对富燃料推进剂药浆表观黏度和屈服值的影响

由图 4－11 可以看出,含团聚硼富燃料推进剂药浆的屈服值和表观黏度均随时间增加而缓慢增长,推进剂药浆都呈假塑性流体,在搅拌 6h 时两种推进剂药浆的表观黏度均小于 1600Pa · s,屈服值均小于 150Pa,可见药浆的适用期大于 6h,由于表面活性剂 SP 的添加从而减小了推进剂药浆流动的阻力,使其具有良好的流动性和流平性,表现出药浆的表观黏度和屈服值均小于未添加 SP 的药浆,表明 SP 对超细 AP 有特殊的作用,它可有效地改善超细 AP 在药浆中的分散均匀性,"润滑"了非球形的 AP 表面使药浆的流动性明显变好[19-24]。因此,表面活性剂 SP 的使用可一定程度的改善含硼富燃料推进剂的工艺性能。

6. 团聚硼颗粒表面粗糙度和粒径分布与富燃料推进剂药浆流变性能的关系

团聚硼颗粒的表面特性和粒径分布对富燃料推进剂的制备工艺有较大的影响。本节研究了团聚硼颗粒表面粗糙度和粒径分布对富燃料推进剂药浆流变特性的影响,其中,将不同粒径中值的团聚硼颗粒与 HTPB 以 2/3 的质量配比进行混合并充分搅拌,50℃烘箱中保温 2h 后,对 B/H(团聚硼颗粒与 HTPB 的质量比值)悬浮液在 50℃下 1h 时的表观黏度和屈服值进行了测量,表 4－4 是团聚硼颗粒表面粗糙度和粒径分布对富燃料推进剂流变特性的影响结果。其中,试验样品同表 4－2 所述,表中团聚硼颗粒的表面粗糙度用"中位维(F_{50})"值表示,其数值由轮廓投影法得到。

表 4 – 4　团聚硼颗粒表面粗糙度和粒径分布对富燃料推进剂流变特性的影响

样品	团聚硼颗粒特性与 B/HTPB 悬浮液流变特性的关系				
	表面粗糙度 F_{50}	粒径中值 d_{50}/mm	表观黏度 η/(Pa·s)	屈服值 τ/Pa	B/HTPB 悬浮液流变特性
1#	1.128	0.104	98.9	50.6	D
2#	1.087	0.125	96.3	48.2	D
3#	1.077	0.143	87.6	42.9	C
4#	1.065	0.178	79.9	38.7	C
5#	1.051	0.190	72.3	33.8	B
6#	1.043	0.208	68.7	30.2	B
7#	1.029	0.234	67.5	28.4	A
8#	1.015	0.250	60.1	23.5	A
注:A ~ D 表示 B/H 悬浮液流平性依次变差					

由表 4 – 4 可以看出,在 50℃下,随着团聚硼颗粒的粒径中值的减小,颗粒表面粗糙度越大,表明其偏离圆的程度越大,B/H 悬浮液体系的表观黏度和屈服值均增大,含硼富燃料推进剂的药浆流变特性变差;反之,随着团聚硼颗粒的粒径中值的增大,颗粒表面粗糙度越小,其偏离圆的程度越小,B/H 悬浮液体系的表观黏度和屈服值均减小,含硼富燃料推进剂的药浆流变特性变好。这可能是由于团聚硼颗粒的粒径中值减小,其比表面积增大,颗粒表面粗糙度增加,从而使得团聚硼颗粒的分形维数值 D 增大的缘故。而且据文献[25 – 31]报道,采用"中位维(F_{50})"参数的大小表征固体颗粒的表面粗糙度得出的结果与本书结果一致。

通过上述分析可知,团聚硼颗粒的表面粗糙度和粒径分布分别与分形维数和富燃料推进剂的药浆流变特性有很大关系。团聚硼颗粒的粒径中值越小,B/H 悬浮液体系的药浆流变特性越差,其分形维数越大;反之,团聚硼颗粒的粒径中值越大,B/H 悬浮液体系的药浆流变特性越好,其分形维数越小;团聚硼颗粒的表面粗糙度越大,B/H 悬浮液体系的药浆流变特性越差,其分形维数越大;反之,团聚硼颗粒的表面粗糙度越小,B/H 悬浮液体系的药浆流变特性越好,其分形维数越小,从而采用团聚硼颗粒的分形维数的大小可以间接判断含硼富燃料推进剂的工艺性能的好坏[32 – 36]。

总之,硼粒子表面的酸性杂质及硼粒子的粒度和粒形对含硼固体推进剂工艺性能有明显的影响,无定形硼粉经过团聚改性处理才能有效改善含硼推进剂的工艺性能。

7. 晶体硼粉/HTPB 悬浮液的流变性能

为研究晶体硼粉对推进剂流变性能影响，在 50℃测定了 HTPB 黏合剂与晶体 B 混合物的屈服值和表观黏度，并与营口硼粉进行了对比，结果如图 4-12 和图 4-13 所示。

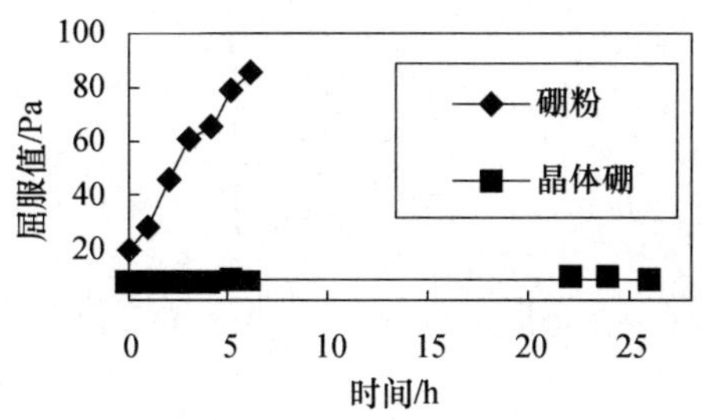

图 4-12　晶体硼粉在 HTPB 黏合剂中的屈服值变化趋势

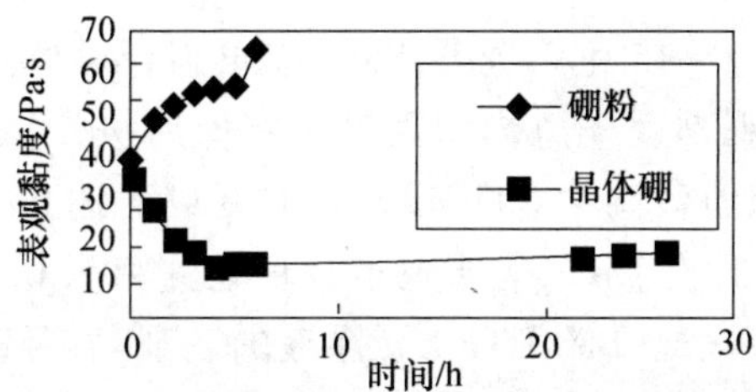

图 4-13　晶体硼粉在 HTPB 黏合剂中表观黏度增长趋势

结果表明，在 HTPB 与 B 混合物流变性能测试过程中，B 原料测试 6h 以后混合物黏度太大，停止了测试；晶体硼粉在 HTPB 黏合剂中的屈服值和表观黏度较小，且随混合时间增加，屈服值和表观黏度保持不变，表明其和 HTPB 黏合剂具有较好的流变性能。

在含晶体硼富燃料推进剂样品的制备中，推进剂药浆具有较好的流平性和流动性。随放置时间增加，药浆流变性能无明显变化，药浆适用期能满足浇铸要求，可得到密实、无孔的样品，因此，晶体硼粉表面的 B_2O_3 和 H_3BO_3 杂质含量少，硼粉与水悬浊液的 pH 值接近中性，硼粉在 HTPB 黏合剂中的屈服值和表观黏度较小，且随混合时间增加，屈服值和表观黏度保持不变，基本不影响推进剂的工艺性能，将该晶体硼粉应用于推进剂能明显改善富燃料推进剂的装药工艺。

8. 硼-镁复合粉/HTPB 悬浮液的流变特性

为了研究复合金属粉对推进剂流变特性影响，本节在 50℃下研究了硼-镁复合粉（BM）与 HTPB 形成悬浮液的剪切速率 G_p（s^{-1}）对剪切应力 τ（Pa）和表观黏度 η（Pa·s）的影响，结果如图 4-14 和图 4-15 所示。

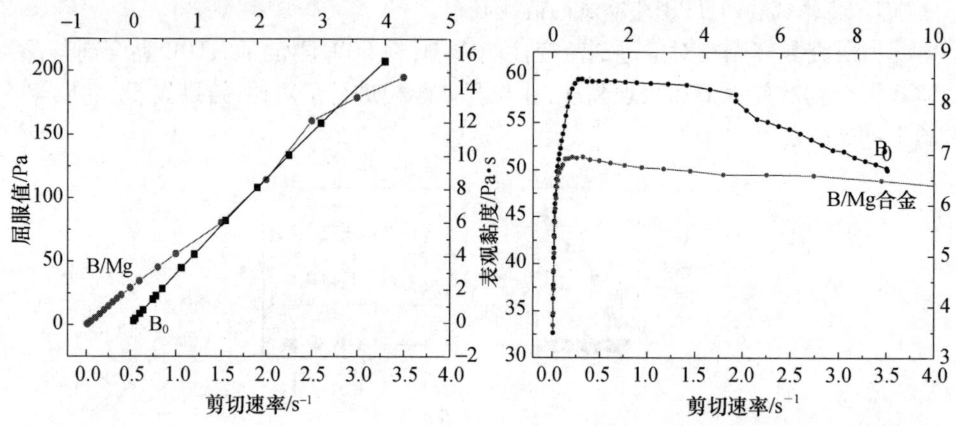

图 4-14 BM/HTPB 悬浮液的剪切速率对屈服值的影响

图 4-15 BM/HTPB 悬浮液的剪切速率对表观黏度的影响

从图 4-14 和图 4-15 可以看出，BM/HTPB 悬浮液体系的屈服值随剪切速率的增大而增加，表观黏度先急剧增大到一定值后缓慢减小，最后趋于平缓；B_0/HTPB 体系的屈服值最高达 200Pa，表观黏度最高达 60Pa · s，而 BM/HTPB 悬浮液的屈服值最大时为 15Pa，表观黏度在剪切速率为 $0.3s^{-1}$ 时达最高，但是表观黏度均小于 10Pa · s。BM/HTPB 悬浮液的表观黏度随着搅拌时间的延长而增大，可能是由于硼-镁复合粉以团聚的大颗粒形式存在，然而随着剪切速率的增大，团聚颗粒由于强度较小而被打开，颗粒的比表面积变大，而且未包覆的硼粉重新暴露于 HTPB 体系中，使得药浆黏度增大；此外，可能是硼-镁复合粉在制备过程中，镁粉仅仅附着在硼粉的表面，随搅拌时间的增长，镁粉脱落使得硼粉重新暴露出来，使得体系黏度增大。但从黏度与屈服值的变化规律上看，BM/HTPB 悬浮液的黏度大大低于 B_0/HTPB 体系，硼镁复合粉对含硼富燃料推进剂药浆的流变性能有明显的改善作用，这也充分表明了将无定形硼粉与镁粉进行复合后在改善含硼富燃料推进剂的制药工艺性能方面是非常有效的。

4.4 含硼富燃料推进剂的制备工艺

含硼富燃料推进剂是以液体高分子预聚物为黏合剂，与氧化剂、添加剂、性能调节剂、固化剂及其他组分经混合均匀后浇铸到模具或发动机中固化成型，预聚物与固化剂进行化学反应而形成网络结构，使其具有一定模量弹性体的过程，也称为固化反应成型工艺。

含硼富燃料推进剂以其优越的能量性能成为固体火箭冲压发动机的理想燃料，其工艺性能的好坏决定了含硼富燃料推进剂制备的适用期。与复合固体推进剂相比，含硼富燃料推进剂具有高金属燃料含量、低氧化剂含量，其组成特点和应用决定了含硼富燃料推进剂在制备和燃烧等方面存在以下难点：工艺性能差。无定形硼粉表面存在的 B_2O_3、H_3BO_3 等杂质与 HTPB 黏合剂中的羟基发生硼酸酯化反应，大大恶化了含硼富燃料推进剂的制备工艺，加上硼粉的粒径小，形状不规则，其与 HTPB 黏合剂难以均匀混合（混合中形成"刚性糊"），导致淤浆浇铸工艺难以制备出性能均一和质量稳定的含硼富燃料推进剂。

上述问题严重影响和阻碍了含硼富燃料推进剂的研究和实际应用，为制备出高含硼量的富燃料推进剂，本节将团聚硼颗粒添加到富燃料推进剂中，制备并研究了含40%团聚硼颗粒的富燃料推进剂的工艺性能，采用靶线法和 Φ64 标准发动机对含硼富燃料推进剂的一次燃烧性能进行了研究，以获得综合性能良好的高含硼量富燃料推进剂配方，为固冲发动机的研究提供参考。

4.4.1　含硼富燃料推进剂的设计原则

除了保证固体推进剂的能量水平较高以外，未来可工程化应用（即使含硼富燃料推进剂的工艺性能和燃烧性能等满足工程化要求）也是含硼富燃料推进剂研究的基本原则。高含硼富燃料推进剂在淤浆浇铸工艺制备过程中，捏合的推进剂药浆能否顺利进行於浆真空浇铸，推进剂固化过程中是否会出现气孔、沉降等现象，制备出的富燃料推进剂在未来的应用过程中工艺性能和燃烧性能满足要求和可靠工作均为推进剂的基础配方设计过程中所需考虑的因素。因此，对影响推进剂未来可工程化应用的主要因素，包括推进剂制备过程中的工艺性能和燃烧性能（初步）等进行了研究，确保设计基础配方具有实用价值。

富燃料推进剂在添加大量金属燃料的同时，势必会降低氧化剂的含量。氧化剂含量过低，可能会破坏固体推进剂的稳定燃烧，尤其是在低压条件下，这会导致可燃压强极限较高。由于含硼富燃料推进剂还具有其自身特点，因此，在提高其能量的同时还必须兼顾其他因素。如在使用方面要求具有高的一次燃烧效率、高的补燃效率、低的可燃极限、较高的燃速压强指数等。在含硼富燃料固体火箭推进剂的配方设计方面，要充分考虑推进剂中的主要组分对推进剂的制备工艺的影响，如固体填料的粒径、粒径分布及级配、液料对固体填料的浸润以及工艺助剂对推进剂工艺性能的改善等的影响。

4.4.2　富燃料推进剂制造工艺流程

固化反应成型工艺主要是如何使推进剂内各组分混合均匀成为流动可浇铸

的药浆,用真空浇铸法将药浆浇入模具或发动机内。图4-16所示为富燃料推进剂制造工艺流程图。

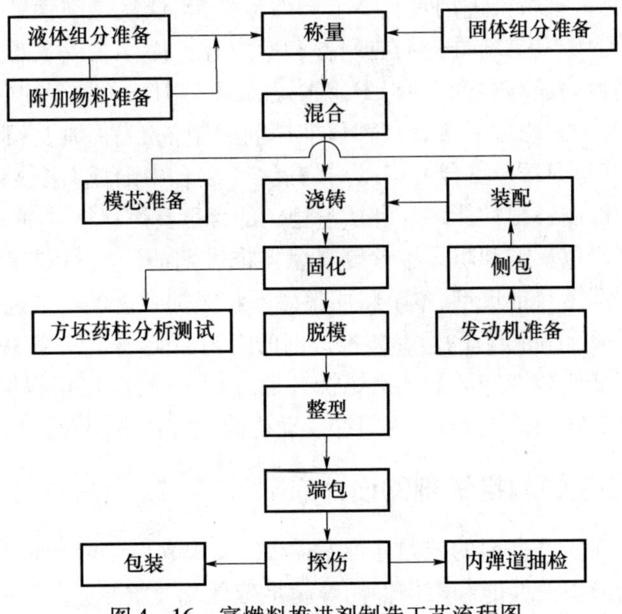

图4-16　富燃料推进剂制造工艺流程图

4.4.3　含团聚硼富燃料推进剂配方

以理论性能计算为依据,结合高能含硼富燃料推进剂的能量特性和可工程化等因素,为了保证含硼富燃料固体推进剂的高能量特性,又保证具有较好的工艺性能和燃烧性能,并充分考虑推进剂中的液体组分和固体组分的相互作用,及保证富燃料推进剂可稳定燃烧等特性,选择含团聚硼富燃料推进剂配方(质量分数)见表4-5。

表4-5　含硼富燃料推进剂基础配方

组分	HTPB	团聚硼颗粒	AP	Mg或Al
质量含量/%	25~28	35~45	25~35	5
注:团聚硼颗粒采用不同粒径及粒度级配;AP采用1μm、100~140目和60~80目三种不同的粒度级配				

4.4.4　推进剂样品的制备

采用淤浆浇铸工艺制备推进剂燃速测试样品。将黏合剂、液体小组分和固体填料依次加入到2L立式捏合机中,50℃和真空条件下捏合约80min,将推进剂药浆真空浇铸到模具中,70℃烘箱中连续固化3~4天。

4.4.5 含团聚硼富燃料推进剂的制备工艺性能

本节研究了含40%的团聚硼颗粒(B_5,见4.3.2节)对富燃料推进剂药浆的屈服值和表观黏度的影响,结果如图4-17和图4-18所示。

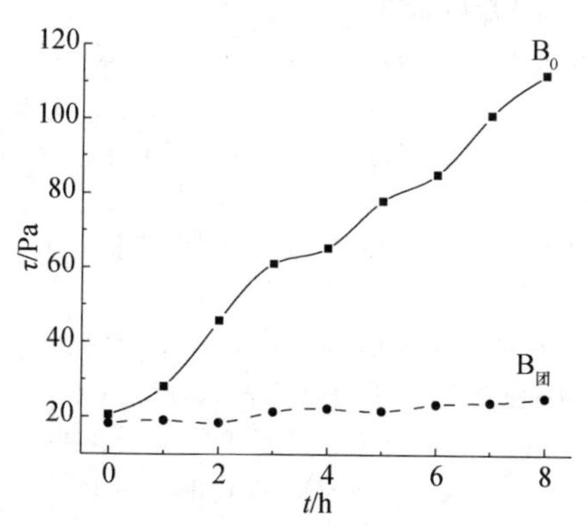

图4-17　团聚硼颗粒对含团聚硼富燃料推进剂屈服值的影响

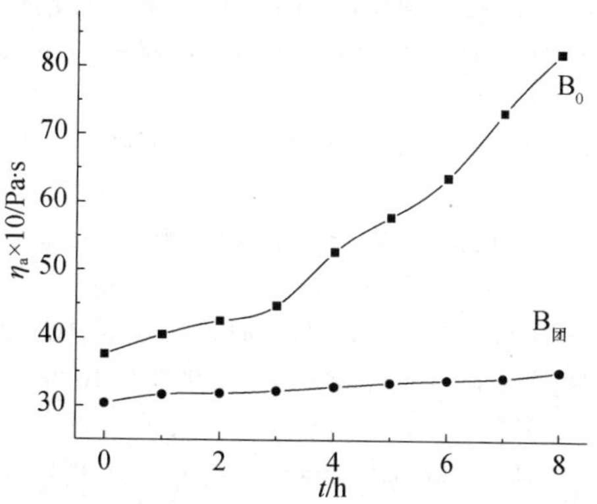

图4-18　团聚硼颗粒对含团聚硼富燃料推进剂表观黏度的影响

从图4-17和图4-18可看出,无定形硼粉经过团聚改性后,推进剂药浆的表观黏度和屈服值显著降低,含40%团聚硼颗粒的富燃料推进剂具有较好的流变特性,推进剂药浆的屈服值和表观黏度随混合时间的增加而增加较小,且随时间的变化表观黏度和屈服值增加的趋势基本相同。其中,3h时随时间的增加屈服值和黏度缓慢增长,8h时表观黏度小于1000Pa·s,屈服值小于120Pa,结果表明,含团聚硼富燃料推进剂药浆具有良好的流动性,影响药浆流动的结构阻力较小,表现出良好的流平性。而且发现,富燃料推进剂配方中的硼含量相同时,随着硼粉粒径的增大,含硼富燃料推进剂药浆的流平特性改善,但是粗粒径团聚硼含量不能太高,实验发现,团聚硼颗粒的合适粒径为60~140目之间。

参考文献

[1] 郑剑,汪爱华,庞爱民. 含硼HTPB富燃推进剂工艺恶化机理研究[J]. 推进技术,2003,24(3):282-286.

[2] 唐汉祥,陈江,吴倩,等. 硼粉改性对推进剂工艺性能的影响[J]. 含能材料,2005,13(2):69-75.

[3] 魏青,李葆萱. AP/HTPB悬浮液的流变特性研究[J]. 固体火箭技术,2003,26(1):39-43.

[4] 庞维强,张教强,胡松启,等. 团聚硼对富燃料推进剂燃速的影响[J]. 火炸药学报,2006,29(3):20-23.

[5] 高东磊,张炜,朱慧,等. 氧化剂和团聚硼粒度对富燃料推进剂燃速特性的影响[J]. 固体火箭技术,2008,31 (4):374-380.

[6] 李葆萱,王英红,毛成立,等. 含硼富燃固体推进剂药浆黏度调节[J]. 固体火箭技术,2000,23(4):19-23.

[7] 庞维强,樊学忠,张教强,等. 无定形硼粉的团聚技术[J]. 火炸药学报,2008,31(2):46-48.

[8] 徐佩弦. 高聚物流变学及其应用[M]. 北京:化学工业出版社,2003.

[9] Trowbridge J C. Boron particles coated with boron carbidge for use as rocket propellant: US, 5320692[P], 1990.

[10] 庞维强. 高含硼量富燃料推进剂研究[D]. 西安:西安近代化学研究所,2011.

[11] 唐汉祥. 铝粉/HTPB悬浮液的流变特性[J]. 固体火箭技术,1996,19(3):23-27.

[12] 庞维强,樊学忠,胥会祥. 团聚硼颗粒对富燃料推进剂流变特性研究[J]. 火炸药学报,2010,33(3):84-87.

[13] Cevat Erisken. Modeling and Rheology of HTPB Based Solid Propellants[J]. ICT. 1996, 27(49):1-14.

[14] 胥会祥,赵凤起,庞维强,等. 纳米Al/HTPB悬浮液的流变性能[J]. 火炸药学报,2012,35(6):89-93.

[15] Makoto Konhga. Experimental Study on Processability of Ammonium Perchlorate/Hydroxyl-Terminated Polybutadiene Composite Propellant (Ⅰ)-Influences of Operating Temperature on Viscosity of Uncured Propellant[J]. Kayaku Gakkaishi. 1998,59(1):1-5.

[16] 庞维强. 硼团聚技术及其在富燃料推进剂中的应用研究[D]. 西安:西北工业大学,2006.

[17] 庞维强,樊学忠. 团聚硼颗粒表面粗糙度和粒径分布对富燃料推进剂药浆流变性能的影响[J]. 含能材料,2011,19(1):46-49.

[18] Muthiah R, et al. Rheology of HTPB Propellant: Development of Generalized Correlation and Evaluation of Pot Life. Propellants, Explos[J]. Pyrotech. 1996, 21(4):186-192.

[19] 肖扬华. 颗粒级配优化研究-滚动级配法[J]. 推进技术,1993,(4):60-66.

[20] Leonov A I. On the Rheology of Filled Polymers[J]. J heol. 1990,34(7):1039-1068.

[21] Poslinski A J, Ryan M E, and Gupta R K, et al. Rheological Behavior of Filled Polymeric Systems. Ⅱ. The Effect of a Bimodal Size Distribution of Particulates[J]. J Rheol. 1988, 32(8):751-771.

[22] Gupta B L, Mohan Varma, Munjal N L. Rheological Studies on Virgin and Metallized Unsymmetrical Dimethyl Hydrazine Gelled Systems[J]. Propellants Explos, Pyrotech. 1986, 11:45-52.

[23] 张伟,樊学忠,陈永铎,等. NEPE推进剂固化交联的流变学研究[J]. 高等学校化学学报, 2009,30(6): 1230-1234.

[24] 唐汉祥. 推进剂药浆流变特性研究[J]. 固体火箭技术,1994,17(3):28-34.

[25] 张景春. 固体推进剂化学及工艺学[M]. 北京:国防大学出版社, 1987.

[26] Michel M. Mixing of Hydroxyl-terminated polybutadiene and boron[A]. In: K K Kuo. Combustion of Boron-Based Solid Propellants and Solid Fuels[C]. Bocaration: CRC Press,1993.

[27] 张继华. 火药物理化学性能[M]. 北京:北京理工大学出版社,1997.

[28] 唐汉祥. AP级配和铝粉对HTPB推进剂药浆流变性的影响[J]. 固体火箭技术,1998,21(1):26-30.

[29] 唐汉祥,刘秀兰,吴倩. 推进剂药浆流平性研究[J]. 推进技术,2000,21(3):79-82.
[30] 魏青,李葆萱. 超细 AP/HTPB 悬浮液的流变特性[J]. 火炸药学报,2003,26(2):43-46.
[31] 王晓峰,郝仲璋. 炸药发展中的新技术[J]. 火炸药学报,2002,24(4):35-38.
[32] 吴其晔,巫静安. 高分子材料流变学[M]. 北京:高等教育出版社,2010.
[33] 魏青. 高含硼富燃料固体推进剂工艺和燃烧性能研究[D]. 西安:西北工业大学,2003.
[34] 郜红勤. 高含硼、高燃速固体推进剂研究[D]. 西安:西北工业大学,2004.
[35] 李凤生. 特种超细粉体制备技术及应用[M]. 北京:国防工业出版社,2002.
[36] 李葆萱. 固体推进剂性能[M]. 西安:西北工业大学出版社,1990.

第五章 能量性能

5.1 概　　述

富燃料推进剂为固冲发动机提供推进能源,富燃料推进剂的能量越高,则固冲发动机的能量越高[1]。密度和比冲作为考察推进剂能量性能的重要参数,推进剂的密度越大,推进剂的装填质量越高,发动机的总冲就越高,火箭或导弹的射程就越远;在其他条件相同时,推进剂的比冲越高,火箭或导弹的射程也就越远。提高含硼富燃料推进剂能量性能的主要措施就是增加推进剂中的固体含量,其中在富燃料推进剂配方中添加一定量具有较高热值和较大密度的金属燃料如硼粉等是提高富燃料推进剂能量性能的重要途径之一。因此,结合高含硼量(不低于40%)富燃料推进剂的制备工艺,本章对不同硼含量和其他组分的不同配比对富燃料推进剂能量性能的影响进行理论研究,确定了基础配方并进行了初步验证试验,为高含硼量富燃料推进剂的研究和固体火箭冲压发动机的设计提供理论依据。

5.2 评价富燃料推进剂的能量性能的指标——热值和密度

高能量是含硼富燃料推进剂的一大特点。据报道[2],含硼富燃料推进剂的能量是唯一的可使固体冲压发动机比冲超过 10kN · s/kg 的推进剂。在富燃料推进剂中添加金属燃料是实现高能量、高密度所必需的。从热值角度考虑,硼是首选,为了提高其点火和燃烧效率,配方采用了 B_4C、Ti 和 Ni 等成分。另外,随着纳米技术的发展,对于含硼燃料的富燃料推进剂,采用合金化燃料和纳米级燃料将为解决燃料燃烧问题提供可能,添加少量其他利于推进剂点火和燃烧的金属燃料(如镁、钛)也是发展技术之一。

(1) 自动热解燃料。为使组合发动机一次燃烧室中的推进剂既具有尽可能高的热值,又能通过适当方式气化,人们提出了“自动热解概念”,即把少量氧化剂同燃料黏合剂混合，使氧化剂和部分燃料燃烧，所释放的热几乎全部用来热解其余的黏合剂。因而，它要求在确保一次燃烧能自动进行的前提下，使氧化剂的含量尽可能低。

（2）高热值元素及化合物。富燃料推进剂适宜的候选燃料组分为碳氢化物及硼、铝、镁等轻金属。

（3）选用含氮量少的物质。要求富燃料推进剂热解后，能产生低分子量的可燃气体。

（4）提高氧化剂的氧含量。氧化剂的有效氧含量高，可在提供相同的有效氧基础上减少氧化剂的用量，从而可提高热值。

在冲压发动机中，其能量平衡方程为

$$(C_{pa}T_a + W^2/2)m_a + (\Delta h_f + C_{pf} \cdot T_f) \cdot \eta_c m_f = (C_{pe}T_e + C^2/2)(m_a + m_f) \tag{5-1}$$

式中：W 为空气进入速度；T_e 为排气湿度；C 为排气速度；C_{pa} 为空气平均比热；m_a 为空气质量流量；C_{pf} 为燃料平均比热；m_f 为燃料质量流量；C_{pe} 为排气平均比热；T_f 为燃料初温；Δh_f 为燃料热值；T_a 为空气入口温度；η_c 为燃烧效率。

假定空气为理想气体，排气组成与空气无差别（空气大量过量情况下是正确的），可推出推力 F 为

$$F = m_a\left\{2C_{pa} \cdot T_m\left(1 + \frac{\Delta h_f \cdot \eta_c^2}{C_{pa} \cdot T_m \gamma}\right)\left[\frac{r}{r+1} - \left(\frac{P_e}{P_c}\right)^{(r-1)/r}\right]\right\}^{0.5}\left(1 + \frac{1}{r} - W\right) \tag{5-2}$$

式中：P_e 为喷管压力；γ 为等熵指数；P_c 为燃烧室压力；T_m 为空气以趋于零的流速进入补燃室后的温度；$r = m_a/m_f$。

而比冲：

$$C_s = F/m_f \tag{5-3}$$

由式（5－2）和式（5－3）可见，燃料比冲依赖于空气流入条件、空气/燃料比、燃烧效率和燃料热值等。然而仅从推进剂来看，影响比冲唯一因素是燃料热值，所以只需用热值来评价富燃料推进剂的理论能量特性。

另外，推进剂密度低会增加结构质量和弹性体积而间接影响动力装置的能量特点。为提高密度，富燃料推进剂中应添加大量的铝、硼粉等具有较高密度金属燃料。

5.2.1　富燃料推进剂能量特性计算原理和方法

1. 理论比冲的计算方法及原理

本书根据系统达到化学平衡时的自由能函数总和最小的原理[3-6]，采用俄

罗斯 REAL for Windows(Version 3.0)软件系统研究了含硼富燃料推进剂主要组分 HTPB、B、Mg-Al、AP 和 KP 等对富燃料推进剂能量性能(理论比冲、燃烧热值、特征速度、燃烧温度和氧系数等)的影响,以确定各组分在富燃料推进剂中的最佳质量配比,为含硼富燃料推进剂配方研究提供参考依据。其中,计算过程中假定:燃烧室压强为 0.5~2.5MPa,喷管出口压强为 0.1MPa,高度为 0,飞行马赫数(Ma)为 2,空燃比(O/F)为 15。

2. 富燃料推进剂理论比冲的计算

理论比冲是评价固体推进剂能量特性的重要参数,同时也是发动机总体设计的基本参数,本节将讨论富燃料推进剂理论比冲的计算原理、方法以及影响比冲的因素,为冲压发动机的设计奠定一定的理论基础。

富燃料推进剂产生推力的方式与普通固体推进剂有些不同[7]。首先,富燃料推进剂在燃气发生器中燃烧,产生高温富燃燃烧产物径流量控制器(装置)进入补燃室;其次,空气经进气道压缩后流入补燃室,与高温富燃燃烧产物发生混合燃烧,产生温度更高的二次燃烧产物,二次燃烧产物流经补燃室拉阀尔喷管产生推力。由此可知,对推力有贡献的物质有两种:一种是富燃料推进剂,另一种是空气。以冲压发动机为研究对象,根据动量守恒定律可得推力公式为

$$F=(G_f+G_a)V_e+(P_e-P_a)A_e-G_aV \tag{5-4}$$

式中:G_f、G_a 分别为流入补燃室的高温燃烧产物和空气的质量流量;P_e、P_a 分别为补燃室喷管出口处压强和环境压强;V_e、V 分别为补燃室喷管出口处燃烧产物的流速和进气道入口处空气的流速;A_e 为补燃室喷管出口处面积。根据比冲的定义可得富燃料推进剂理论比冲的公式为

$$I_{sp}=(1+K_0)V_e+(P_e-P_a)A_e/G_f-K_0V \tag{5-5}$$

其中:

$$K_0=G_e/G_f \tag{5-6}$$

定义为空燃比,是冲压发动机的重要参数。

从式(5-6)可以看出,推力由两部分组成:式中第一项和第二项构成第一部分,根据动量守恒定律,这一部分可以看作是由富燃料推进剂和压缩后的空气组成的“混合推进剂”在补燃室工作条件下燃烧和流动而产生的推力;第二部分是第三项,它表示空气在进气道压缩过程中对发动机产生的“负”推力。因此,富燃料推进剂理论比冲的计算可以看成由两部分组成:一部分是由“混合推进剂”在补燃室条件下燃烧产生的正比冲,另一部分则是由空气压缩过程产生的“负”比冲,这两部分相互独立,可以分开计算[8,9]。

在富燃料推进剂理论比冲的计算过程中,一般有如下假设:

(1) 空气和燃烧产物的流动是一维等熵热流动;

（2）空气进入补燃室的速度为零；

（3）系统与外界物能量交换；

（4）体系中任一种气体以及它们的混合物都是理论气体，符合理想气体状态方程。

本书讨论的理论比冲是给定条件下的最大比冲，因此有 $P_e = P_a$，故式(5-5)可简化为

$$I_{sp} = (1 + K_0)V_e - K_0 V \tag{5-7}$$

对于一般的计算，冲压发动机飞行马赫数和空燃比是给定的，则有

$$V = Ma\sqrt{\gamma R T_a} \tag{5-8}$$

式中：γ、R、T_a 分别为空气的比热比，气体常数和发动机飞行处空气的静温。把式(5-8)代入式(5-7)：

$$I_{sp} = (1 + K_0)V_e - K_0 Ma\sqrt{\gamma R T_a} \tag{5-9}$$

式中只有一个未知数 V_e。由前面的讨论可知，V_e可以看成是“混合推进剂”在补燃室中的燃烧产物在喷管出口处的流速，它的计算方法与普通火箭发动机喷管出口处流速的计算相同，因此我们只要计算 1kg“混合推进剂”在发动机（与补燃室工作环境相同）喷管出口处流速即可。

根据假设，进入补燃室空气的温度为

$$T_a = \left[1 + \frac{\gamma - 1}{2}(Ma)^2\right]T_a \tag{5-10}$$

1kg 空气的焓值为

$$H_a = 8.314\left(a_6 + a_1 T_a^* + \frac{a_2}{2}T_a^{*2} + \frac{a_3}{3}T_a^{*3} + \frac{a_4}{4}T_a^{*4} + \frac{a_5}{5}T_a^{*5}\right)/\mu_a (KJ) \tag{5-11}$$

式中：μ_a 为空气的摩尔质量，$a_1, a_2, \cdots, a_6$ 为焓熵系数。1kg“混合推进剂”的焓值为

$$H_{HP} = (H_P + K_0 H_a)/(1 + K_0)(KJ) \tag{5-12}$$

式中：H_p 为 1kg 品样推进剂的焓值。由富燃料推进剂配方和空气组成，就可以计算出 1kg“混合推进剂”的假设化学式。假定“混合推进剂”含有 M 种元素，富燃料推进剂由 K 种组元构成，空气由 L 种组元构成，则 1kg“混合推进剂”的假定化学式为

$$n_i = \left(\sum_{j=1}^{K}\frac{1000}{\mu_{p,j}}q_{p,j}N_{p,j,i} + K_0\sum_{j}^{L}\frac{1000}{\mu_{a,j}}q_{a,j}N_{a,j,i}\right)/(1 + K_0)\ (i = 1,2,\cdots,M) \tag{5-13}$$

式中：$\mu_{p,j}$、$\mu_{a,j}$、$q_{p,j}$、$q_{a,j}$、$N_{p,j,i}$、$N_{a,j,i}$分别为富燃料推进剂和空气中第 j 种组元的摩

尔质量，质量含量以及1mol第j种组元所含第i种元素的个数。由式(5－12)和式(5－13)得到计算结果后，根据能量守恒、质量守恒和化学平衡方程就可以计算出喷管出口处流速V_e为

$$V_e=\sqrt{\frac{2\nu}{\nu-1}\frac{R_0}{\mu}T_f\left[1-\left(\frac{P_e}{P_c}\right)\right]^{\frac{\nu-1}{\nu}}} \tag{5-14}$$

将计算结果代入式(5－9)即可得出富燃料推进剂的理论比冲[10－12]。

3. 外界条件对富燃料推进剂理论比冲的影响

由式(5－9)和式(5－14)可知，对于给定富燃料推进剂，影响理论比冲的外界条件主要有飞行马赫数、燃烧室压强、喷管出口处压强。在理论计算过程中，一般取喷管处于完全膨胀状态，这一喷管出口处压强将由高度值决定，因此高度值将会影响理论比冲的大小。

我们将表5－1给定的含硼富燃料推进剂的理论比冲的数值模拟计算来说明理论比冲对外界条件的依赖性。

表5－1　含硼富燃料推进剂理论比冲算例配方

组分	HTPB黏合剂体系	AP	B	Mg	TEF	HMX
含量/%	25	38.5	18.5	5	3	10

1）空燃比对理论比冲的影响[13]

对上述配方的富燃料推进剂而言，在其他条件不变的情况下，理论比冲与空燃比有如下关系：理论比冲随空燃比的增大而增大，但变化率却随空燃比的增大而减小，所以从增大比冲的角度来看，总是希望空燃比尽可能的大，但是一方面空燃比受到进气道横截面面积大小的限制，不可能取很大值；另一方面比冲的大小与补燃效率有密切关系，而补燃室温度是影响补燃效率的一个很重要的因素，补燃室温度越高则补燃效率也越高。由燃温与空燃比曲线可知，当空燃比大于15时，补燃室温度将低于1840K，低于硼粒子点火温度，这种条件下推进剂不可能有很高的补燃效率，实际比冲可能反而会降低。所以，一般含硼富燃料推进剂的空燃比都控制在10～12左右，此时，补燃室最终温度在2000～2300K之间，但是在补燃室头部由于硼粒子还没有来得及点火燃烧，如果把所有的冷空气都与富燃燃烧产物混合，那么混合物的温度必然会很低，导致硼粒子不能点火。采用二次进气的办法能很好地解决这一问题，所谓二次进气就是通过分流板把进气道中的空气分成两股射流，这两股射流是从不同部位进入补燃室中。这样就可以首先让小股射流与富燃燃烧产物混合，混合物的温度也迅速升高，高温混合物再与二次进气混合，使比冲进一步增加。

2）高度对理论比冲的影响[11]

高度对理论比冲的影响主要表现在对喷管出口压强的影响上，其实质是影响补燃室喷管出口处气流速度 V_e 的大小。

3）飞行速度对比冲的影响[11]

飞行速度越大则比冲越小，飞行速度对比冲的影响表现在两个方面：一方面飞行速度影响进入补燃室空气的滞止温度，飞行速度越大则滞止温度越高；另一方面，飞行速度也影响发动机飞行阻力，速度越大则阻力也越大。

5.2.2 燃烧热值的理论计算与测试方法

富燃料推进剂的理论燃烧热值的计算按照高斯定律进行，如式（5-15）所示。

$$H_u = x_1 H_{u1} + x_2 H_{u2} + \cdots + x_n H_{un} \tag{5-15}$$

式中：H_u 为理论燃烧热（J/g）；x_1 为第一种组分的质量分数；H_{u1} 为第一种组分的理论燃烧热值（J/g）；x_2 为第二种组分的质量分数；H_{u2} 为第二种组分的理论燃烧热值（J/g）；x_n 为第 n 种组分的质量分数；H_{un} 为第 n 种组分的理论燃烧热值（J/g）。

推进剂燃烧热值的测试：取一定量的推进剂试样置于量热弹中，向量热弹内充入氧气后将其置于一定量的水中，让试样在量热弹中燃烧，释放出的热量被水吸收，准确测定水的温升值，在一定的温度下，吸收热量的水以及水中各个器件构成的量热体系的热容量是一个常数，根据水的温升值，计算试样的燃烧热值[14,15]。其计算公式为

$$Q_v = \frac{C\Delta T - q_1}{m} \tag{5-16}$$

式中：Q_v 为燃烧热（J/g）；C 为热量计的热容量（J/K）；ΔT 为推进剂燃烧反应前后温度的升高值（K）；q_1 为点火丝产生的热值（J）；m 为试样质量（g）。

推进剂密度的测试：采用液状石蜡为介质，用金属吊丝将试样套好，缓慢浸没于液体介质并去除气泡使之浸润后挂在跨架上，使试样浸没于 20 ± 2℃ 的液体介质中，深度约 10mm，将金属吊丝挂在秤盘上，浸入液体介质中称量，计算公式如下：

$$\rho_t = \frac{m}{m - (m_4 - m_3)} \cdot \rho_{t1} \tag{5-17}$$

式中：ρ_t 为试样的质量（g）；ρ_{t1} 为液体石蜡的密度（g/cm^3）；m 为试样在空气中的质量（g）；m_4 为试样和金属吊丝在液体石蜡中的质量（g）；m_3 为金属吊丝在液体石蜡中的质量（g）；

5.3 推进剂能量提高的技术途径

5.3.1 添加金属燃料

通过能量计算以及推进剂的可行性实验研究，初步选择了含硼富燃料推进剂的基础配方(质量分数)：氧化剂15%～30%，硼30%～45%，黏合剂20%～30%，催化剂小于4%。在此配方的基础上，利用130mm一次燃烧试验发动机对该推进剂的一次喷射效率进行了研究，结果见表5－2。

表5－2 金属燃料对推进剂一次喷射效率的影响

编号	ω(B)/%	ω(Mg)/%	ω(Al)/%	一次喷射效率/%
B－17	40	0	0	97.62
B－91	40	5	0	98.31
B－92	40	8	0	98.97
B－93	40	0	5	97.26
B－101	40	0	8	96.87

由表5－2可以看出，添加镁粉的高能含硼富燃料推进剂的一次喷射效率比添加铝粉的高，也比无金属添加剂的高。在基础配方中添加质量分数为5%～8%的镁粉，利用130mm一次燃烧发动机对不同压力下的一次喷射效率进行研究，所得结果列于表5－3。

表5－3 推进剂在不同燃烧压力下的一次喷射效率

发动机编号	$P_{燃烧}$/MPa	$t_{燃烧}$/s	一次喷射效率/%
1	0.944	1.191	98.24
2	0.720	1.308	98.50
3	0.515	1.556	98.35

表5－3表明，该推进剂在燃烧压力0.515～0.944MPa时，一次喷射效率大于98，证明确定的基础配方有较高的一次喷射效率。

5.3.2 有效添加剂

表5－4所列为0.5MPa下燃速10mm/s左右较高硼含量的推进剂配方。

表 5－4 高 B 含量富燃料推进剂的配方

编号	r/(mm/s)	ω(黏结剂)/%	ω(氧化剂)/%	ω(金属粉)/%	ω(B)/%
B－238	9.55	30	20	8	42
B－241	10.45	30	17	8	45
B－260	10.57	30	15	8	47

选取不同粒度的硼粉并同 F 类化合物 F1、F2、F3 等物质包覆硼粉，然后进行 130mm 非壅塞固体火箭冲压发动机直联式模拟试验。试验压强—时间曲线如图 5－1 所示，试验(模拟工况：飞行高度 10km，飞行马赫数 2.8，空燃质量比 15，进气温度 573K)结果见表 5－5。

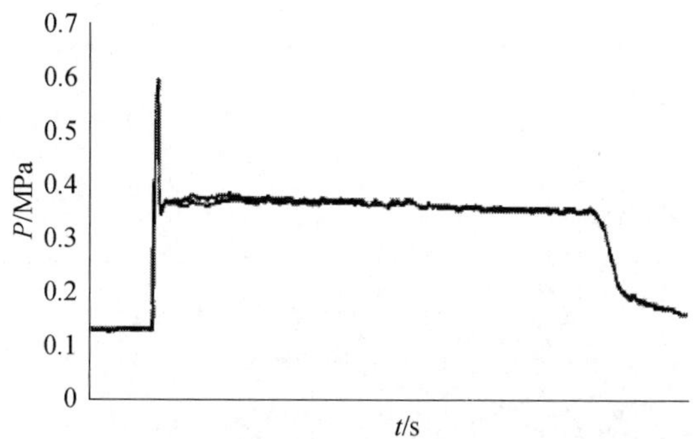

图 5－1 燃气发生器与补燃室的压强－时间曲线[16]

表 5－5 硼粒度及添加剂对固冲发动机比冲的影响

配方编号	ω(B)/%	D(B)/μm	添加剂	换算比冲/(N·s/kg)
46－1	42	5	无	5858
46－2	40	2	F1	8985
46－3	40	2	F2	9189
46－4	40	2	F3	9502

由图 5－1 可以看出，发动机试验曲线平滑，发动机工作正常。由表 5－5 可以看出，46－1 配方中硼的质量分数为 42%，而 46－2 配方中硼的质量分数为 40%。硼含量降低，但发动机比冲反而有所提高，表明细粒度硼粉和有效的添加剂有利于该推进剂燃烧效率的提高。添加剂 F3 对提高推进剂燃烧效率的最有利，比冲达到 9502N·s/kg。

5.4 含硼富燃料推进剂能量性能的影响因素

5.4.1 黏合剂

本节研究了硼粉含量为40%,HTPB 含量对含硼富燃料推进剂的能量性能的影响,结果如图 5-2~图 5-4 所示。

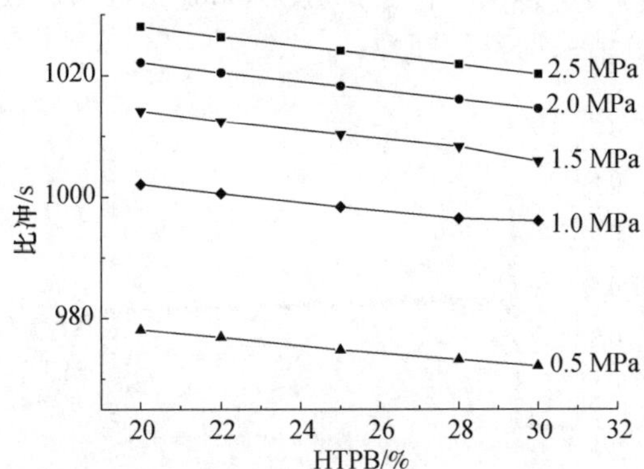

图 5-2 不同压强下 HTPB 含量对含硼富燃料推进剂比冲的影响

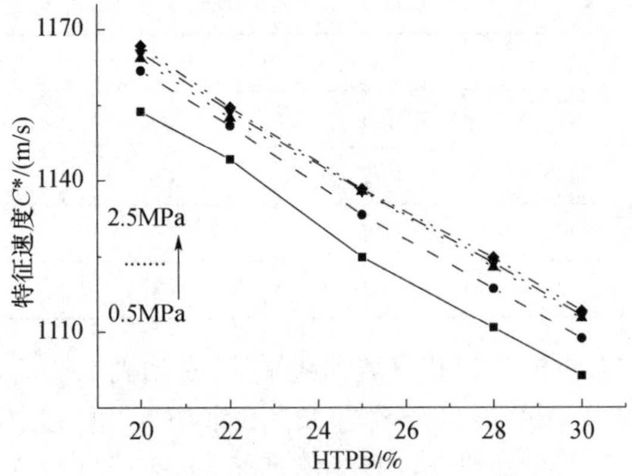

图 5-3 不同压强下 HTPB 含量对含硼富燃料推进剂特征速度的影响

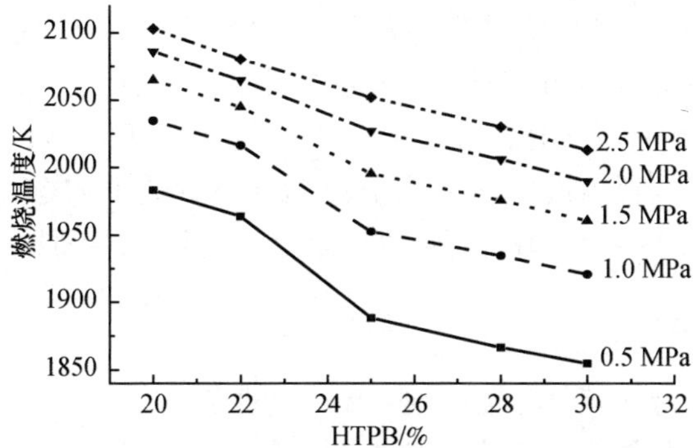

图 5-4　不同压强下 HTPB 含量对含硼富燃料推进剂燃烧温度的影响

从图 5-2～图 5-4 可以看出，在硼粉含量一定时，随着 HTPB 含量的增加，富燃料推进剂的理论比冲、燃烧温度和特征速度均降低，其中，特征速度降低幅度较大，基本呈“直线”下降，而燃烧温度的降低幅度较小，理论比冲的降低幅度相对最小，同样，富燃料推进剂的理论比冲、特征速度和燃烧温度均随压强的增大而增大。

王利军[17]研究了叠氮和 HTPB 两类含硼富燃料推进剂的能量性，结果如图 5-5所示。

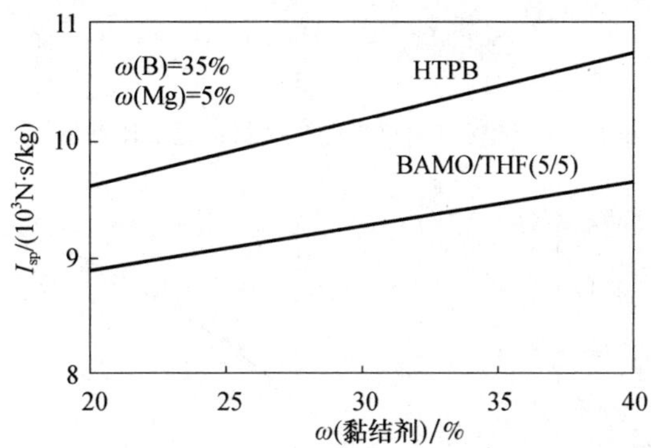

图 5-5　BAMO/THF 和 HTPB 含硼富燃料推进剂的能量性能

由图 5-5 可以看出，比冲均随黏结剂含量的增加而增加，当富燃料推进剂中其他组分的含量相同时，HTPB 富燃料推进剂的比冲高于叠氮富燃料推进剂，HTPB的密度为 0.9g/cm^3，BAMO/THF 的密度达到 1.3g/cm^3，对 HTPB 和 BAMO/THF 推进剂进行计算，HTPB 富燃料推进剂的密度比冲为 17049N · s/kg，而叠氮富燃料推进剂的密度比冲为 18245N · s/kg，可见，叠氮富燃料推进剂的密度比冲反而提高,这对体积受限制的推进系统很重要。从应用于固体火箭冲压发动机的性能方面来看,叠氮富燃料推进剂与HTPB富燃料推进剂相比还有其他有利的方面:一方面由于其强热解特性使硼粒子由表面反应区扩散至主反应区,从而获得较高的硼燃烧效率;另一方面当固冲发动机在高空、大攻角飞行或加速爬升等条件下工作时,该推进剂反应放热不仅来自硼的氧化,而且包括硼的硝化,从而具有较高性能[18]。

5.4.2 硼粉燃料

1. 硼粉含量对富燃料推进剂能量性能的影响

本书以端羟基聚丁二烯(HTPB)为黏合剂体系,质量含量固定为20%,计算了硼粉含量在25%~55%时对富燃料推进剂理论比冲(I_{sp})、特征速度(C^*)和燃烧温度(T_c)的影响,结果如图5-6~图5-8所示。

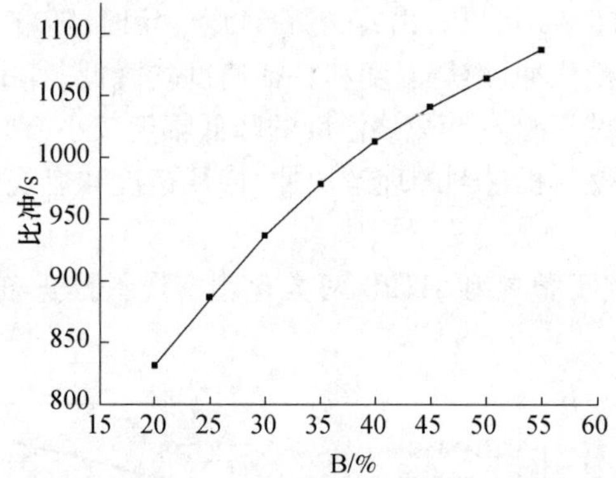

图5-6 硼粉含量对含硼富燃料推进剂比冲的影响

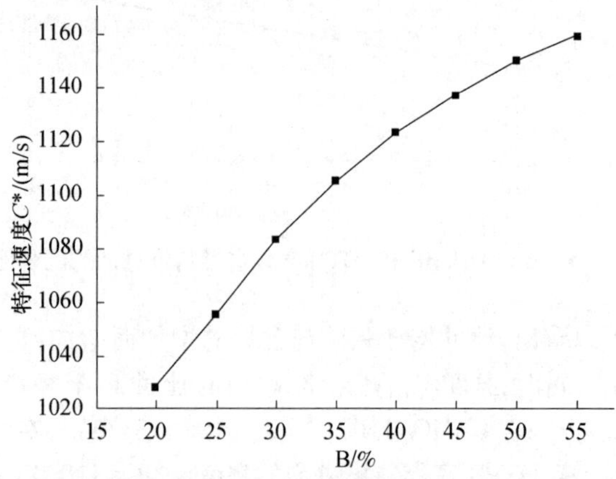

图5-7 硼粉含量对富燃料推进剂特征速度的影响

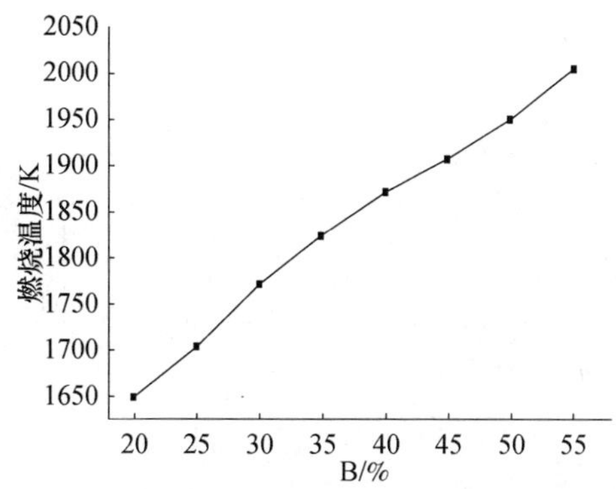

图 5 -8 硼粉含量对富燃料推进剂对燃烧温度的影响

从图 5 -6 ~ 图 5 -8 可以看出,在 HTPB 黏合剂体系质量含量一定的条件下,含硼富燃料推进剂的能量性能(I_{sp}、C^* 和 T_c)随硼粉质量含量的增加而增加,当硼粉的质量分数为 50%、AP 的质量分数为 20% 时,推进剂的理论比冲可达到 1000s 以上,表明硼粉可明显提高富燃料推进剂能量。虽然硼粉的含量增加,含硼富燃料推进剂的能量升高,但考虑到含硼富燃料推进剂的制备工艺等因素,硼粉在富燃料推进剂中的含量不能过高,一般限制在 50% 以下,含量过高也会降低其在发动机中一次喷射效率,且导致燃烧残渣增多、发动机熄火等问题[19-21]。

2. *硼粉含量对富燃料推进剂燃烧热值的影响*

燃烧热值也是富燃料推进剂能量特性的主要表征参数之一[22],为了深入研究硼粉含量对富燃料推进剂能量性能的影响,本节计算了硼粉与 AP 和 HTPB 不同质量配比对富燃料推进剂质量热值和体积热值的影响,结果如图 5 -9 和图 5 -10所示。另外,还实测了含不同粒度及粒度级配的团聚硼颗粒的富燃料推进剂的质量热值,并与理论计算的热值结果进行了对比,结果见表 5 -6。

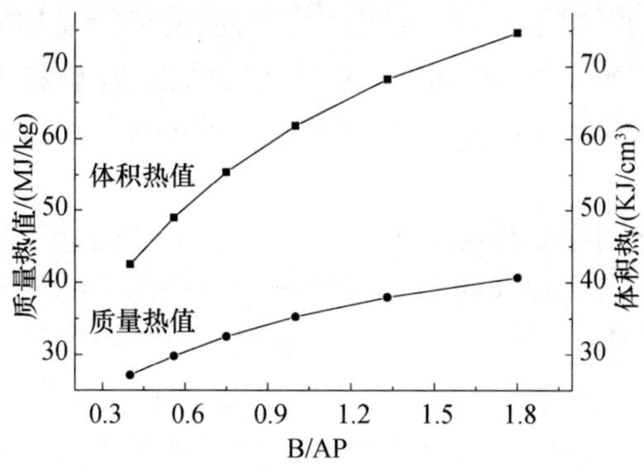

图 5 -9 B/AP 配比对富燃料推进剂质量热值与体积热值的影响

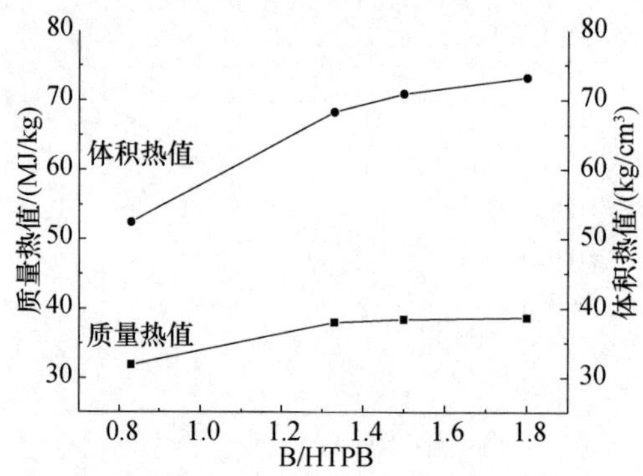

图 5－10　B/HTPB 配比对富燃料推进剂质量热值与体积热值的影响

表 5－6　含团聚硼富燃料推进剂理论热值和实测热值的比较

编号	B 粉质量含量%			实测热值/(MJ/kg)			实测平均值/(MJ/kg)	理论热值/(MJ/kg)	燃烧效率%
	预处理	$d\leqslant$ 0.3mm	$0.3<d$ $\leqslant0.84$mm						
1#	35	0	0	27.115	27.089	27.108	27.105	33.265	81.48
2#	25	10	0	27.448	27.745	27.624	27.606	33.265	82.99
3#	25	5	5	27.583	28.599	27.902	28.028	33.265	84.26
4#	20	5	10	28.499	28.664	28.512	28.558	33.265	85.85
5#	25	10	5	29.418	28.477	28.901	28.932	34.115	84.81
6#	25	10	7	28.940	29.797	29.325	29.354	36.410	80.62
注:表中热值均为质量燃烧热值									

从图 5－9 和图 5－10 可以看出,随富燃料推进剂中硼粉质量含量的增加,推进剂的质量热值和体积热值均增加。其中,质量热值增加的幅度较体积热值增加的幅度小,曲线较平滑;随 B/AP 质量比的增大,富燃料推进剂的质量热值最大值为 40.673MJ/kg,体积热值最大值为 74.671kg/cm^3,其体积热值几乎是质量热值的 2 倍。

魏青[23]对高含硼富燃料推进剂的工艺和燃烧性能进行了研究,研究表明,固体物料的含量、粒度大小及级配、固体粒子的表面特性是制约含硼富燃料推进剂药浆黏度的关键因素。王英红等人[24]采用燃烧热值能量三角图研究了含硼富燃料推进剂中硼粉、HTPB 和 AP 三个主要组分的不同质量配比的可燃性,并得出当氧化剂含量一定时,硼粉和 HTPB 黏合剂体系之间存在一个燃烧性能最佳配比的结论。

由表5-6可以看出,随富燃料推进剂中硼粉质量含量的增加,推进剂的质量热值和体积热值均呈不同幅度的增加,制备的含40%团聚硼颗粒的富燃料推进剂的燃烧热值理论值为34.115MJ/kg,实测值为28.932MJ/kg,且含团聚硼富燃料推进剂质量热值的理论计算值普遍高于实测值,其燃烧效率较低,为80.62%~85.85%,这可能是因为硼粉表面的B_2O_3和H_3BO_3等杂质的存在,由于B_2O_3的熔点和沸点均较硼粉的低,在含硼富燃料推进剂燃烧过程中,B_2O_3熔化后包覆在硼粉的表面,从而阻止了硼粉燃烧的缘故,其燃烧效率的提高有待于进一步研究。

3. 硼粉对富燃料推进剂密度的影响

为了考察团聚硼颗粒和不同组分对含硼富燃料推进剂密度的影响,本节研究了不同粒径的团聚硼颗粒和不同组分及其含量对富燃料推进剂密度的影响况,结果见表5-7。

表5-7　团聚硼颗粒的粒径及级配对富燃料推进剂密度的影响

类型	Al	Mg	AP	团聚硼颗粒			KP	密度/(kg·m^3)
				0.104~0.15mm	0.18~0.25mm	0.30~0.84mm		
1#	—	5	35	—	32	—	—	1.546
2#	—	5	32	25	10	—	—	1.558
3#	—	5	32	20	10	5	—	1.562
4#	—	5	29	20	5	10	—	1.570
5#	2	3	29	20	5	10	—	1.578
6#	2	3	27	20	5	10	2	1.584
7#	5	—	24	20	7	10	3	1.616
8#	5	—	21	20	10	10	3	1.629
9#	5	—	17	20	12	10	4	1.646

由表5-7可看出,当团聚硼颗粒(粒度为0.18~0.25mm)的含量为32%时,推进剂密度为1.546kg/m^3,当增加富燃料推进剂的硼含量时,推进剂密度增大;而且当团聚硼颗粒的粒度改为不同粒径级配时,推进剂密度均有不同程度增加,结果表明,随着推进剂中硼含量的增加,团聚硼颗粒采用不同粒径级配,对富燃料推进剂的密度影响较大,这和最大填充量理论有关[25,26]。

比较不同硼含量的推进剂配方发现,制备的含40%团聚硼富燃料推进剂的密度为 1.629g/cm^3，硼含量为 43% 时，推进剂的密度为 1.646g/cm^3，表明推进剂的密度随硼含量的增加而增大；当推进剂中的部分镁粉用铝粉替代，推进剂密度稍有增加；当推进剂中的部分 AP 用 KP 替代，推进剂密度也增大，结果表明推进剂中的高密度组分含量增加得越多，对富燃料推进剂密度的贡献也越大[27]。

4. 硼粉粒度及其他因素的影响

燃烧效率低是高能含硼富燃料推进剂存在的一个主要问题，要使推进剂的能量得以有效发挥，必须提高推进剂的燃烧效率，也就是提高硼粉的燃烧效率。Macek、Schadow、King 等研究过硼的点火和燃烧问题[28-31]。硼粒子在固体火箭冲压发动机中的滞留时间仅为 5ms 左右，而滞留时间是衡量粒子燃烧效率的重要参数，要求硼粒子在发动机的滞留时间内完全燃烧，才有利于提高推进剂能量，并且单硼粒子的燃烧时间与粒子平均半径的平方成正比。也就是说，硼粒子越细，越有利于硼的燃烧。因此，在研究中应选用粒径较小的硼粉。

含硼推进剂燃烧效率低的另一原因是硼的自身燃烧缺点，要想加快硼的燃烧反应、提高硼的燃烧效率，就必须对硼粉进行包覆处理。关于硼粒子的包覆有钛、锆、镁等金属包覆，Viton、LiF、TMP、硅烷等包覆，GAP 进行沉积法或相转移法包覆及氧化剂包覆[32-35]。另外，改变冲压发动机的设计也可大幅度提高硼粒子的燃烧效率，如增加冲撞式射流装置可改善硼粒子的燃烧效率，而且粒子的冲撞作用可以减少硼粒子表面氧化层的厚度，并可使燃烧结块破碎，从而提高燃烧效率。

由于硼粉表面的氧化层与黏结剂的活性基团羟基发生反应，使得推进剂在制造过程中没有加固化剂前就凝集成胶块。要解决该推进剂的工艺问题，就必须从硼粉包覆入手，阻隔其与黏结剂的反应，但硼粉粒度仅为 1μm 左右，比表面积大，尤其高硼含量推进剂难以成型。硼粉“一体化成球”技术就是将硼粉的包覆和团聚合二为一，应用合适的物质 GYW + AP + F 组合使用，采取特殊工艺制造的技术。硼粉一体化成球”技术可以制造粒度多样的硼粉，便于推进剂中固体组分级配的调整，从而能提高推进剂的硼含量。

5.4.3 氧化剂和固体填料

1. AP 含量对含硼富燃料推进剂能量性能的影响

AP 作为含硼富燃料推进剂中的主要氧化剂之一，其含量对富燃料推进剂的能量性能有明显的影响。本节研究了 HTPB 质量含量为30%，AP 含量对含硼富燃料推进剂的能量特性的影响，结果如图 5-11 ~ 图 5-13 所示。

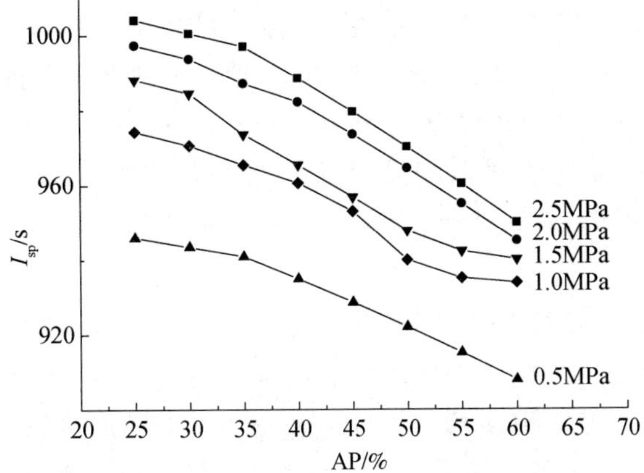

图 5 - 11　不同压强下 AP 含量的对含硼富燃料推进剂比冲的影响

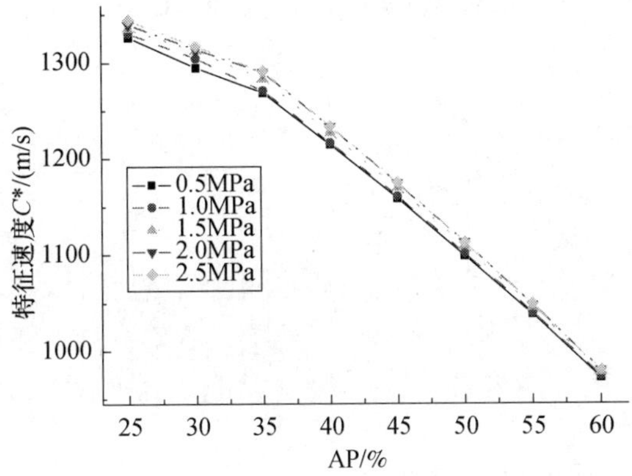

图 5 - 12　不同压强下 AP 含量对含硼富燃料推进剂特征速度的影响

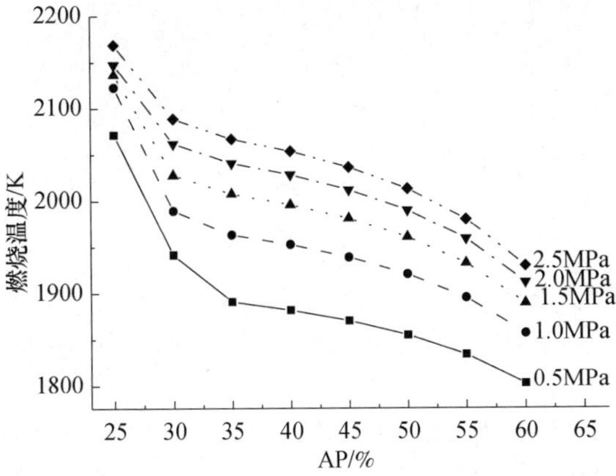

图 5 - 13　不同压强下 AP 含量对含硼富燃料推进剂燃烧温度的影响

从图 5 - 11 ~ 图 5 - 13 可以看出，在 HTPB 质量一定时，推进剂配方中随着 AP 质量含量的增加，富燃料推进剂的理论比冲、特征速度和燃烧温度均降低，其中，随 AP 含量的增加，理论比冲基本呈“直线”下降趋势，特征速度和燃烧温度的降低趋势与理论比冲曲线趋势基本相似，而且，含硼富燃料推进剂的理论比冲、特征速度和燃烧温度均随压强的增大而增大。

2. 不同组分质量配比对含硼富燃料推进剂能量性能的影响

为了找出富燃料推进剂中各组分的不同质量配比对推进剂能量的贡献，本节计算了含硼富燃料推进剂主要组分——HTPB、B 和 AP 的不同质量配比对富燃料推进剂的质量热值、体积热值、密度和氧系数的影响，结果如图 5 - 14 ~ 图 5 - 19 所示，还研究了镁粉和铝粉含量对富燃料推进剂能量的影响，结果见表 5 - 8 和表 5 - 9、图 5 - 20 和图 5 - 21。

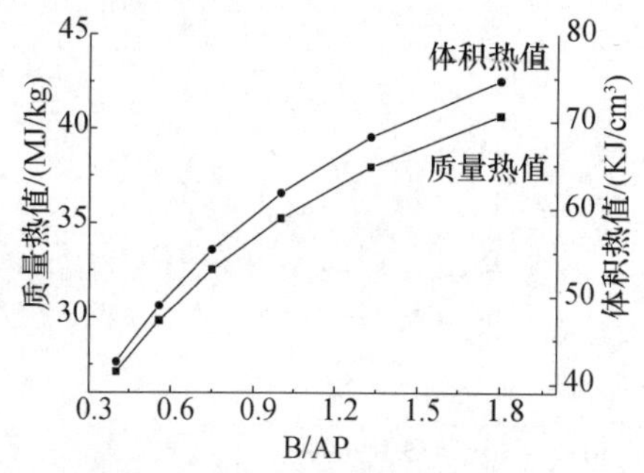

图 5 - 14　B/AP 配比对含硼富燃料推进剂质量热值和体积热值的影响

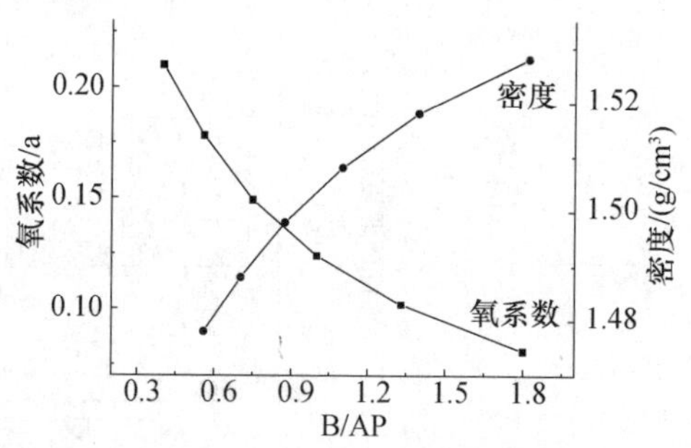

图 5 - 15　B/AP 配比对含硼富燃料推进剂氧系数和密度的影响

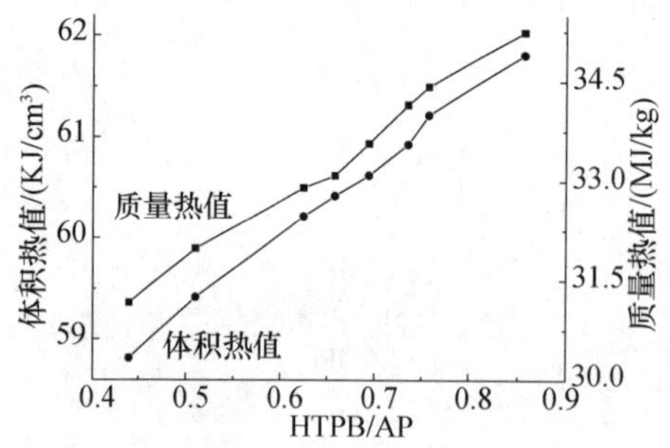

图 5 - 16　HTPB/AP 配比对含硼富燃料推进剂质量热值和体积热值的影响

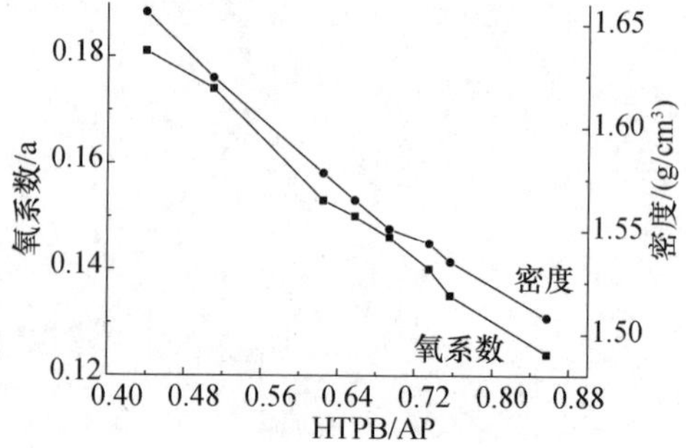

图 5 - 17　HTPB/AP 配比对含硼富燃料推进剂氧系数和密度的影响

表 5-8　镁粉含量对含硼富燃料推进剂热值、氧系数和密度的影响(HTPB:30%)

镁粉含量/%	B/AP 比例	密度/(g/cm^3)	氧系数 a	质量热值/(MJ/kg)	体积热值/(KJ/cm^3)
0	1.0	1.508	0.124	35.242	61.407
2	0.94	1.501	0.126	34.571	59.947
	1.06	1.505	0.117	35.657	62.521
5	0.86	1.491	0.131	33.565	57.146
	1.17	1.501	0.106	36.280	63.579
7	0.8	1.485	0.132	32.894	55.251
	1.25	1.498	0.099	36.695	64.285
10	0.71	1.475	0.136	31.887	52.477
	1.4	1.494	0.088	37.318	65.343

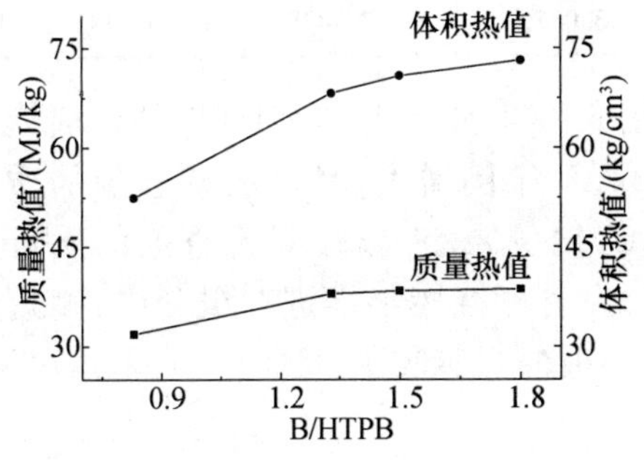

图 5-18　B/HTPB 配比对含硼富燃料推进剂质量热值和体积热值的影响

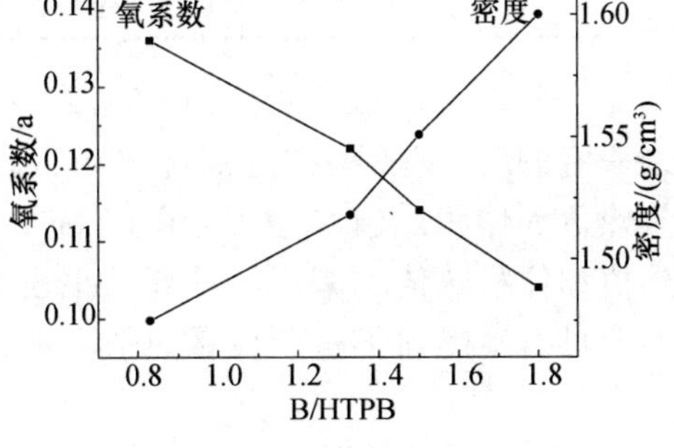

图 5-19　B/HTPB 配比对含硼富燃料推进剂氧系数和密度的影响

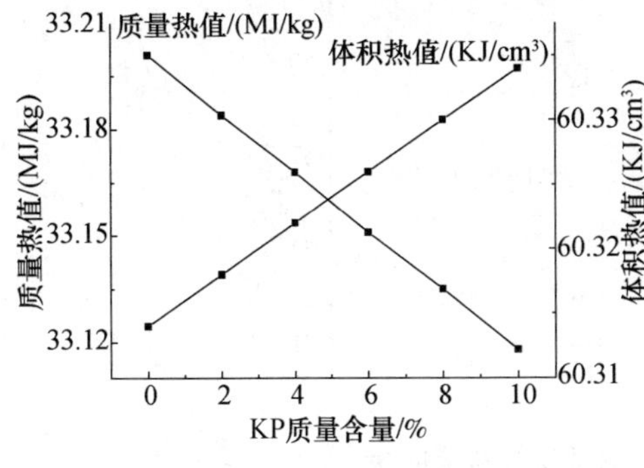

图 5-20　KP 含量对含硼富燃料推进剂质量热值和体积热值的影响

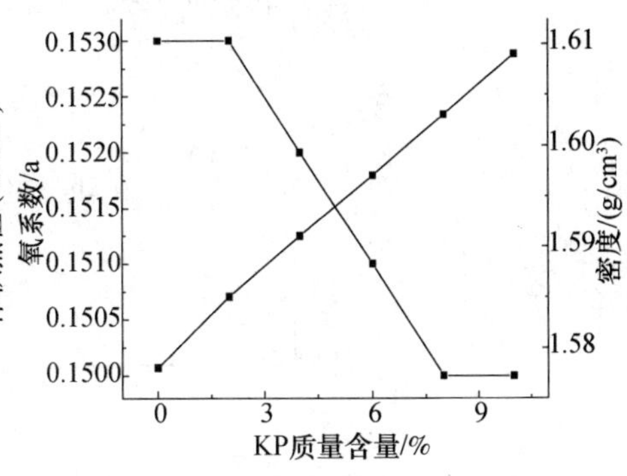

图 5-21　KP 含量对含硼富燃料推进剂氧系数和密度的影响

表5-9　铝粉含量对含硼富燃料推进剂热值、氧系数和密度的影响(HTPB:30%)

铝粉含量/%	B/AP 比例	密度/(g/cm³)	氧系数 a	质量热值/(MJ/kg)	体积热值/(KJ/cm³)
0	1.0	1.508	0.124	35.242	61.407
2	0.94	1.510	0.126	34.696	60.761
	1.06	1.514	0.117	35.782	63.334
5	0.86	1.514	0.129	33.878	59.180
	1.17	1.524	0.105	36.593	65.613
7	0.8	1.517	0.131	33.332	58.127
	1.25	1.531	0.098	37.134	67.133
10	0.71	1.521	0.134	32.514	56.546
	1.4	1.541	0.087	37.945	69.412

从表5-8~表5-9和图5-22~图5-24可看出,在HTPB黏合剂体系一定的时,富燃料推进剂配方中,随B/AP比例增大,富燃料推进剂的质量热值和体积热值均增大,相反,随B/AP比例减小,富燃料推进剂的质量热值和体积热值均减小。计算结果表明,在含硼富燃料推进剂组分中,硼粉的含量对富燃料推进剂质量热值和体积热值的贡献较大。

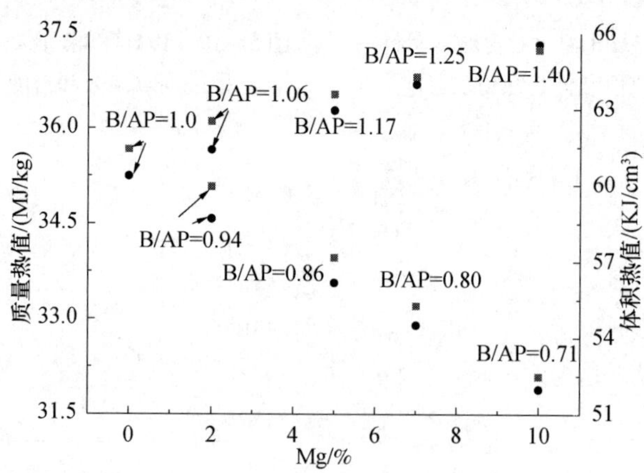

图5-22　镁粉含量对含硼富燃料推进剂质量热值和体积热值的影响

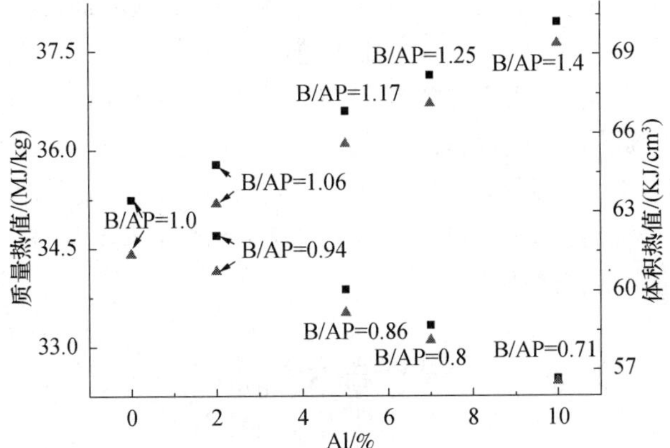

图 5－23　铝粉含量对含硼富燃料推进剂质量热值和体积热值的影响

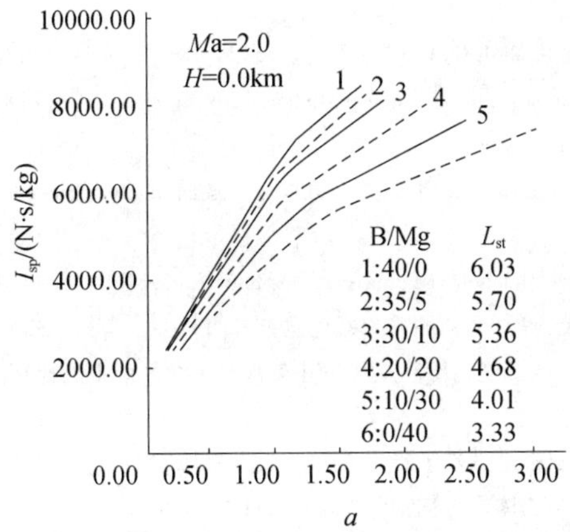

图 5－24　硼镁配比对含硼富燃料推进剂能量性能的影响[17]

3. 含晶体硼粉富燃料推进剂的能量特性

利用基础配方研究了含晶体硼粉富燃料推进剂的能量特性，并与团聚的无定形硼粉富燃料推进剂进行了对比，结果见表 5－10。

表 5－10　含晶体硼粉的富燃料推进剂的能量特性

样品	ρ/(g·cm^{-3})	理论热值 H_u /(MJ/kg)	实测热值 H_u /(MJ·kg^{-1})	B 燃烧效率/%
含晶体硼推进剂	1.602	32.19	27.05	84.0
含团聚硼推进剂	1.645	33.18	29.96	90.3

由表5－10能量性能数据可见，含晶体硼粉的富燃料推进剂的密度比普通硼粉的高，实测燃烧热比含普通硼粉的推进剂高，B的燃烧效率较高。这是由于晶体硼粉呈晶体结构，微观上硼粉粒子间的孔隙小，排列密实，硼粉的自身堆积密度大，使推进剂的密度较大；晶体硼粉的摩尔热容CP为11.095J/mol·K，略小于无定形硼的11.958J/mol·K，在燃烧热测试中，晶体硼粉温度升高到燃点时需要的热量少，而且其表面影响硼粉点火和燃烧的B_2O_3和H_3BO_3含量非常小，有利于硼粉充分燃烧放热。

参考文献

[1] 庞维强．高含硼量富燃料推进剂研究[D]．西安：西安近代化学研究所，2011.

[2] 刘克衍．硼在几种空气增加喷气发动机中的应用前景和存在问题[J]．飞航导弹，1987(11)：32－36.

[3] 庞维强，樊学忠．金属燃料在固体推进剂中的应用进展[J]．化学推进剂与高分子材料，2009，7(2)：1－5.

[4] 王英红．含硼富燃料推进剂低压燃烧研究[D]．西安：西北工业大学，2004.

[5] Macek A，Semple J M. Combustion of boron particles at atmospheric pressure [J]. Combustion Science and Technology，1969(1)：149－160.

[6] Schadow K C. Boron combustion in ducted rockets[J]. Combustion Science and Technology，1972(5)：231－252.

[7] King M K. Ignition and combustion of boron particles and cloudsER]. New York：AIAA，1982：474.

[8] 张教强，张琼方，国际英，等．超细硼粉的氟化锂包覆[J]．火炸药学报，2005，28(3)：8－11.

[9] 庞维强，樊学忠，吕康．硼粉理化特性及其在富燃料固体推进剂中的应用进展[J]．飞航导弹，2009，(10)：53－57.

[10] 郑剑．高能含硼富燃料推进剂技术研究进展[C]//总装备部特种发动机技术交流会论文集．北京：总装备部火箭发动机与固体推进剂专业委员会，2004.

[11] 藏令千．硼用作推进剂燃料组分的研究[J]．推进技术，1990(4)：56－62.

[12] 庞维强，樊学忠，胥会祥．含团聚硼富燃料推进剂能量特性及燃烧性能[J]．火炸药学报，2012，35(2)：62－65.

[13] 易建文．硼在冲压发动机中应用的特点、展望和问题[J]．国外固体火箭技术，1989，1(2)：37－41.

[14] 王桂兰．硼粉在推进剂中的应用研究[C]．1997年联合推进会议论文集：132－137.

[15] 毛根旺，何洪庆．固体火箭技术的发展与展望[J]．推进技术，1993，(1)：1－4.

[16] 戴耀松．固体火箭冲压发动机的研究进展[J]．推进技术，1987，(5)：40－43.

[17] 王利军，孙翔宇，李学军，等．提高含硼富燃料推进剂能量的技术途径[J]．火炸药学报，2006，29(6)：54－57.

[18] 郑剑．高能含硼富燃料推进剂技术研究[D]．北京：北京理工大学，2004.

[19] 庞维强．硼团聚技术及其在富燃料推进剂中的应用研究[D]．西安：西北工业大学，2006.

[20] 侯林法．复合固体推进剂．导弹与航天丛书/固体推进技术专著[M]．宇航出版社，1994.

[21] 陈艳萍．高能含硼富燃料推进剂研究[D]．长沙：国防科学技术大学，2005.

[22] PANG Wei - qiang, FAN Xue - zhong, YU Hong - jian, et al. Application of Amorphous Boron Agglomerated with Hydroxyl Terminated Polybutadiene in Fuel - rich Solid Propellant[J]. Propellant Explosive & Pyrotechnics,2011,36.

[23] 魏青. 高含硼富燃固体推进剂工艺和燃烧性能研究[D]. 西安:西北工业大学,2003.

[24] 王英红,肖秀友,卿顺,等. 含硼富燃料推进剂. 配方初步优化[J]. 含能材料,2005,13(3):182 - 184.

[25] Hsieh W H,Combustion behavior or boron - based BAMO/NMMO fuel—rich solid proprellants[J]. Propulsion,1991,7(4):497 - 504.

[26] 李葆萱. 固体推进剂性能[M]. 西安:西北工业大学出版社,1990.

[27] 张远君. 金属推进燃料的研究进展[J]. 推进技术,1981(3):66 - 68.

[28] 李文新. 贫氧复合推进剂研制[J]. 推进技术,1985(1):54 - 62.

[29] 胥会祥,樊学忠,赵凤起. 富燃料推进剂的研制现状及展望[J]. 飞航导弹,2005,4 (1):48 - 53.

[30] 庞维强,樊学忠. 金属燃料在固体推进剂中的应用进展[J]. 化学推进剂与高分子材料,2009,7(2):1 - 5.

[31] Mahe B. Boron propellants for ducted rocket application. Combustion of boron - based solid propellant and solid fuels[J]. CRC Press Inc, 1993,361 - 364.

[32] W. H. Hsich. Combustion Behavior of Boron Based BAMO/NMMO Fuel Rich Solid Propellants, AIAA 2889 - 2884.

[33] 裴羊编. 固体冲压发动机含金属燃料的燃烧研究[J]. 推进技术,1986(5):76 - 79.

[34] 吴战鹏. 含硼富燃料推进剂[C]. 中国宇航学会固体火箭推进剂专业委员会, 2001, 155 - 161.

[35] Kuo K K. Combustion of Borob - Based Solid Propellants and Solid Fuels[M]. CRC Press, 1993.

第六章 燃烧性能

6.1 概　　述

含硼富燃料推进剂以其优越的能量性能成为固体火箭冲压发动机的理想燃料，而含硼富燃料推进剂潜在的高能量是通过燃烧的形式释放出来的，因此，其燃烧性能的好坏决定了含硼富燃料推进剂的适用性。对于药柱端面燃烧的非壅塞式固体火箭冲压发动机，要求含硼富燃料推进剂在 0.2～1.0MPa 下能稳定燃烧，并具有较高的燃速和燃速压强指数[1-3]。与一般复合固体推进剂相比，含硼富燃料推进剂具有金属燃料含量高、氧化剂含量低等特点，其组成特点与使用环境决定了含硼富燃料推进剂在燃烧过程中存在以下难点[4-6]：

(1) 燃速低。一方面由于含硼富燃料推进剂配方中氧化剂含量低，导致推进剂一次燃烧的不完全程度增加，燃烧放热量降低，因此推进剂燃速低；同时，受工艺性能的限制，无法加入大量细粒度氧化剂，难以实现高燃速；另一方面，由于含硼富燃料推进剂的工作压强低，尤其对于非壅塞燃气发生器，通常工作在 0.2～1.0MPa 范围内，如此低的工作压强更不利于富燃料推进剂的燃烧。

(2) 燃速压强指数低。为了保持冲压发动机在飞行过程中因空气流量变化时有高的燃烧效率，必须对燃气发生器进行流量调节。而富燃燃气流量调节的范围取决于推进剂的燃速压强指数，燃速压强指数越高则燃气发生器流量调节的范围越宽，发动机的适应性就越强，因此，一般要求推进剂的燃速压强指数在 0.5 以上。但低压下，含硼富燃料推进剂的燃速压强指数一般不低于 0.3，这很难满足冲压发动机流量调节的使用要求。

(3) 一次喷射效率低。为提高含硼富燃料推进剂的能量和与空气补燃的效率，氧化剂含量仅满足维持一次稳定燃烧的量。在这一含量下，推进剂燃烧时产生大量沉积碳、金属氧化物、未燃金属等固体残渣，因而气体量较少，难以将生成的残渣全部喷入补燃室。这些固体残渣并不参与补燃过程，其所含的能量得不到利用，因此会大幅度地降低含硼富燃料推进剂能量的利用效率，从而显著降低推进剂的比冲。

正是由于以上难点，严重影响和阻碍了含硼富燃料推进剂的实际应用，为使含硼富燃料推进剂的优越性能得到完全发挥，必须对推进剂燃速的各影响因素进行研究，寻找提高燃速和燃速压强指数的途径。

6.2　含硼富燃料推进剂燃烧性能的表征参数和测试方法

6.2.1　表征参数

富燃料推进剂的燃烧过程是固相分解发生燃烧反应而转变为高温气体产物的过程。因此，推进剂的燃烧速度是固相分解为气相的速度，也就是固相消失的速度，通常用两种量度表示，一种是线燃烧速度，另一种是质量燃烧速度。本书所测试的均为线燃烧速度。

1. 燃烧速度

单位时间内沿推进剂燃烧表面法线方向的固相消失距离为推进剂燃烧的线速度，即单位时间内推进剂燃烧掉的长度。

$$u = l/t \tag{6-1}$$

式中：u 为推进剂燃烧的线速度（mm/s）；l 为推进剂燃烧掉的长度（mm）；t 为燃烧时间（s）。

2. 燃速压力指数

富燃料推进剂的燃速压力指数 n 是表征推进剂燃速和压力关系的重要参数。n 值的大小不仅与推进剂种类、组分有关，而且与压力大小有关。对于火箭发动机只用的中等压力范围，复合推进剂的 n 值在 0.2 ~0.5 之间。

1893 年维埃里通过实验，提出了燃速与压力的下列关系式：

$$u = u_1 P^n \tag{6-2}$$

式中：u_1 为燃速系数（mm/(s · MPa^n)）；P 为燃烧时的压力（MPa）；n 为燃速压力指数。

有的学者提出燃速压力关系式为

$$u = a + u_1 P^n \tag{6-3}$$

式中：a 为与实验条件有关的常数，但在实际应用中，由于计算不方便而未广泛采用。

固体火箭冲压发动机的燃气发生器主要有两种结构形式——壅塞式和非壅塞式,前者要求富燃料推进剂燃速压力指数低,燃气发生器燃气流量固定,冲压发动机难以适应导弹飞行状态的大幅度变化;后者要求富燃料推进剂具有高压力指数,燃气发生器流量随冲压燃烧室压力变化可调(可变流量),从而冲压发动机可适应导弹在飞行中的不同飞行状态,但技术难度较前者更大。

3. 燃速温度敏感系数

固体推进剂的燃速温度敏感系数是表征推进剂初温的变化对燃速或燃烧室压力的影响。初温对推进剂燃速的影响是,初温愈高,推进剂的燃速就愈高。对于同一种推进剂,压力范围不同,初温对燃速的影响程度也可能不同。

燃速温度系数是指在一定压力条件下,某一初温范围内推进剂温度变化1K时所引起的燃速的相对变化量,以 σ_p 表示。其数学表达式为

$$\sigma_p = \left[\frac{\partial \ln u}{\partial T}\right]_p \tag{6-4}$$

式中:T 为初温。

根据推进剂燃速公式 $u = u_1 P^n$ 代入上式,则

$$\sigma_p = \left[\frac{\partial \ln u_1}{\partial T} + \frac{\partial \ln u p^n}{\partial T}\right]_p \tag{6-5}$$

根据 σ_p 的定义,P 为一恒定值,则

$$\sigma_p = \frac{\mathrm{d}\ln u_1}{\mathrm{d}T} = \frac{\mathrm{d}u_1}{u_1 \mathrm{d}T} \tag{6-6}$$

由式(6-6)可以看出,初温对燃速的影响,实质上是影响推进剂的燃速系数 u_1 值。将式(6-6)变换为

$$\frac{\mathrm{d}u_1}{u_1} = \sigma_p \mathrm{d}T \tag{6-7}$$

积分得到

$$u_1 = u_{10}\mathrm{e}^{\sigma_p(T-T_0)} \tag{6-8}$$

推进剂的燃速温度系数一般为0.002/K~0.005/K。应当指出的是,σ_p 值随着压力的不同而不同,有的推进剂随着压力的升高而降低,当压力升高至某一值以上,σ_p 趋于常数;有的则随着压力的升高而增大,没有统一的规律。

6.2.2 测试方法

推进剂燃速的测试:按照GJB 770B—2005 706.1采用靶线法测试推进剂药

条的燃速，测试将推进剂样品制备成 5mm × 5mm × 120mm 的药条，用质量浓度为 8% 的聚乙烯醇缩丁醛 - 无水乙醇溶液包覆两次，在氮气气氛中测试推进剂在 0.5MPa、1.0MPa、1.5MPa 和 2.0MPa 四个压强下的燃速，每个压强下同时测试五根药条的燃速数据，采用格拉布斯数据处理方法对燃速数据进行取舍后，求出各压强下的平均燃速，依据 Vieille 方程（$r = bP^n$，其中 r 为燃速，P 为压强），通过最小二乘法法计算出燃速压强指数 n。

6.3　改善含硼富燃料推进剂燃烧的技术途径

多年来对硼燃烧的大量研究表明，采用适当方法改善含硼推进剂中硼颗粒的燃烧环境可以获得高的燃烧效率。一般采用的方法有：①用某些添加剂包覆硼颗粒，通过与氧化硼的反应或包覆物自身的放热反应除去氧化层；②采用添加易燃金属或高能黏合剂的方法，提高富燃料推进剂的燃烧温度或增加氧化剂与燃料反应的放热值，从而改善含硼推进剂的燃烧[7-10]。

6.3.1　加入添加剂

在含硼推进剂中添加点火性能较好的金属，如 Mg、Ti、Zr 和镁 - 铝合金等，通过易燃金属的燃烧，提高硼颗粒周围温度，减小硼颗粒的点火延迟期。如加入 B/Ti(9/1) 组成的共混颗粒，两种金属的放热反应：$2B + Ti \rightarrow TiB_2$ 可以产生足够的热量使 B_2O_3 氧化层在 25ms 内完全除去，使硼颗粒迅速点火；而同样条件下，纯硼颗粒 65ms 后仍未点燃；用碳化硼（B_4C）取代硼；B_4C 的热值虽略低于硼，但其热值仍很高（5.2×10^4 kJ/kg）；另外，由于碳化硼的密度高（为 $2.5g/cm^3$），所以其容积热值与硼相近，碳化硼的燃烧性能与硼相似或稍差，但碳化硼成本低[11-13]。

加耐熔材料（如陶瓷粉末），以免硼进一步结块，但这种方法将使推进剂能量降低。

加某些化合物（如 LiF），与 B_2O_3 反应后同样使 B_2O_3 迅速离开硼表面。

Tsujikado 等人[14-16]研究发现，在硼中搀混 20% 以下的镁或镁 - 铝合金，在高氯酸中掺少量钾盐，可以显著降低留在燃气发生器中的固体残渣，并可确保其在冲压燃烧室内的二次燃烧。典型的富燃料推进剂实验配方见表 6 - 1，该推进剂比冲为 10.5kN · s/kg；添加 Fe_2O，燃气压力为 10MPa 时的燃速为 10mm/s；添加 LiF，燃气压力为 3MPa 时的燃速为 1.5mm/s。

表 6－1　富燃料推进剂实验配方

组分	规格	含量/%
HTPB	—	20
B	1μm,无定形	3
	15μm,结晶型	33
Mg	15μm	4
AP	10μm	26.7
KClO4	30μm	13.3

Besser[17]认为,从工艺性能、燃烧特性和排气效率等方面综合考虑,当前高能推进剂中可实现的配方是:50%硼、5%铝、20%～25%AP和20%～25%黏合剂,其热值为$4.0\times10^4\sim4.2\times10^4$kJ/kg(容积热值为$6.8\times106$kJ/$m^3$),$I_{sp}$(海平面、马赫数M=2.5)为14kN·s/kg。

在文献[18]中,作者从冲压发动机的性能出发提出了对富燃料推进剂能量的要求。大量实验和理论研究表明,要提高富燃料推进剂的能量(如比冲达到10kN·s/kg以上),必须在推进剂中添加硼;另一方面,为了保证发动机有足够的推力,对推进剂燃速有一定要求[19－21]。显然,燃气发生器中推进剂药柱的结构及燃面结构决定了对推进剂的燃速要求。当比冲为10kN·s/kg时,在海平面、马赫数为2的条件下飞行,端面燃烧药柱的燃速要在10mm/s以上,而内孔燃烧药柱推进剂燃速应该在1.5mm/s左右。在3～7MPa条件下,含40%B和40%氧化剂富燃料推进剂基础配方为:10%镁铝合金中硼为40%,含33%KP和67%AP的混合氧化剂为40%,HTPB为20%。添加氧化铁可提高推进剂燃速,添加LiF可降低燃速,其配方见表6－2,燃速规律如图6－1和图6－2所示。

表 6－2　实验用富燃料推进剂组成

推进剂	HTPB黏合剂/%	硼B①/%		镁铝合金/%		高氯酸铵AP/%		高氯酸钾/%		氧化铁/%	氟化锂/%
		1μm	15μm	15μm	2μm	10μm	200μm	30μm	200μm		
XHB－OO－1	20	3	33	4	—	26.7	—	13.3	—	—	—
XHB－FO－1	20	3	33	4	—	26.7	—	13.3	—	2	—
XHB－OO－1②	33.3	30	—	3.3	—	22.3	—	11.1	—	—	—
XHB－FO－2②	33.3	30	—	3.3	—	22.3	—	11.1	—	2	—

（续）

推进剂	HTPB黏合剂/%	硼 B[①]/%		镁铝合金/%		高氯酸铵 AP/%		高氯酸钾/%		氧化铁/%	氟化锂/%
		1μm	15μm	15μm	2μm	10μm	200μm	30μm	200μm		
XLB - OO - 1	20	—	36	—	4	—	26.7	—	13.3	—	—
XLB - LF - 1	20	—	36	—	4	—	26.7	—	13.3	—	1

① 直径为 1Lm 的硼是非晶体型,15Lm 是晶体型;
② 仅用非晶体型硼,需要较高含量的黏合剂以达到需要的机械性能

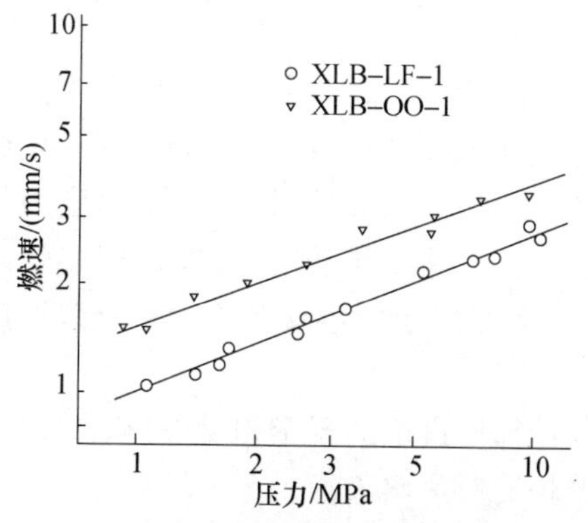

图 6 - 1　高燃速富燃料推进剂燃速特性

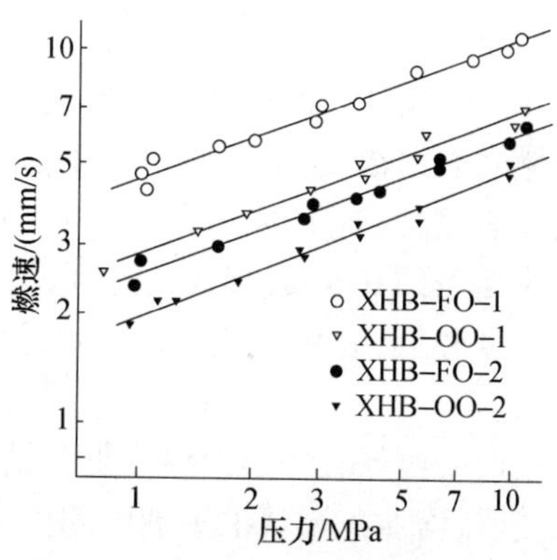

图 6 - 2　低燃速推进剂的燃速特性

文献[22,23]报道,在燃气发生器中硼含量高的富燃料推进剂(50% 左右)燃烧出现了以大约 100 ~ 300ms 为特征时间的周期性燃烧现象。这个周期包括三个主要阶段:①在富燃料推进剂凝结表面以下,发生慢速、不发光的或发光的爆燃;②成块的扇状物和成层的凝结物进入气相;③金属凝结块的燃烧和未燃烧的高速颗粒流。但是一般硼颗粒在燃气发生器中几乎不能发生快速燃烧。

桑原卓雄等人[24]研究了硼含量和粒度对富燃料推进剂能量特性和燃烧性能的影响。能量性能理论计算的配方为:30% HTPB、硼含量在 20% ~40% 之间变化,AP 在 50% ~30% 之间变化。能量计算结果表明:含硼推进剂的比冲随空燃比的增加而增加,比冲随硼含量升高而增加;当硼的体积分数增加时,推进剂燃烧产物中硼增多。硼的体积分数小于 10% 时,硼在燃气发生器中反应结束。含硼推进剂燃速实验结果显示,减小硼的粒度,有助于提高推进剂燃速,但燃速压力指数升高。直联式固体火箭冲压发动机实验结果为:粒度较小的硼颗粒推进剂燃烧效率较高,粒径增加,燃烧效率降低;在冲压燃烧室

轴线方向安排多组进气道时推进剂的燃烧效率明显高于只有一组进气道的设置。

文献[25-28]报道了在非壅塞式燃气发生器中使用富燃料推进剂的燃速特性研究结果。对于非壅塞式燃气发生器,要求富燃料推进剂能在与冲压补燃室压力基本相同的压力(1MPa 以下)下稳定燃烧。该研究采用的推进剂为AP/CTPB系列,其研究结果为:

(1) 不含硼的无金属推进剂(50% AP 和 50% CTPB)在 5MPa 以下不能独立燃烧。而含硼推进剂在 5MPa 以下仍能稳定燃烧。固定 AP 含量(50%),增加硼含量(从 5% ~25%)时,推进剂燃速升高,燃速压力指数在 0.3 ~0.4 之间基本不变。

(2) 在 0.2MPa 压力下推进剂燃烧表面温度分布显示,含 25% 硼的推进剂燃烧表面温度为 710K,固相反应层厚度为燃烧表面下约 0.3mm、610K 处到燃烧表面,而含 10% 硼的推进剂燃烧表面温度为 840K,固相反应层厚度为燃烧表面下约 0.4mm、630K 处到燃烧表面。这表明硼含量增加,推进剂燃烧表面温度降低,固相反应层厚度减小,但固相反应层起始温度均在 AP 分解温度左右。

(3) 根据燃烧表面温度测量结果可以计算推进剂的凝聚相反应热。计算结果表明,增加富燃料推进剂中硼含量,凝聚相反应热增大。

(4) 提出了一个含硼富燃料推进剂燃烧模型[29]。含硼富燃料推进剂的中止燃烧燃面照片显示,在燃烧表面下约 0.3mm 处有很多孔隙,这可能是 AP 分解后造成的。图 6-3 比较了火箭推进剂和富燃料推进剂燃烧状态的差异。火箭用复合推进剂中 AP 含量为 70% ~80%,AP 分解时引起周围黏合剂同时分解;而在 AP 含量较少的富燃料推进剂中,因为燃料比例增加(包括黏合剂和金属添加剂),AP 分解时的反应热不足以使周围黏合剂全部分解,因此在富燃料推进剂燃烧表面上存在黏合剂单独分解的区域。图 6-4 所示为含硼富燃料固体推进剂燃烧模型示意图。作者认为,固相反应区是以 AP 分解开始为起点到黏合剂完全分解为终点的区域。在该区域中,AP 颗粒先分解并产生气态产物,该反应热使 AP 周围黏合剂发生部分分解,这样就造成 AP 颗粒周围为气相,而部分黏合剂则进行凝聚相分解。在添加硼时,凝聚相发生的硼氧化反应放热为附近黏合剂提供了热量,促进了黏合剂的分解。

Kubota 等人[30]研究了硼含量对 AP/CTPB 富燃料推进剂燃烧特性的影响,该推进剂含 30% CTPB、70% AP 和硼粉。研究结果表明,硼粉粒径(Φ)减小,富燃料推进剂的燃速增加,燃速压力指数也较高;硼粉粒径为 2.7μm 时压力指数为 0.61,而硼粉粒径为 9μm 时燃速压力指数则减小到 0.17。这些数据表明

AP/CTPB/B 推进剂的燃速对硼粉的粒径和含量非常敏感。

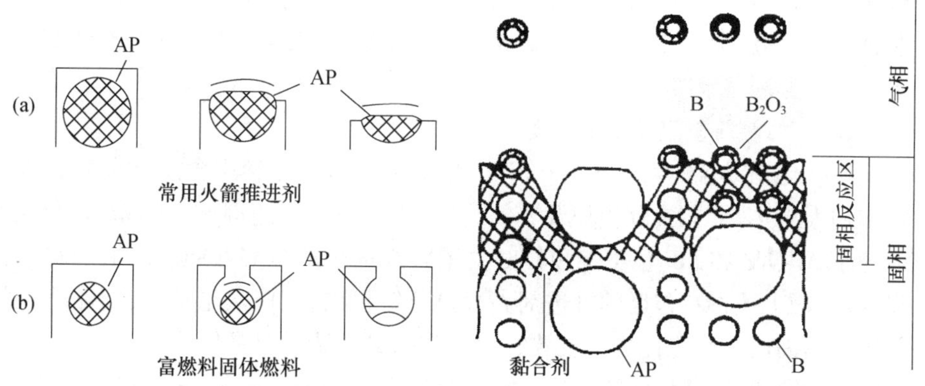

图6-3 火箭推进剂与富燃料推进剂的燃烧状态　图6-4 含硼富燃料推进剂燃烧模型

6.3.2 硼颗粒表面包覆

1. LiF、氟橡胶或硅烷包覆

Liu T K 等人[31]研究了用 LiF、Viton A(氟橡胶)和硅烷包覆硼颗粒对含硼富燃料推进剂的影响。实验中采用的是无定形硼(纯度为90%~92%,平均粒径为2μm),实验推进剂为 B/MA(镁铝合金)/AP/HTPB,其中含37%硼,8%镁铝合金。

采用 LiF 包覆的目的是消除 B_2O_3 层并形成低熔点共熔物,促进点火。

$$LiF + B_2O_3 \rightarrow LiBO_2 + BOF \quad (6-9)$$

含氟66%的 Viton A 分解产生 HF,并进一步与氧化硼反应生成 BOF 和 BF_3 气体,去除氧化硼。

$$HF + B_2O_3 \rightarrow BOF + HOBO \quad (6-10)$$

$$6HF + B_2O_3 \rightarrow 2BF_3 + 3H_2O \quad (6-11)$$

但后一反应产生的酸性物质对推进剂固化不利,采用硅烷包覆旨在改变硼的表面性能,改善工艺特性。

药条燃速测试结果表明,与基础配方相比,硼颗粒包覆后的推进剂在低压下燃速降低,高压下燃速略有增加,即燃速压力指数升高。用 LiF 和硅烷包覆的硼颗粒推进剂低压燃速降低,高压燃速与基础配方燃速相近,而含 Viton A 包覆的硼颗粒推进剂燃速则明显降低。用透明燃烧仪观测发现,LiF 包覆的硼颗粒推进剂燃烧最剧烈,即燃面上喷射出更多的白炽颗粒,表明用 LiF 包覆的含硼推进剂更容易点火[32]。

激光点火实验发现用 LiF 包覆的含硼推进剂点火延迟时间最短,用 Viton A 包覆的含硼推进剂点火延迟时间最长,在低热流量下点火过程受 AP 分解的控制,而在高热流量下点火过程为凝聚相反应控制,硼表面包覆材料对整个点火机理起重要作用[33]。

2. 氧化剂或含能黏合剂包覆

用氧化剂或含能黏合剂(如 GAP)包覆硼颗粒。即利用含能黏合剂分解时放出的大量热,来加热硼颗粒及其氧化层,缩短点火延迟时间。李疏芬等人[34]研究了 AP、KP 和 LiF 包覆硼颗粒对富燃料推进剂热分解性能的影响。实验结果显示,用上述材料包覆的推进剂高温热分解提前,反应热增加,表明硼颗粒的包覆对提高硼的反应性能是有效的,尤其是 KP 包覆效果最佳[35]。

3. 含能黏合剂取代惰性黏合剂

采用聚四氟乙烯等含氟化合物,利用硼与氟之间的强烈氧化反应使硼颗粒加热并提高燃速。但这种氧化作用在吸气式推进中是一种浪费,即燃烧性能的提高以能量降低为代价。

采用硼-叠氮黏合剂,可用的叠氮黏合剂有 GAP、BAMO/NNMO 和 BAMO/THF 等。这种方法是利用含能黏合剂快速分解所放出的能量来加快硼颗粒的氧化速度[36]。

Vigot 等人[37]对直径为 100mm 的缩比固体火箭冲压发动机的燃烧性能进行了研究。研究发现:

(1) 燃气发生器的面喉比 K 大于 75 时,燃烧效率(G_c)也较大,G_c 随 K 值减小而降低。

(2) 非壅塞式燃气发生器在冲压燃烧室空气马赫数为 0.41,T 为 510K 条件下,减小空气流量使冲压补燃室压力从 0.55MPa 降至 0.20MPa,燃烧效率也从 0.75 降至 0.60。

(3) 进入冲压燃烧室空气温度增加,如从 520K 升高到 650K,燃烧效率提高 20%。

(4) 在同样条件下(马赫数为 2,推力系数为 0.55),若给定系统的长度,则含硼推进剂的发动机射程增加 20%;若给定射程,系统长度可缩短 10%。

Kubota 等人[38,39]对固体火箭冲压发动机用富燃料推进剂进行了研究。研究发现用 AP 和碳氢黏合剂构成的富燃料推进剂燃速很低,燃速压力指数也很小,难以满足实际需要,后来他们采用高能叠氮黏合剂 GAP,其特点是生成焓为正值,因此能量高(在空燃比为 14 时推进剂的比冲可以达到 7.64kN·s/kg),本身可以靠自热维持燃烧,燃烧温度低。

无金属添加剂的 GAP 富燃料推进剂能量特性如图 6－5 和图 6－6 所示。由图可以看出，在空燃比较大的前提下，GAP 富燃料推进剂的能量明显高于由碳氢黏合剂构成的富燃料推进剂和双基推进剂，但 GAP 推进剂在空燃比为 5 左右燃烧温度达到最高值(2500K)[40－42]。

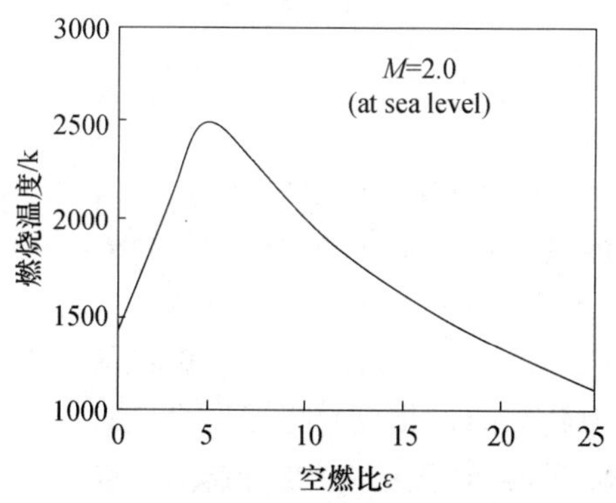

图 6－5　三种富燃料推进剂的能量特性

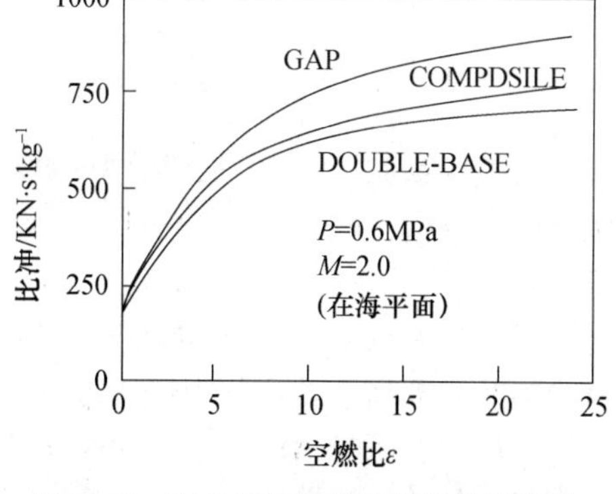

图 6－6　GAP 富燃料推进剂的燃烧温度

他们用燃速仪和直联式、半自由射流式冲压发动机对富燃料推进剂的实验研究表明，与由碳氢黏合剂组成的富燃料推进剂相比，含 GAP 富燃料推进剂的燃烧特性大大改善，具体表现在：即使在推进剂氧含量很低时，推进剂燃速仍可以达到较高的值（在 3MPa 下可以达到 10mm/s 以上）；当燃烧室压力为 0.47～0.51MPa，特征长度为 1.5m，空燃比为 14 时，冲压补燃室的燃烧效率达到 90%以上，而且 GAP 推进剂的低燃烧温度有助于燃气发生器喷管喉部流量调节机构的热防护。

6.4　硼颗粒的点火与燃烧

含硼富燃料推进剂含有大量的硼颗粒，在一次燃烧过程中由于富燃料和低温而不能充分点火燃烧，含有大量硼颗粒的富燃燃气在补燃室中与空气掺混完成燃烧，并释放出大量热量，含硼富燃料推进剂优越的能量性能主要在二次燃烧过程中充分发挥。硼颗粒顺利点火与否对其实现高能量释放效率具有至关重要的影响，因此研究硼颗粒在氧化性气氛中的点火特性并掌握不同因素对其点火特性的影响非常重要。

为提高推进剂的燃速，含硼富燃料推进剂中通常采用团聚硼。在一次燃烧及补燃室中，团聚硼中的黏合剂首先分解完毕，部分团聚硼依然保持团聚体的外形,但其尺寸可能减小,团聚硼内部的硼颗粒之间存在空隙,气体可自由流通。也有证据显示[43-45],小粒度的硼颗粒在一次燃烧进入补燃室前,硼颗粒也会经历结团过程,形成具有一定尺寸的团聚体,其内部的硼颗粒之间也存在空隙,气体可自由流通,它们以团聚硼的形式进入补燃室的点火燃烧区。因此有必要开展团聚硼的点火特性研究。

6.4.1 硼粉的点火模型

关于硼颗粒的点火、燃烧模型主要有三种:①King 等人[46]认为,氧从氧化硼外层向内层扩散,并在硼表面发生缓慢的氧化反应。当硼颗粒被加热到足够高的温度时,硼颗粒表面氧化物开始气化,氧化层厚度变薄直到全部消失。即氧化层消失是硼点火、快速燃烧的必要条件;②Glassman 等人[47]指出,硼在氧化硼内的扩散能力强于氧在其中的扩散能力,因此硼的氧化反应可能发生在氧化硼与气体界面处;③组合模型,即同时考虑硼和氧在氧化层内的扩散,但目前应用 King 模型最多。

6.4.2 团聚硼颗粒的点火模型

在实际的固体火箭冲压发动机补燃室内,硼颗粒的燃烧不完全是以单硼颗粒的形式进行,部分硼颗粒以团聚体的形式进入补燃室的点火燃烧区。团聚硼的点火特性与单颗粒硼的点火特性存在较大差异,团聚硼内部存在空隙,气体在空隙内可自由流通,则氧化反应不仅存在于团聚硼的表面,也存在于团聚硼内部。

考虑一球形团聚硼颗粒的半径为 R_0,其中均匀分布着半径为 r、数密度为$\check{n}$的硼颗粒,硼颗粒之间为可流通气体的空隙。整个团聚硼处于高温环境中,初始时刻团聚体内的硼颗粒和气体温度均为 T_0,环境温度为 T_g。在对流传热和环境热辐射共同作用下,团聚体内的硼颗粒开始升温并发生氧化反应释放热量;当团聚硼的温度 T_p 超过环境温度 T_g 时,团聚硼通过对流传热和热辐射向环境散热。在团聚硼的升温过程中,团聚体内硼颗粒氧化层的生成与消耗同时存在,当氧化层的厚度减小为零时,硼颗粒实现点火,也就意味着团聚硼的点火。团聚硼的结构示意图如图 6-7 所示。

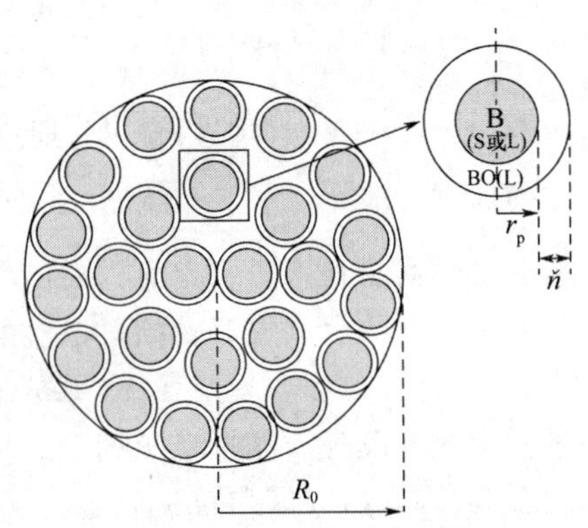

图 6-7 团聚硼的结构示意图[48]

为建立团聚硼的点火模型,做出如下假设[48-52]:

(1)硼颗粒的热导率远远高于气体的热导率,即认为团聚硼内部不存在温度梯度;

(2)在点火过程中,认为团聚硼的粒径 R_0 和团聚硼内部的空隙率 Ω 不发生改变,且团聚硼内部的硼颗粒均为尺寸均一的球体,则硼颗粒数密度 $\check{n}=3(1-\Omega)/[4\pi(r_p+h)^3]$;

(3)硼颗粒表面的氧化层厚度 h 远小于硼颗粒的半径 r_p;

(4)氧化性气体在液态氧化层中的扩散阻力远大于氧化性气体在团聚硼内部空隙中的扩散阻力,因此不考虑氧化性气体在团聚硼内部空隙中的扩散阻力,认为团聚硼内部空隙中的氧化性气体不存在浓度梯度。

根据单颗粒硼的点火理论,结合上述分析与假设,点火过程中团聚硼的能量守恒方程如下:

$$\check{n}\cdot V_c(4\pi r_p^3\rho_B C_{PB}/3+4\pi r_p^2 h\rho_{B_2O_3}C_{PB_2O_3})\mathrm{dT/dt}$$
$$=\check{n}\cdot V_c(-R_B Q_{RX}-R_E\Delta H_{VAP})+4\pi r_0{}^2[k(T_g-T_p)+\sigma\varepsilon_B(T_g^4-T_p^4)] \tag{6-12}$$

式中:V_c 为团聚硼体积;R_0 为团聚硼的半径。

根据 $\dfrac{4\pi R_0^2}{\check{n}V_c}=\dfrac{4\pi R_0^2}{3(1-\Omega)/[4\pi(r_p+h)^3]\cdot 4\pi R_0^3/3}=\dfrac{4\pi(r_p+h)^2}{[R_0/(r_p+h)]\cdot(1-n)}$,将式(6-4)可转化为

$$\left(\frac{4\pi r_p^3\rho_B C_{PB}}{3}+4\pi r_p^2 h\rho_{B_2O_3}c_{PB_2O_3}\right)\frac{\mathrm{d}T}{\mathrm{d}t}=-R_B Q_{RX}-R_E\Delta H_{VAP}+ \frac{4\pi(r_p+h)^2}{[R_0/(r_p+h)]\cdot(1-\Omega)}[k(T_g-T_p)+\sigma\varepsilon_B(T_p^4-T_p^4)] \tag{6-13}$$

在点火阶段,必须对热量的积累速率和损失速率进行分析对比。热量的积累速率主要同硼颗粒的氧化速率和蒸发速率有关,即($-R_B Q_{RX}-R_E\Delta H_{VAP}$)的值总为正值;热量的损失速率主要与团聚硼周围的环境温度有关,当团聚硼的温度超过环境温度,就开始向环境传递热量,即($[k(T_g-T_p)+\sigma\varepsilon_B(T_g{}^4-T_p{}^4)]$)的值为负值。对比式(6-12)与式(6-13)可以发现,点火过程中,单颗粒硼与团聚硼的热量积累速率一致,但团聚硼的热量损失速率要小于单颗粒硼,说明团聚硼有利于热量的积累,即在较低的环境温度下,就可实现团聚硼的点火;同时还发现,在空隙率 Ω 一定的情况下,增大团聚硼半径 R_0 与单颗粒硼半径(r_p+h)的比例,有利于减小热量损失速率,从而降低点火温度。

当团聚硼内部只有一个颗粒时，$R_0 = r_p + h$、$\Omega = 0$，式(6-13)就变成单颗粒硼的能量守恒方程。

团聚硼内部硼颗粒的氧化与蒸发速率方程与单颗粒硼的氧化与蒸发一致，采用式(6-9)和式(6-10)。硼颗粒的粒径与氧化层厚度的变化采用式(6-12)、式(6-13)进行计算。

将式(6-13)、式(6-9)~式(6-11)联立，就可计算团聚硼的点火特性，方程组采用三阶 Runge-Kutta 法进行求解。粒径为 2μm 的硼颗粒最紧密堆积时，空隙率约为 0.2595，无特殊说明时，计算模型中均假设团聚体内的硼颗粒为最紧密堆积。

6.4.3 不同气氛中硼粉的点火特性

1. 硼在空气中的点火燃烧

一般认为，此环境中硼粒子的反应是以其点火的最低温度为标准而划分为两个阶段，即低温阶段反应($T < 2000$K)和高温阶段反应($T > 2000$K)。在低温阶段，硼被来自周围的热量所加热，此时几乎没有反应发生，在足够高的温度下(1500~1800K)硼被氧化作用所释放出来的热量进行自加热，这种效应不断增强，并在硼粒子表面产生一层难挥发的玻璃态氧化物 B_2O_3[53-55]。由于氧化层的阻隔，硼和氧必须通过扩散作用才能互相接触而发生化学反应。一方面由于扩散作用，硼与周围环境中的氧发生反应，生成氧化物，放出热量，使氧化层厚度增加，硼粒子温度升高；另一方面，由于氧化物的气化和与水蒸气的反应使厚度减小，硼粒子温度降低。当环境温度继续升高至 2000K 时，氧化层厚度已很小，基本可以忽略，此时点火阶段完成，硼粒子温度降低。硼粒子将进入全羽状燃烧阶段(高温阶段)。

在高温阶段，硼以液态形式存在，而其他物质基本以气态存在，此时反应主要发生在气相区。Knipe 首先通过实验建立了模型，对此区域的反应进行描述，G. Mohan 和 F. A. Williamst 在 Knipe 的基础上进行了大量的实验研究，总结得出下述反应历程[56-58]：

(1) B(l)与 B_2O_3(g)在两相界面反应：

$$B(l) + B_2O_3(g) \rightarrow \frac{3}{2}B_2O_2(g) \tag{6-14}$$

(2) B_2O_2(g)与 O_2(g)在气相区反应：

$$2B_2O_2(g) + O_2(g) \rightarrow 2B_2O_3(g) \tag{6-15}$$

硼粒子燃烧时间：

$$t_b = \frac{C_p \rho_1 d^2}{8\lambda}\left\{\ln\left[1 + \frac{q_2 Y + C_P (T_\infty - T_1)}{q_1}\right]\right\}^{-1}$$

式中：C_p 为热容；λ 为气体的导热系数；d 为硼液滴的直径；ρ_1、T_1为硼液滴的密度和温度；T_∞、Y 为环境温度和环境中氧气的质量分数；q_1 为式(6-14)在 T_1时，单位质量硼发生反应所吸收的热量；q_2 为式(6-15)在时，单位质量氧气发生反应所吸收的热量。计算了热辐射对 t_b的影响，$d=250\mu m$ 时，由式(6-15)计算出的 t_b将由于热辐射而增大10%左右。当 $d>1mm$ 时，热辐射将起主要作用；当 $d<100\mu m$ 时，热辐射作用则可以忽略。

2. 硼在含水汽环境中的点火燃烧

水蒸气改变了硼粒子反应机理，具体反应历程如下[59]：

(1) B 与水汽在 $B-B_2O_3$ 的内表面快速反应：

$$2B(S) + 3H_2O(g) \rightleftharpoons B_2O_3(1) + 3H_2(g) \tag{6-16}$$

该反应由于生成 $B_2O_3(1)$，使原有的 $B_2O_3(1)$膜加厚，$H_2O(g)$扩散过氧化层的阻力增大，而 H_2 扩散出氧化层的阻力也增大，因此该反应迅速达到平衡，不能持续进行。

硼可以扩散通过 B_2O_3 液膜到达液-气界面，并发生如下反应：

$$\frac{4}{3}B(s) + \frac{1}{3}B_2O_3(1) + H_2O(g) \rightleftharpoons \frac{2}{3}H_3B_3O_3(g) \tag{6-17}$$

由于 $H_3B_3O_3$ 是易挥发物质，所以此反应可以持续进行。

(2) 包含在式(6-11)中的 H_2 扩散到氧化层内部的某一个假想点，在该点发生反应：

$$H_2(g) + \frac{1}{2}O_2(g) \rightarrow H_2O(g) \tag{6-18}$$

产物 $H_2O(g)$向内部扩散，最后到达 $B-B_2O_3$ 表面。从外表面到假想点，$H_2O(g)$的净渗透压为零，可以推断出所有反应依赖于温度而不依赖于外面的 $H_2O(g)$含量。

(3) 氧化层在外表面与水蒸气的反应：

$$B_2O_3(1) + H_2O(g) \rightleftharpoons 2HBO_2(g) \tag{6-19}$$

动力学分析表明在 $T<1700K$ 范围内，三聚体$(HBO_2)_3$ 是主要的。

(4) 气化反应：

$$B_2O_3(1) \rightleftharpoons B_2O_3(g) \tag{6-20}$$

通过对模型的计算以及实验测量，发现水蒸气的存在总是加速氧化层的消耗，并且水蒸气的浓度越高，氧化层的消耗速率越大，同时降低硼的最低点火温度至1850K(在干燥空气中为1970K)。

3. 硼粒子在 Cl_2 中的点火燃烧

由于 B 与 Cl_2 反应的活化能(59.4kJ/mol)比较小(B 与 O_2 反应的活化能为 189.2kJ/mol),因此 B 在 Cl_2 气环境中容易点火,着火点比在 O_2 环境中的低。但实验测得 B 在 Cl_2 中的燃速却比在 O_2 中的要小得多,这是由于中间产物 BCl、BCl_2 和最终产物 BCl_3 的存在。B 在 Cl_2 中的燃烧模型指出:

(1) 在环境的任何地方都存在平衡:

$$BCl_3 \rightleftharpoons BCl_2 + \frac{1}{2}Cl_2 \tag{6-21}$$

$$BCl_2 \rightleftharpoons BCl + \frac{1}{2}Cl_2 \tag{6-22}$$

(2) 在 B 粒子表面存在平衡:

$$B + BCl_2 \rightleftharpoons 2BCl \tag{6-23}$$

$$B + 2BCl_3 \rightleftharpoons 3BCl_2 \tag{6-24}$$

(3) 反应物和产物有相同的扩散因子;

(4) 生成物 BCl、BCl_2、BCl_3 所对应的反应焓变 H_1、H_2、H_3 与温度无关;

(5) 忽略辐射热变换。

在 $T=293K$,1atm 条件下,Cl_2 在 B 的燃烧产物中的平均扩散因子($D_{平均}=0.05cm^2/s$)比 O_2 的($D_{平均}=0.18m^2/s$)低许多,同时单位质量的 B 形成 BCl_3 放热($\Delta H=38.5kJ/g$)比 B 形成 B_2O_3 所放热量($\Delta H=55.7kJ/g$)小得多,所以尽管 Cl_2 有很高的化学活性,但 B 在 Cl_2 中的燃速比 O_2 中的要低很多。可见,Cl_2 对 B 的点火是非常有利的,但对 B 的燃烧放热是不利的[60,61]。

4. 硼粒子在含氟环境中的点火燃烧

由于氧化层覆盖在硼颗粒表面,硼颗粒的点火被延迟,氧化层的移走(即通常所说的第一阶段燃烧)出现在氧化层的蒸发(对于硼,在 1atm 时,$T_b=2316K$)和在表面氧化层中的异相反应。氧化层的移走过程是一个很慢的动力学和(或)扩散控制过程,氧化层的移走过程构成了颗粒总的燃烧时间的一小部分;其次,硼颗粒燃烧期间由于生成 HBO_2 降低了能量的释放。当所有的最终产物凝聚成热力学上的 $B_2O_3(l)$ 时硼的能量全部释放出来。然而在含有氧气和氢气的环境中,HBO_2 转换成 $B_2O_3(l)$ 比较慢,减少了能量释放速率。第一阶段长的燃烧时间和在含 C/O/H/N 环境中燃烧时硼的比较低的能量释放速率阻碍了硼在实际推进系统中作为推进剂添加剂的应用,克服这些缺点的方法之一是将氟作为氧化剂添加到燃烧环境中。可以预期高活性的含氟物质能够提高氧化物的移走速率,进而缩短 t_1,并提高总的能量释放率。

某些氟化物可以在一定温度下与 B_2O_3 反应,减小硼粒子表面 $B_2O_3(l)$ 层的厚度,从而提高粒子的点火燃烧特性。而且,氟化反应生成气态 BF_3 的反应热(17kJ/gm)与氧化生成液态 B_2O_3 的反应热(18kJ/gm)比较接近,所以用氟部分取代氧与硼粒子反应将不会影响燃烧反应放出的总热量。硼粒子在 F/O 环境中比在纯氧环境中有更好的燃烧特性,它可以加速 B_2O_3(l)层的气化速度,并减弱硼氧化物与氢氧化物的反应[62]。硼/氟燃烧的其他优点包括最终产物从凝聚相的硼氧化物向气相的硼氟化物和氧氟化物的转换。比较硼的氧化和氟化的标准热值,硼氧化的质量热值和体积热值分别为 58.74kJ/g 和 137.45kJ/cm^3,而硼氟化的质量热值和体积热值分别为 105.01kJ/g 和 245.72kJ/cm^3,这表明在氟化情况下,放热几乎比氧化增加 2 倍。

Maeek 将硼粒子分别置于 NF_3/Ar 及 O_2/Ar 的混合气体中燃烧,结果发现前者可明显缩短点火延迟时间,但燃烧速率却低于后者。Krier 将 SF_6(1% ~3%)和 HF(6% ~12%)分别加入氧气环境中,发现 SF_6 也有利于降低点火温度和缩短点火延迟时间。Yetter 指出,氟可以加速 B_2O_3(l)的气化并改变最终产物的组成,实际上是改变了硼粒子的燃烧机理。W. Zhou 等将表面经过处理的硼粒子置于 O_2(g),CO_2(g)和 HF(g)混合气体中燃烧,发现燃烧特性显著改善,产物的主要成分也发生了改变(检测到相对大量的 OBF(g)和 BF_3(g)),而粒子表面的 B_2O_3 浓度变得非常小,几乎可忽略。

5. 硼粒子在含氮环境中的点火燃烧

含硼推进剂在空气中燃烧时,硼除了与 O_2 反应而放热之外,还与 N_2 反应,生成量与空气的压力成正相关。由于 BN 的生成热和放热都明显不如 B_2O_3 高,所以 BN 的生成对推进剂的能量是不利的。高纯氮条件下,硼与氮气反应的热分析实验显示升温至 900 ~950℃时硼粒子增重达 40% 以上,这是生成不挥发的 BN(s)所致。推进剂组分(如 AP、硝胺类化合物等)中的氮元素对 BN 的生成影响较小。如果适当采用含氧量高的包覆剂处理硼可以减小燃烧过程中 BN 的生成[63]。

6.4.4 不同气氛下硼粉燃烧发射光谱和火焰形态

硼颗粒是含硼富燃料推进剂的主要能量来源,深入理解硼颗粒点火燃烧过程的物理、化学本质是提高推进剂燃烧效率等研究工作的基础。由于硼颗粒的点火燃烧过程要经过熔融、异相燃烧、表面氧化、氧化膜破裂等一系列复杂的物理化学过程[64],使得要完全了解这一过程非常困难,到目前为止,国内外尚没有系统全面的研究结果。国外对于硼颗粒点火燃烧的实验和理论方面基础研究较多[65-68],而国内较侧重于实际含硼富燃料推进剂的研究[69]。实验研究结果表明,硼粒子理化特性诸如粒子特性(晶体硼/无定形硼),颗粒尺寸大小等,以及外部条件诸如环境温度、压力、氧浓度、水蒸气、二氧化碳、氟、氯、镁、铝、锂等，都将影响硼粒子的点火和燃烧行为[70-72]。赵孝彬等[73]指出，硼的熔点及沸点高，表面容易氧化生成氧化层是其点火延迟期长的主要原因。硼粒子的直径越小，越容易点火。范红杰等[74]采用CO_2激光点火装置对含硼富燃料推进剂点火，结果表明提高压强有利于点火。杨宇川等[75]借助 DTA 和 TG 研究了不同粒径硼粉的热化学性质，得到硼粒子粒径越小，硼与 AP 混合物的表观分解热越大，热失重越高。Spalding 等研究了 5～15μm 的晶体硼颗粒在 $Ar/F/O_2$ 气氛中的点火情况[76]。实验结果表明，当 F 与 O_2 摩尔比从 0 增加至 0.25 时，点火和燃烧时间将呈4 次方指数下降。而当 F 与 O_2 摩尔比大于0.5 之后，点火和燃烧时间变化不明显。最新的研究中，Ashish Jain 等[77,78]利用热重和差热手段对硼粉的点火特性和动力学过程进行了分析，结果表明硼粉点火温度随粒径增大而提高，晶体硼比无定形硼更难点火。Gregory Young 等[79]利用平焰燃烧器对纳米级硼颗粒的燃烧特性进行了实验研究，发现点火时间与氧气浓度几乎没有关联，而燃烧时间则同时受温度和氧气摩尔分数的影响。敖文等[80]研究了不同气氛下硼粉燃烧特性及动力学参数，得到无定形硼粉在空气、O_2 和 CO_2 气氛下的着火温度分别为710℃、697℃、770℃。

硼在氧化性气氛点火和燃烧过程中会释放出各种中间产物，例如 BO、BO_2、B_2O_3 等，硼的能量释放特性与这些反应产物存在很大关系。B_2O_3 作为反应产物能使硼能量释放达到较高水平。在高温条件下，硼燃烧反应产物通常不是 B_2O_3。而在含 H 原子的气氛下，HOBO 也会减缓 B_2O_3 的生成，削弱硼燃烧的能量释放。这些中间产物的组分和浓度变化可以通过化学机理计算得到[81,82]，但实验测量方面却数据较少。Spalding 等[83,84]研究了硼在 $Ar/F/O_2$ 和 $Ar/N_2/O_2$ 混合气氛下燃烧过程中产生的亚氧化物，光谱数据显示硼在纯氧气氛下燃烧主要释放出 BO_2，而含氟气氛下 BO_2 含量很少甚至没有。BF 和 BF_2 并没有在实验中被检测到。Foelsche 在硼点火和燃烧过程中均测量到明显的 BO_2 发射光谱。Krier 等人[85]研究了硼在激波管中的点火动力学过程，气氛为纯氧和氧－氟混合气氛。结果表明，点火延迟时间对粒径 D 具有 D1.4（红外光）和 D1.5（可见光）的关系，随温度的增加而降低。环境气氛中氟浓度增加会降低点火延迟时间。Yuasa 和 Isoda 研究发现硼块燃烧表面被一层绿色的膜包裹，通过光谱分析发现此物质为 BO 和 BO_2。BO 是在液态氧化膜中通过表面反应形成的，而 BO_2 是在气相中形成的，而非表面形成。从现有研究看来，硼在纯氮气和纯水蒸气气氛下燃烧时的发射光谱研究较少，硼粉在不同气氛下燃烧的火焰形态研究也少见报道。本节利用激光点火系统研究无定形硼粉的燃烧特性，采用先进的燃烧诊断技术研究燃烧火焰形态以及燃烧过程的发射光谱，以此揭示硼在不同气氛下的燃烧特性，着重分析硼在不同气氛下燃烧时释放的中间产物，研究结果可为含硼富燃料推进剂的燃烧研究提供基础理论指导。敖文[83,84]使用激光点火系统研究了硼粉在不同气氛中的火焰形态和燃烧过程中的发射光谱，实验硼粉为平均粒径为 2μm 的无定形硼（纯度 95%），每次实验样品质量为 50mg。

1. 纯 N_2/纯 O_2

硼在高温下可以与氮气发生反应[84]。实际应用中，含硼燃料的燃烧是在空气气氛进行的，其中含有大量的氮气，因此，有必要研究硼在氮气气氛下的燃烧情况。图 6-8 为硼分别在纯氮气和氧气气氛下燃烧的火焰形态。

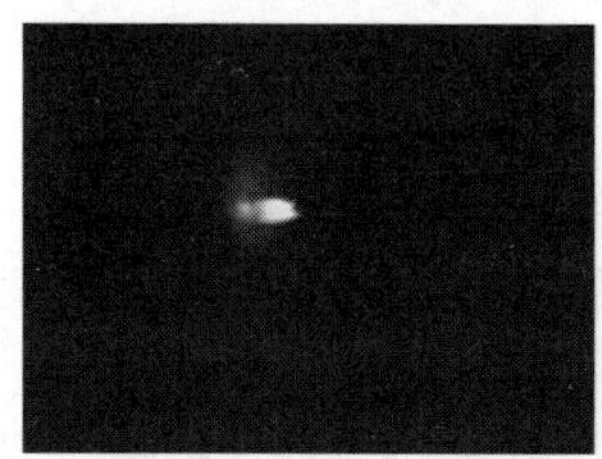
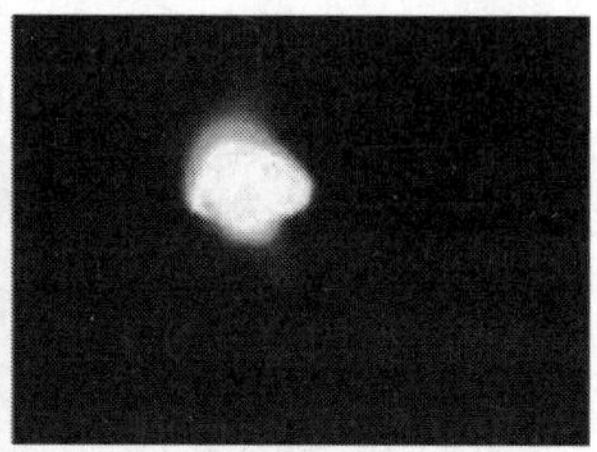

图 6-8　无定形硼粉在纯 N_2 和纯 O_2 中的燃烧火焰

从图 6-8 可以看到，硼在纯氮气氛下燃烧时，火焰呈现模糊的淡黄色，火焰面很小且不够明显。相反地，在纯氧气氛中，硼的燃烧十分剧烈，有明显火焰产生，且火焰直径和高度均相对氮气气氛下大得多，内焰为白炽色，外焰则为硼燃烧特有的绿色火焰，此焰被 Li 认为是由 BO_2 特征光谱发出[85]。观察火焰变化过程，发现硼在纯氧气氛下（约 620ms）的燃烧持续时间为纯氮气氛（约 300ms）下的两倍左右。尽管硼在氮气气氛下也可以发生着火并燃烧，但燃烧强度和燃烧时间明显低于在纯氧气氛下的燃烧。

图 6-9 所示为无定形硼颗粒分别在氮气和氧气气氛下燃烧的发射光谱图，此处给出的是光谱强度最大时刻的数据。通过对比 BN、BO、BO_2 在可见光谱范围内发射光谱的波长可知[85]，波长 452、471、492.9、518.1、547.1、579.1、603、620.2 和 637.7nm 处对应的波峰即对应 BO_2 的发射光谱。从图 6-9中可以看出，硼在纯氧气氛下燃烧发射出明显的 BO_2 特征光谱，其中波长 547.1nm 的 BO_2 波峰强度最大。波长 436nm 处对应的是 BO 的发射光谱。硼燃烧中间产物以 BO_2 为主，这一结果与 Spalding 等的测量一致[83-85]。硼在纯氮气氛下的燃烧则没有观察到明显的特征发射谱，即 BN 的发射光谱（BN 的发射光谱对应波长为 360 和 380nm，呈三线态）。这可能是因为 BN 的熔点高达 3000℃，而硼在纯氮气氛下的燃烧温度没有达到 BN 的升华温度。

实验中是通过化学火焰为激发光源来得到物质发射光谱的，其原理是由光源提供能量使样品蒸发，形成气态分子，并进一步使气态分子激发而产生光辐射。正是由于燃烧过程中气态的 BN 分子较少，导致发射光谱不明显，因此不能被检测到。

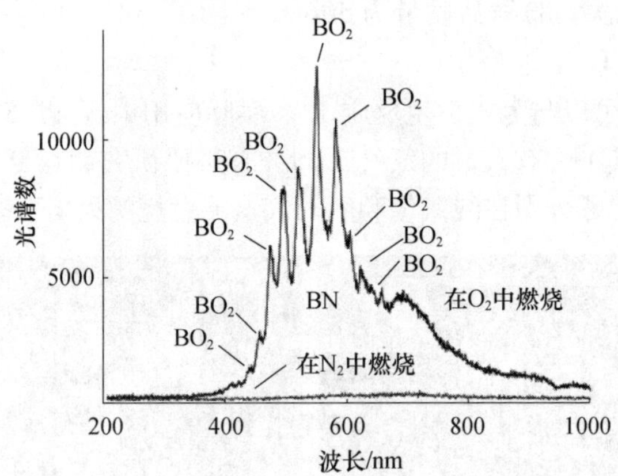

图 6-9　硼粉在氮气和氧气中燃烧的发射光谱比较

2. H_2O/O_2

图 6-10 所示为硼粉在 H_2O/O_2 气氛下燃烧的发射光谱图。

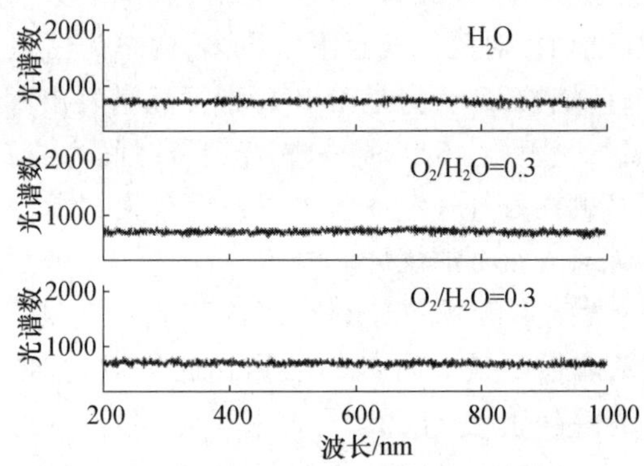

图 6-10　硼粉在 H_2O/O_2 中燃烧的发射光谱

从图 6-10 中可以看出，无论是在纯水蒸气气氛下，还是在水蒸气与氧气共存的气氛中，均没出现明显的 BO_2 发射光谱，也几乎不存在其他常见含硼组分的发射光谱。由此可见，与氧气气氛相比，在有水蒸气存在的情况下，硼燃烧过程的中间产物如 BO_2，BO 均不存在，极有可能与水蒸气发生反应生成了其他物质而其发射光谱不能被光谱仪检测。关于硼在水蒸气环境下的燃烧,Brown R C 和 Kolb C E 等人对 B/H/O 体系的动力学反应过程进行了计算,总共包括相关的 53 个基元反应[86,87],见表 6-3。根据这 53 个基元反应可推断,在有水蒸气存在的情况下,高温气氛中将存在 H_2O、OH、H 和 H_2 等离子,而 BO_2 和 BO 会与之反应,见表 1 中反应式 31、32、33、34、35、36、38、39、40,可得到主要是生成 HOBO 和 HBO 这两种物质,导致发射出的光谱无法检测。

表 6-3 B/H/O 气相反应机理和速率参数[26,56]

序号	反应	$A/(cm^3/(mol \cdot s))$	n	$E/(kcal/mol)$
31	$BO + OH + M = HOBO(g) + M$	3.6×10^{14}	0.0	-1.99
32	$BO + H_2O = HOBO(g) + H$	6.0×10^{10}	0.0	-9.94
33	$BO_2 + OH = HOBO(g) + O$	1.8×10^{15}	0.0	0.99
34	$BO_2 + H + M = HOBO(g) + M$	1.8×10^{12}	0.0	-1.99
35	$BO_2 + H_2 = HOBO(g) + H$	1.8×10^{12}	0.0	2.931
36	$HOBO(g) + OH = BO_2 + H_2O$	1.2×10^{12}	0.0	1.99
38	$BO + H + M = HBO + M$	1.1×10^{15}	0.0	-1.99
39	$BO + H_2 = HBO + H$	4.5×10	3.53	3.16
40	$BO + OH = HBO + O$	1.6×10^3	2.76	5.01

3. N_2/O_2 混合气氛

氧气在硼点火燃烧反应过程中具有重要作用。氧气对硼点火燃烧的影响主要体现在两方面[88]。在点火阶段,氧分压会影响硼与氧的异相反应速率,氧分压越大反应速率越大,点火促进越明显。在燃烧阶段,不论是扩散控制机理还是动力学控制机理下,氧浓度的增加均有助于增大其燃烧速率。

图 6-11 所示为不同氧浓度的 N_2/O_2 混合气氛下无定形硼燃烧的火焰形态变化。当氧浓度较低时($XO_2 = 0.2$),火焰不够明显,只出现局部暗黄色的火焰。随着氧浓度的提高,火焰高度和直径都变大,并呈现出绿色的火焰形态。当氧浓度进一步提高,绿色火焰越来越明显且愈发明亮,火焰中心逐渐由绿色变成白炽色。至纯氧气氛时,火焰高度和直径最大,火焰中心几乎全部变成白炽色,表明此时燃烧剧烈程度达到最大。通过火焰形态随氧浓度变化,可以得到氧浓度越高,硼粉的燃烧越为剧烈,可见氧浓度的提高对硼粉的燃烧具有明显的促进作用。敖文等的热重结果也得到同样的结论[87,88]。

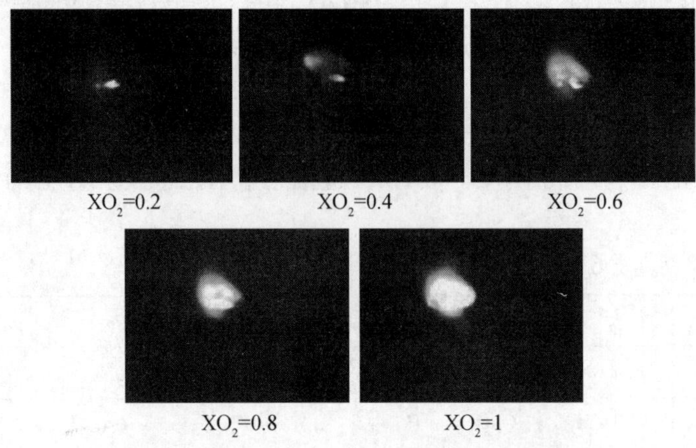

图 6-11　硼粉在不同氧气质量分数中燃烧火焰

图 6-12 所示为不同氧浓度下的硼颗粒燃烧过程的发射光谱图。在 BO_2 峰值最强,即波长为 547.1nm 处,氧浓度为 0.8、0.9 和 1.0 时对应的发射光谱强度分别为 2730、3893 和 12693(单位为光子数,只表示相对强度)。由此可知,随着氧浓度的增加,硼的发射光谱强度呈明显上升趋势。尤其在纯氧气氛下,其发射光谱强度为氧浓度 0.8 时的 4.6 倍。表明燃烧剧烈程度将随着氧浓度的增加而增加,这很好地验证了火焰形态随氧浓度变化的规律。随着氧浓度的降低,波长为 471、492.9、518.1、547.1、579.1nm 的 BO_2 峰始终较为明显,而其他波段如 452 和 620.2nm 的 BO_2 峰则逐渐消失。

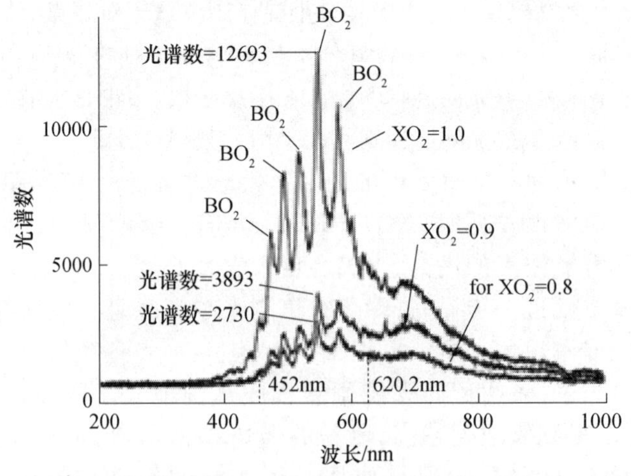

图 6-12　硼粉在不同氧气质量分数中燃烧的发射光谱

6.5　硼对富燃料推进剂燃烧性能的影响

含硼富燃料推进剂的主要问题是硼粉点火和燃烧困难。这是因为硼粉本身的点燃温度高(一般认为硼的点燃温度为1900K),硼粉被燃烧过程中产生的黏性很强的硼氧化物(B_2O_3)所包围,使得硼粉的点火、燃烧难以进行。实验结果表明,硼粉的点火分为低速和快速反应两个阶段。在环境温度低于 B_2O_3 沸点(约为2316K)时,除了硼粉表面上缓慢的表面放热反应外,硼粉的燃烧需要经历金属从氧化物层渗出或氧化剂从硼氧化层渗入过程方能发生反应,因此反应速度比较低。实验可以观测到硼粉颗粒上短时间、不连续的小亮点。但随着硼的氧化,氧化层变厚,反应物的扩散变难,导致氧化反应速度降低,亮点随后消失,硼粉颗粒熄火。一旦温度升高至氧化硼的沸点以上,硼氧化物开始扩散气化,当硼颗粒外层硼的氧化物完全气化后,硼颗粒直接暴露在高温氧化性气氛中,能够发生快速点火、燃烧[87,88]。

另一方面,硼粉的燃烧过程与Al、Mg和Li等轻金属不同。轻金属的熔点和沸点低,一般在高温富氧环境中经历气化、点火、燃烧等过程,但硼的熔点和沸点较高,硼粉只能在其表面上发生多相反应。燃烧反应涉及复杂的反应历程,生成许多中间产物,最终的稳定产物为 B_2O_3。从能量角度看,生成液态 B_2O_3 最佳,生成气态 B_2O_3 或某些挥发性硼化物(如HOBO)会使发动机性能降低。

硼颗粒外表面的氧化硼抑制了硼颗粒的燃烧。Macek[87]研究了硼颗粒燃烧与粒径的关系。硼的点火温度为维持硼燃烧所必需的最低温度。当颗粒的尺寸很小时,点火温度与粒径没有关系。当空气干燥、大气压为0.1MPa、氧的量为0.2mol时,如果硼颗粒直径为1μm,点火温度为1980K;硼粒径为30~40μm时,点火温度为1920~1930K。如果颗粒很大(35μm以上),则燃烧时间与颗粒直径的平方成正比,与燃烧压力无关,因而硼颗粒的动力学特性仅仅表现为扩散现象。如果颗粒很细,燃烧时间与颗粒的直径成正比,燃烧速率受化学动力学过程控制,与压力大小有关。对于含氧20%、氮80%的气体混合物,当温度为2240K时,如果硼颗粒直径为1μm,则燃烧时间为1.5ms。由于颗粒在燃烧室中滞留的时间相当短,因此在富燃料推进剂中应该选用非常细的金属颗粒。通常所使用的颗粒直径都不大于3μm。

6.5.1　含硼富燃料推进剂的燃烧性能研究

由于富燃料推进剂配方中氧化剂含量低,加之受含硼推进剂的制备工艺限制，无法加入大量超细粒度氧化剂，致使推进剂一次燃烧不完全程度增大；此外，含硼富燃料推进剂的工作压强通常为0.2～1.0MPa，如此低的工作压强易造成推进剂点火困难和熄火问题[85-87]，因此，有必要对含团聚硼富燃料推进剂的燃烧性能进行研究。硼作为含硼富燃推进剂的主要成分，它的含量和粒径对推进剂燃烧性能有较大影响[88]。本节研究了不同粒径的团聚硼对富燃料推进剂燃烧特性的影响，其结果见表6-4、图6-13和图6-14。

表6-4　含硼富燃料推进剂配方中硼粉的粒度级配及燃速结果

类型	B粉含量/%			燃速/(mm/s)				压力指数
	预处理①	$d \leqslant 0.3$mm②	$0.3 < d \leqslant 0.84$mm②	0.5MPa	1MPa	2MPa	3MPa	$n(0.5\sim3\text{MPa})$
1#	35	0	0	1.40	1.71	2.29	2.69	$r=1.77\ P^{0.3688}$
2#	25	10	0	1.58	1.91	2.54	2.98	$r=1.981\ P^{0.3587}$
3#	25	5	5	1.70	2.37	3.03	3.52	$r=2.2979\ P^{0.399}$
4#	20	5	10	2.33	2.84	3.75	4.39	$r=2.9291\ P^{0.3574}$
5#	25	10	5	1.96	2.56	3.28	3.80	$r=2.5417\ P^{0.3686}$
6#	25	10	7	2.02	2.64	3.40	3.95	$r=2.6258\ P^{0.3736}$

① 预处理硼粉；
② 团聚硼颗粒

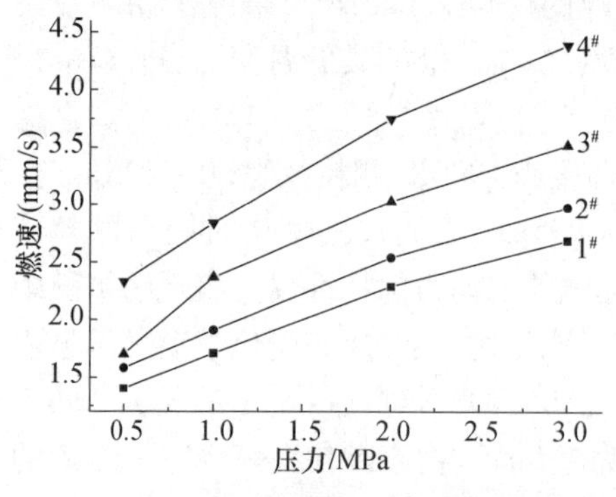

图6-13　不同粒度级配的团聚硼对富燃料推进剂燃速的影响

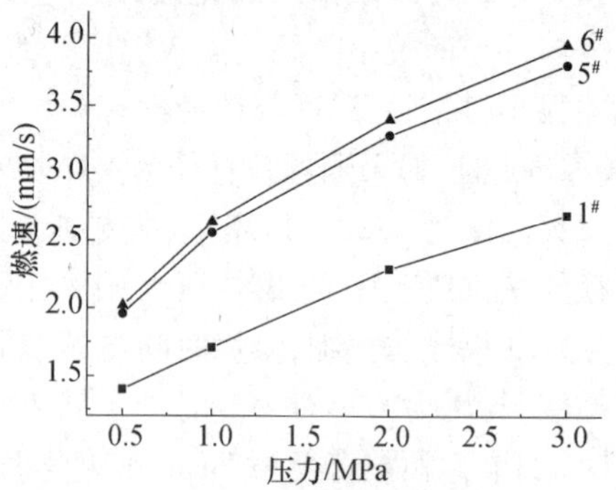

图6-14　不同含量的团聚硼对富燃料推进剂燃速的影响

从表6-4可以看出，含硼富燃料推进剂的燃速随着压强的升高而增大，但压强越高，含团聚硼富燃料推进剂的燃速提高的幅度越小。在同一压强下，推进剂燃速一方面随团聚硼颗粒含量的增加而增大(图 6-3),另一方面随团聚硼颗粒粒径的增大而增大(图 6-4),表现出在含硼量相同的条件下,推进剂配方中大粒径团聚硼颗粒含量越多,燃速越高。制备的含 40% 团聚硼颗粒的富燃料推进剂(5#)在低压下可稳定燃烧,其燃速压力指数为 0.37,这还需做进一步提高研究。

6.5.2 表面改性硼粉的热分解特性

高东磊[89]对无定形硼粉的 DTA 进行了研究。王进[90]对 B + AP 和 HTPB 包覆的硼粒子(包覆量为 10%)与 AP 的简单复合物(B^{HTPB} + AP)进行了 DTA 热分解研究。本节对 B/HTPB(混合比例为 1:1)混合物进行了热分析研究,结果如图 6-15 所示。

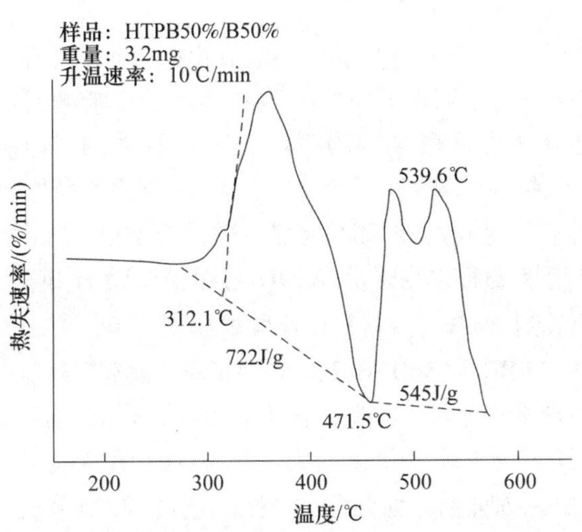

图 6-15 B/HTPB = 1:1 混合物的 DSC 热分析[90]

从图 6-15 可以看出,B/HTPB 混合物 DSC 曲线的形状与 HTPB 的完全相同,表明在测试温度范围内,整个过程中只有 HTPB 发生热解反应,图中的放热是由 HTPB 分解以及分解产物之间的反应产生,大约为 800J/g。研究发现[91],在 358.2℃出现一个较大的放热峰,这是 HTPB 热分解所产生的。在 HTPB 分解之后,AP 分解形成的另一个峰在 442.2℃与(B + AP)的高温放热峰接近,表明 HTPB 对硼粒子热化学性能的改善无明显作用,对无定形硼粉主要起到表面改性的作用[91],这与上述研究结果一致。

本书还研究了无定形硼粉和 NaOH 表面改性硼粉的热稳定性,在 N_2 气氛中对样品进行了热重分析,结果如图 6-16 所示。

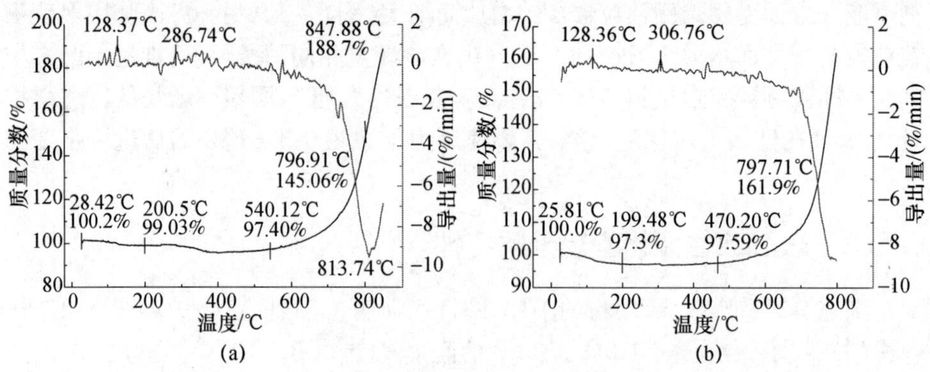

图 6-16　无定形硼粉和 B-4 表面改性硼粉的热重曲线

(a) B-0；(b) B-4。

由图 6-16 可以看出，无定形硼粉和氢氧化钠表面改性硼粉在 N_2 气氛的热重曲线趋势基本相同，在 470.2℃以下，硼粉表面的少量杂质产生热分解，热重微分曲线上存在几个失重峰；在 470.2℃以后，热重曲线开始缓慢上升，表明硼粒子开始与环境气氛中的氮气发生反应，之后，热重曲线急剧上升，热重微分曲线在 813.74℃处达到峰底，表明硼粉与氮气的反应结束。

对于 NaOH 溶液表面改性硼粉，NaOH 与硼粉表面 H_3BO_3 杂质反应生成可溶的化合物偏硼酸钠（$NaBO_2$），其化学反应式如下[92]：

$$H_3BO_3 + NaOH = 2H_2O + NaBO_2 \text{（偏硼酸钠）}$$

由于偏硼酸钠溶于水，水溶性杂质被消除，对 NaOH 溶液表面改性硼粉的滤液进行干燥，得到白色固体粉末。为证实 NaOH 溶液表面改性硼粉过程发生上述反应，对白色固体粉末进行了 X 射线衍射（XRD）分析，结果如图 6-17 所示。

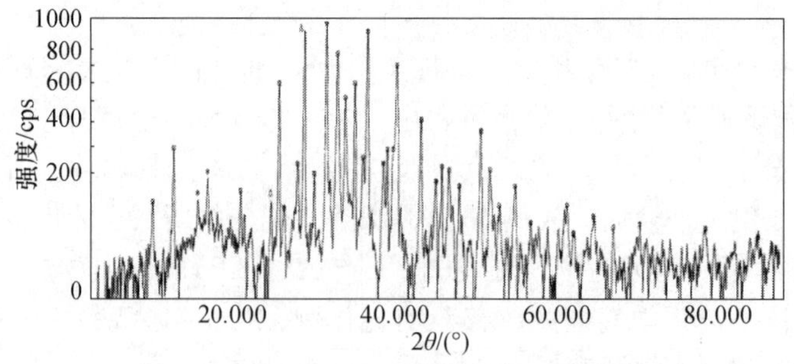

图 6-17　B-4 滤液残留物的 XRD 图谱

□—$NaCO_3$ 的衍射特征峰；*—$NaBO_2 \cdot 2H_2O$ 的衍射特征峰；△—$NaBO_2$ 的衍射特征峰。

由图 6－17 可以看出,2θ 为 15°、17°衍射峰属于 $NaBO_2 \cdot 2H_2O$,2θ 为 26°、31°衍射峰属于 $NaBO_2$,其余衍射峰属于 $NaCO_3$。为使硼粉表面酸性杂质充分反应,溶液中 NaOH 需过量,反应后溶液仍显碱性,因此过量的 NaOH 与空气中 CO_2 反应产生大量 $NaCO_3$,其衍射峰强度较大。硼粉表面 H_3BO_3 杂质少,滤液中生成的 $NaBO_2$ 部分形成了水合物,其量也较少,因此 $NaBO_2 \cdot 2H_2O$ 和 $NaBO_2$ 衍射峰的强度低。

6.5.3　含晶体硼粉富燃料推进剂的燃烧性能

测试了含晶体硼富燃料推进剂的低压下的燃速,并与含 HTPB 团聚处理的无定形硼粉的富燃料推进剂的进行了比较,结果见表 6－5。

表 6－5　含晶体硼粉的富燃料推进剂的燃速特性

样品	u_r/(mm/s)				n(0.5～3MPa)
	0.5MPa	1MPa	2MPa	3MPa	
含无定形硼推进剂	1.64	2.14	2.42	3.28	0.38
含晶体硼推进剂	1.15	1.38	1.77	2.07	0.33

由表 6－5 可见,在相同条件下,含晶体硼粉的富燃料推进剂低压下燃速低于 HTPB 团聚处理的无定形硼粉的推进剂。郑剑认为[93],在富燃料推进剂一次燃烧过程中,硼粉主要作为一种惰性吸热物质存在,不参与燃烧;但硼粉参与凝聚相反应而放热,对燃面温度升高的作用也不可忽视。考虑到晶体硼粉表面仍有 B_2O_3 存在,而含硼富燃料推进剂燃面温度小于 1300K,远小于硼粉点火燃烧时表面 B_2O_3 氧化膜气化离开时所需的 1900K,因此硼粉参与凝聚相反应的比例较小,对燃面温度升高的贡献小。由于晶体硼粉颗粒尺寸为 2～5μm,远小于 HTPB 包覆硼粉,与 AP 的接触面积大,其吸收的推进剂燃烧热量多,因此燃速低。同理,在 0.5～3MPa,推进剂较低的燃速压力指数也与其粒度有关,表明小粒度的晶体硼粉使推进剂燃速对压力变化的敏感性降低。推进剂组分对压力指数的影响最终可归结为对燃速的影响,推进剂在燃烧过程中,始终受到化学反应因素和压力这两个控制因素的影响。在压力因素相同情况下,由于晶体硼粉的吸热,使推进剂燃烧过程中凝聚相温度降低,产气速度减缓,气相反应物浓度降低,气相反应受压力影响的程度降低,而且气相反应速度和扩散速度均降低,使气相扩散反应区的火焰结构变小,反应温度降低,从而向凝聚相的热反馈减少,含晶体硼粉推进剂的燃速降低,因而使压力指数稍微降低。

虽然难以直接与普通无定形硼粉比较，在0.5～3MPa下F1的压力指数比F0低0.05；在3MPa下，F1燃速比F0低36.9%，而在相同情况下，未团聚无定形硼粉与团聚硼粉相比，未团聚无定形硼粉在3MPa以下熄火，在3MPa时燃速比团聚硼粉低29.7%。因此可认为，晶体硼粉对推进剂燃速影响与无定形硼粉相同。含晶体硼粉的富燃料推进剂低压下正常燃烧，实测燃烧热和燃烧效率较高；晶体硼粉对推进剂燃速的影响与无定形硼粉相同，但参与凝聚相反应的活性高于无定形硼粉。

6.5.4 含晶体硼粉富燃料推进剂的热分解特性

依据含硼富燃料推进剂热分解特性研究结果[92-95]，在推进剂各组分含量相同时，促进凝相反应有利于含硼富燃料推进剂低压燃速的提高，因此，在相同条件下，通过热重分析，研究了晶体硼粉富燃料推进剂热分解特性，分析了晶体硼粉在凝相反应中的作用，并和含无定形硼粉的推进剂配方进行了对比，TG曲线如图6－18和图6－19所示。

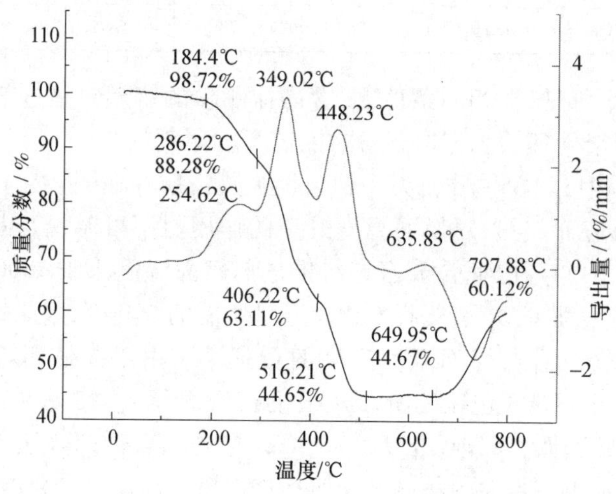

图6－18　推进剂F0的热重曲线

依据富燃料推进剂主要组分的热分解区间[78-81]，在0～520℃可将F0、F1推进剂的TG曲线分为三个温区：

第一温区为180～290℃。从热重曲线可知，约50℃时开始出现质量损失，且质量损失速率逐渐增加，F0在254.62℃时达质量损失速率最大点，然后质量损失速率降低，到约286.22℃趋于恒定，在该温区共损失质量10.54%，而F1在233.40℃时达质量损失速率最大点，在该温区共损失质量8.58%。

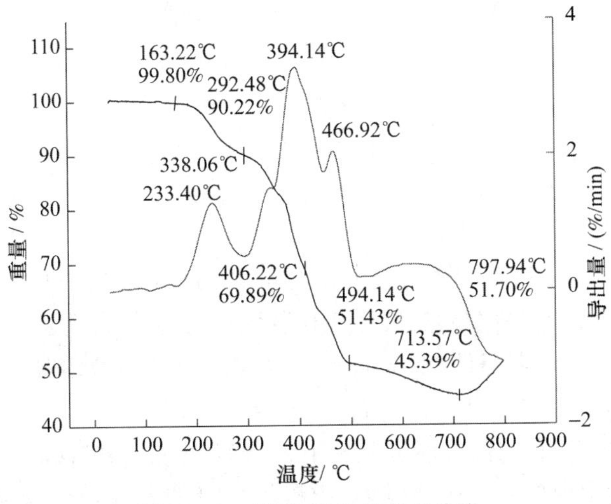

图6-19　推进剂F1的热重曲线

从AP的DSC曲线可知[89]，AP在242℃附近发生晶转，并发生低温分解产生质量损失。

第二温区为290～407℃。F0从286.22℃开始快速质量损失，在349.02℃达到质量损失速率最大点，最后快速下降到406.22℃；在相同温区内(286.22～406.22℃)，F1的质量损失峰顶394.14℃。HTPB黏合剂在250～410℃范围内发生解聚反应、环化反应和交联反应并分解放热，276～370℃为AP的主要分解区，剧烈地分解而损失质量。AP分解产生的氧化性气体与它所接触到的Mg、B或HTPB发生氧化还原反应，并伴随着剧烈的质量损失。由于氧化性气体与配方中的Mg、B反应生成的MgO、B_2O_3等是凝聚相，因此320～350℃范围质量损失峰主要是氧化性气体自身质量损失及与HTPB反应形成。在质量损失峰顶以后，由于产生了凝聚相反应产物，质量损失减弱。由于AP的分解质量损失和组分之间反应质量损失无法截然分开，在该温度区间质量损失存在叠加。

在DTG曲线上，质量损失峰顶温度对应着分解反应速率最快点。在该温区，F0质量损失峰温为349.02℃，质量损失25.17%，F1质量损失20.61%，依据推进剂配方组成，结合第一、二温区的质量损失可推测，AP(含30%)已完全分解而质量损失，其余质量损失主要是增塑剂、助剂、液体燃烧催化剂和部分HTPB的分解造成。

在该温区，增塑剂、助剂、液体燃烧催化剂和部分HTPB的分解产物为C、CH碎片，HTPB分解碎片、Mg粉、B粉与AP分解的活性氧O_2主要发生以下反应：

$$NH_4ClO_4 \rightarrow HCl(g) + N_2(g) + H_2O(g) + O_2(g) + NO(g) + NO_2(g) + Cl_2(g) \tag{6-25}$$

$$Mg + [O] \rightarrow MgO(s) \tag{6-26}$$

$$B + [O] \rightarrow B_2O_3(s) \tag{6-27}$$

$$C + [O] \rightarrow CO_2(g) \tag{6-28}$$

$$CH + [O] \rightarrow CO_2(g) + H_2O(g) \tag{6-29}$$

由以上各反应式和纯AP的热解特性可见，AP的热解反应为主反应，其他分解产物、配方组分与活性氧的反应是竞争反应，反应活化能越低，越易于反应。王英红[88]研究认为，在HTPB、B、Mg-Al合金之中，HTPB消耗AP分解活性氧的能力最强，其次为Mg-Al合金，而B的反应能力最弱。

根据以上研究可认为，在相同条件下，C、CH等有机分解碎片与活性氧的反应占优势时，则生成的气相产物较多，质量损失量较大，因此，F1质量损失量小于F0可能是由于晶体硼粉与活性氧的反应性高于无定形硼粉，有部分的晶体硼粉参与了凝聚相的氧化反应，只有少量的氧化性燃气与C、CH等有机分解碎片反应，生成的气态产物量少，质量损失量少。

第三温区，410~520℃。该温区的质量损失是HTPB继续降解的过程，在440~470℃发生剧烈的分解质量损失。

当然，考虑到TG测试取样量少，有一定试验误差，质量损失量仅具有定性意义，因此根据第二温区质量损失量结果可定性认为，在含硼富燃料推进剂中，晶体硼粉参与凝聚相反应的活性高于无定形硼粉。此外，该结论与前面认为硼粉参与凝聚相反应的比例小并不矛盾，因为虽然晶体硼粉参与凝聚相反应的活性高，但参与凝聚相反应放出的热量仍远小于细粒度晶体硼粉颗粒吸收的凝聚相热量，因此，宏观上表现为未团聚硼粉推进剂的燃速较低。

6.5.5 含硼镁复合粉的富燃料推进剂的燃烧特性

本节还对含硼镁复合粉富燃料推进剂的燃烧热和低压燃速进行了测试，并与含团聚处理硼富燃料推进剂的结果进行了对比，结果见表6-6。

表6-6 含硼富燃料推进剂的燃速结果

样品	燃烧热值/(MJ/kg)	u_r/(mm/s)				n(0.5~3MPa)
		0.5MPa	1MPa	2MPa	3MPa	
含团聚硼推进剂	27.524	1.25	1.48	1.87	2.27	0.33
含硼镁复合粉推进剂	28.321	1.44	1.91	2.22	2.98	0.38

由表 6－6 和图 6－20 可以看出，在相同条件下，含硼－镁复合粉富燃料推进剂的燃速明显高于含处理硼粉富燃料推进剂。其中，在 0.5～3MPa 下，含硼－镁复合粉富燃料推进剂的燃速比含团聚硼富燃料推进剂的燃速高了 36.7%～58.5%，压力指数提高了 0.05，燃烧热值也增加了 2.81%。这可能是由于在富燃料推进剂一次燃烧过程中，硼粉主要作为一种惰性吸热物质存在，不参与燃烧，只参与凝聚相反应而放热。推进剂在相同压力下燃烧时，硼粉吸热使推进剂凝聚相温度降低，产物气流速度减缓，气相反应物浓度降低，使气相反应速度和扩散速度均降低，进而使气相扩散反应区的反应温度降低，从而向凝聚相的热反馈减少，致使含硼富燃料推进剂的燃速降低，压力指数稍微降低。含硼镁复合粉富燃料推进剂温度升高到燃点时吸收推进剂的热量少，而且其表面影响硼粉点火和燃烧的 B_2O_3 和 H_3BO_3 含量非常小，有利于硼粉的充分燃烧和热量的释放，因此推进剂的燃速较高[57,62]，表明硼镁复合可改善富燃料推进剂的燃烧性能。

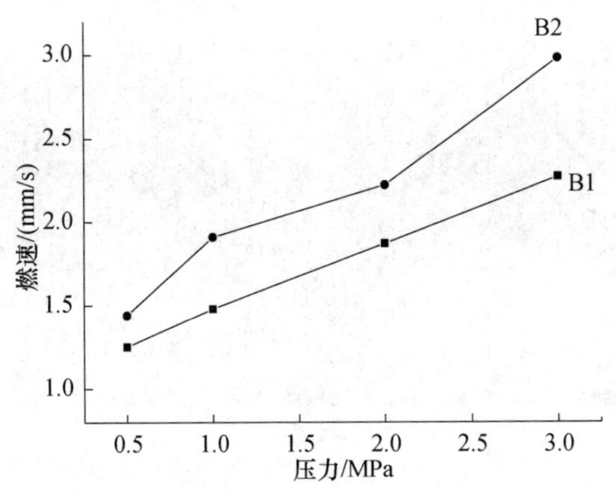

图 6－20　含硼富燃料推进剂的燃速曲线

6.5.6　含团聚硼富燃料推进剂 Φ64 标准发动机试验

高能含硼富燃料推进剂的燃烧性能（一次燃烧和二次燃烧）和能量性能与发动机试验技术状态密切相关[82]。一次燃烧性能一般采用静态药条、Φ64 标准发动机以及直连式冲压发动机试车测试。为了与实际使用状态相比较，通过调节喷管的大小，采用 Φ64 标准发动机研究不同压强下高含硼量富燃料推进剂的燃烧性能，结果见表 6－7 和图 6－21。

表 6－7　Φ64 标准发动机试验结果

发动机编号		团聚硼含量/%	T/℃	燃烧平均压强/MPa	装药量/g	内外孔燃速 u/(mm/s)	特征速度 /(C*/(m/s))
09FR－21	－1	35%	19.0	0.393	369	0.7762	545.679
	－2		19.0	1.521	370	1.1218	843.006
	－3		19.0	3.019	370	1.4286	990.983
09FR－34	－1	40%	25.0	1.530	360	3.9189	750.357
	－2		25.0	1.513	369	4.5422	769.752
	－3		25.0	1.054	365	3.4543	721.486
注:推进剂试验中调节了点火药组分的含量和比例							

从表 6－7 可以看出,不同团聚硼含量的富燃料推进剂在低压下可稳定燃烧,推进剂内外孔燃速随团聚硼颗粒含量的增加而增大。由于发动机试验受多种因素影响,这方面工作还需做进一步深入研究。

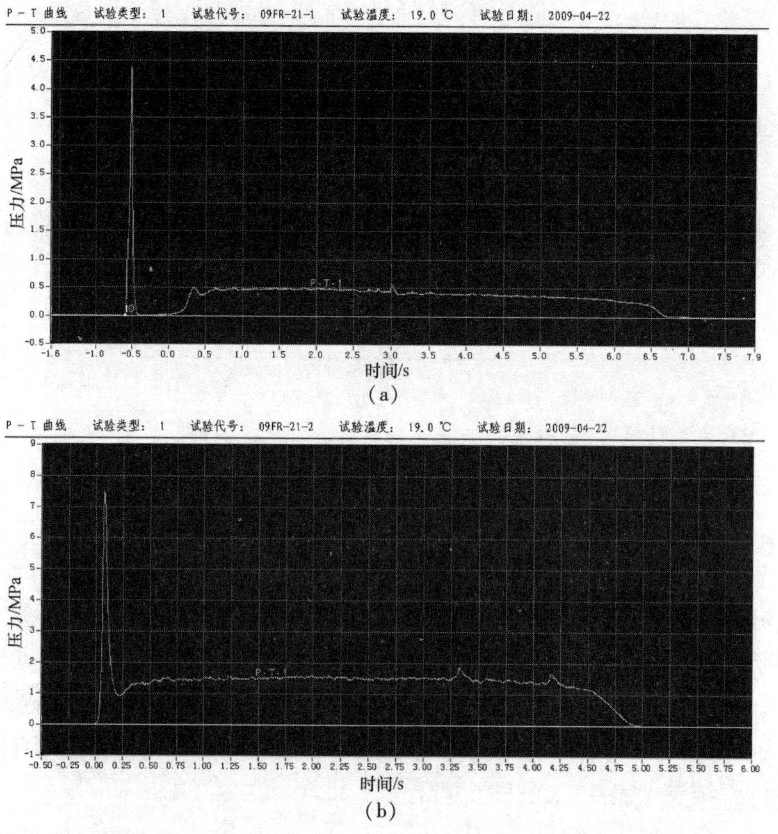

(a)

(b)

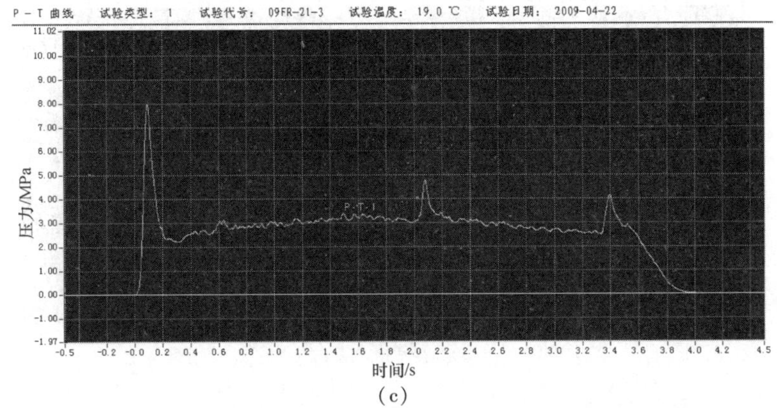
P－T 曲线 试验类型： 1 试验代号： 09FR-21-3 试验温度： 19.0 ℃ 试验日期： 2009-04-22
P-T-1
压力/MPa
时间/s

(c)

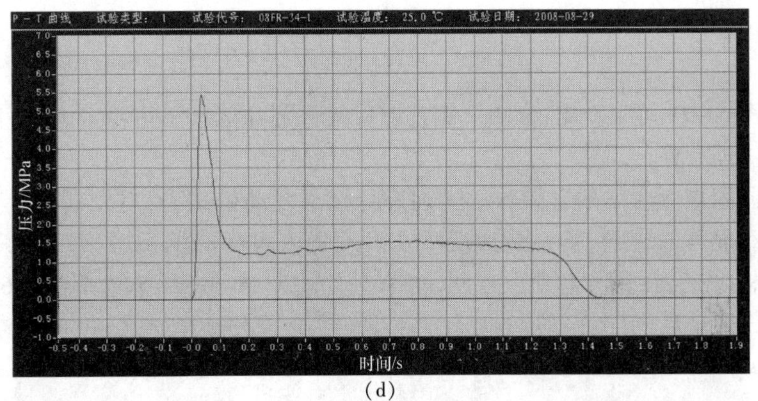
P－T 曲线 试验类型： 1 试验代号： 08FR-34-1 试验温度： 25.0 ℃ 试验日期： 2008-08-29
压力/MPa
时间/s

(d)

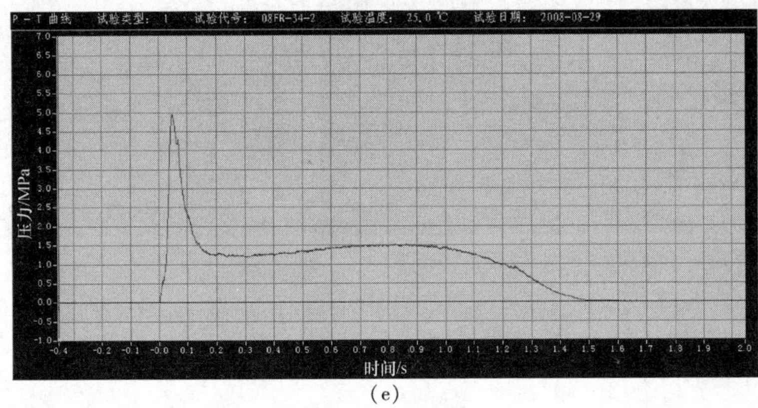
P－T 曲线 试验类型： 1 试验代号： 08FR-34-2 试验温度： 25.0 ℃ 试验日期： 2008-08-29
压力/MPa
时间/s

(e)

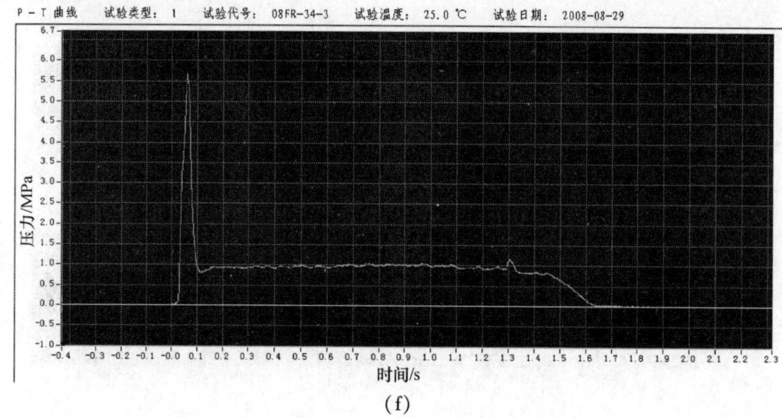

(f)

图 6－21　Φ64 标准发动机试验曲线

(a)09FR－21－1；(b)09FR－21－2；(c)09FR－21－3；
(d)09FR－34－1；(e)09FR－34－2；(f)09FR－34－3。

由图 6－21 可以看出，含团聚硼富燃料推进剂在低压下可稳定燃烧，且 $P-t$ 曲线均比较平滑。

不同团聚硼含量的富燃料推进剂进行标准发动机试验，对发动机点火和燃烧等均有显著的影响，其燃烧后沉积在发动机内表面的沉积层（包括未燃烧的金属燃料等）也会有所差别。在此，本节对含团聚硼富燃料推进剂的 Φ64 标准发动机试验前后的照片进行的比较，结果如图 6－22 所示。

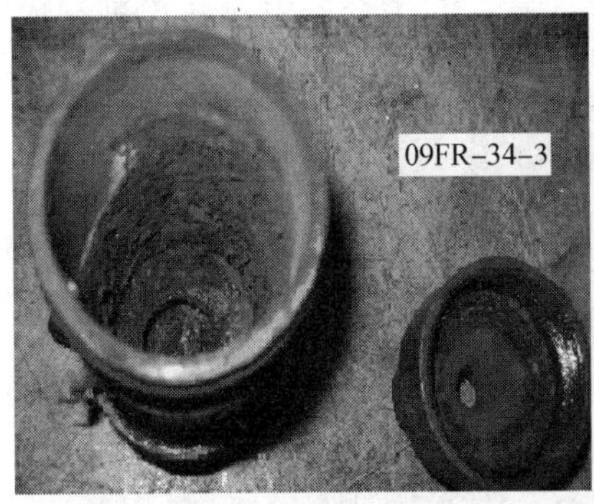

图 6 - 22 Φ64 标准发动机试验前后照片比较

由图 6 - 22 可以看出,不同团聚硼含量的富燃料推进剂燃烧后发动机壳体内表面燃烧残渣较多,沉积一层很厚的“灰黑色”的沉积层,燃烧残渣的量随压强的增大而减少,表明含团聚硼富燃料推进剂虽然可以在低压下稳定燃烧,但是含团聚硼富燃料推进剂在低压下的燃烧性能还有待于做进一步改善和提高。

6.6 富燃料推进剂燃烧机理研究

6.6.1 燃烧火焰结构

与复合固体推进剂相比,含硼富燃料推进剂中含有大量的硼颗粒,且氧化剂含量大大降低,其气相区火焰必然会出现一些新特点,硼颗粒的不同表面处理也会对气相区火焰有不同的影响。同时,认识气相火焰结构对推进剂燃烧模型的建立也是十分必要的,因此,本节对含硼富燃料推进剂的火焰结构进行分析。实验时把包覆的 1.5mm × 5mm × 15mm 的含硼富燃料推进剂样品垂直安装在点火架上,然后把点火架放入四视窗透明燃烧室内,充氮气使燃烧室达到预定压强,并形成自下而上的氮气流,以保证样品燃烧时火焰的清晰度。用Φ0.15mm的镍铬丝从上端点燃推进剂试样,在适当的时候启动照相机拍照,即可得到推进剂稳定燃烧时的火焰结构照片[56]。

1. 含硼富燃料推进剂的火焰结构

由于含硼富燃料推进剂硼含量高、氧化剂含量低,该类推进剂在一次燃烧过程中,硼以固体颗粒的形式离开燃面,加之碳氢化合物的不完全燃烧,在推进剂燃面上方形成大量的烟,降低了火焰亮度。压强较低时,无法拍摄到火焰照片。因此,本节考察了在 2.0MPa 下提纯硼富燃料推进剂和团聚硼富燃料推进剂的

火焰照片如图6-23所示。(图6-23~图6-25中含硼富燃料推进剂均采用相同的AP粒度)

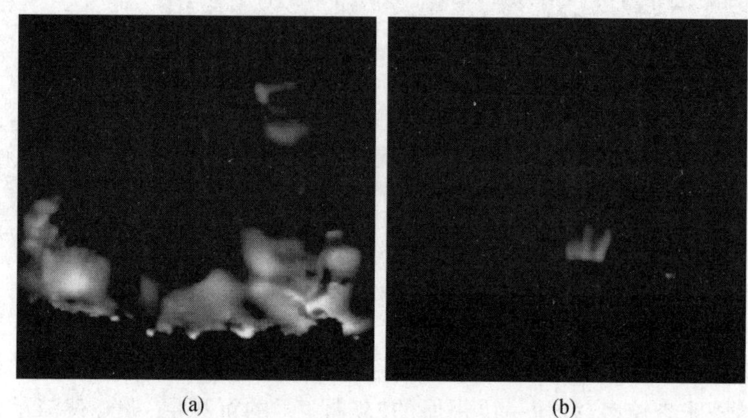

(a) (b)

图6-23 含硼富燃料推进剂稳态燃烧火焰结构

(a)提纯硼富燃料推进剂;(b)团聚硼富燃料推进剂。

由图6-23可以看出,由于推进剂中的AP含量较低,燃面上的亮、暗区域不均匀,且周围存在大量的烟雾。这是由于在燃面上,推进剂中的氧化剂和黏合剂发生分解,以气体的形式离开燃面,而硼颗粒依靠氧化剂和黏合剂气态分解产物的推动作用离开燃面,以固体颗粒的形式离开,加上黏合剂富燃分解产物,使火焰周围形成大量的烟雾。燃烧表面的气相区大部分区域显示为黄色,这种黄色发光火焰主要为AP富氧产物与黏合剂富燃气相产物形成的扩散火焰[54-56]。推进剂的气相区存在一些亮点,可能是气态Mg的燃烧反应,反应比较剧烈。但在含硼富燃料推进剂中,镁含量较少,从而明亮区的比例较小。在气相火焰区,大部分硼颗粒被加热或缓慢反应,这种发黄的区域与硼颗粒的加热和氧化反应比较类似[57-65],因为硼颗粒的熔点和沸点比较高,硼颗粒此时的反应为气-固反应,反应速率较慢。

2. 团聚硼对含硼富燃料推进剂火焰结构的影响

对比提纯硼与团聚硼富燃料推进剂的火焰照片,两者差异较大。团聚硼富燃料推进剂的火焰亮度较暗,燃面上的亮、暗区域也不均匀,且暗区域比例增大。在推进剂凝相反应区,首先发生AP的分解反应,其分解反应热促进黏合剂的分解,AP分解产物与黏合剂分解产物相互反应放热,进一步促进AP和黏合剂的分解,并在推进剂的气相区形成火焰。由于含硼富燃料推进剂中的氧化剂含量较少,其反应不足以使所有的黏合剂在燃面上分解并与AP反应,存在黏合剂单独分解的区域[58],团聚硼增大了团聚硼体系中黏合剂与氧化剂的接触阻力,使部分硼颗粒与未分解完全的黏合剂一起离开燃面,黏合剂在气相区的吸热分解使推进剂的火焰亮度较暗，也使团聚硼富燃料推进剂燃面上的暗区域比例增大。另一方面，团聚硼颗粒表面的 HTPB 阻碍了硼与氧化性气体的反应，从而团聚硼富燃料推进剂中参与氧化反应的硼的比例较小，也使得火焰亮度较暗。

3. 包覆材料 AP 和 LiF 对含硼富燃料推进剂火焰结构的影响

在 2.0MPa 下提纯硼富燃料推进剂、采用 19.10% AP 包覆硼和采用 17.00% 的 LiF 包覆硼富燃料推进剂的火焰照片如图 6－24 和图 6－25 所示。

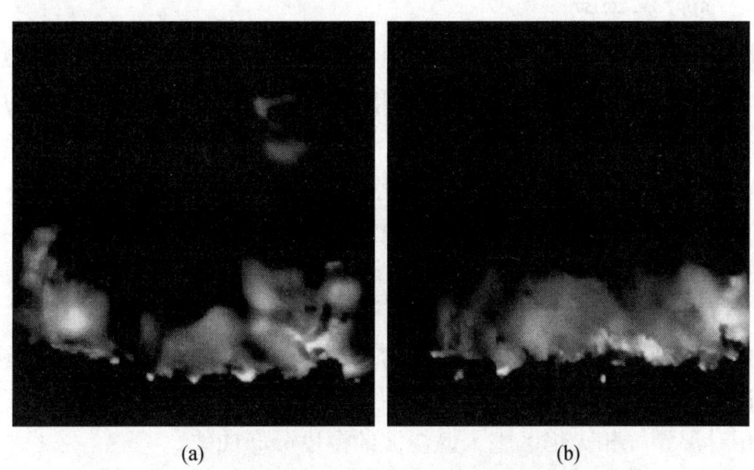

(a)　　(b)

图 6－24　含硼富燃料推进剂稳态燃烧火焰结构Ⅱ

(a)提纯硼富燃料推进剂；(b)AP 包覆硼富燃料推进剂。

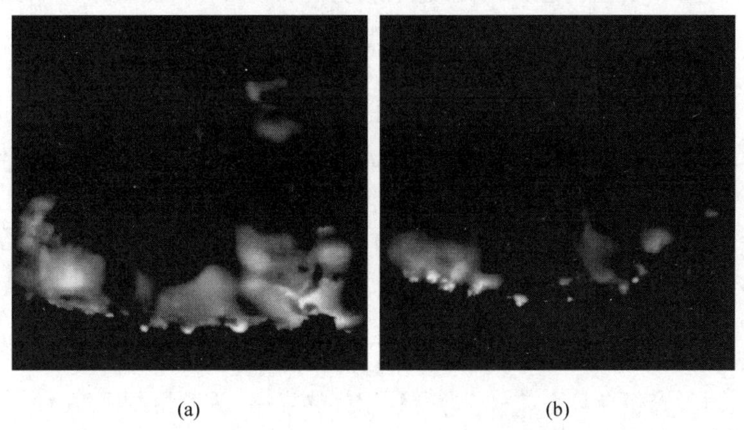

(a)　　(b)

图 6－25　含硼富燃料推进剂稳态燃烧火焰结构Ⅲ

(a)提纯硼富燃料推进剂；(b)LiF 包覆硼富燃料推进剂。

由图 6－24 可以看出，AP 包覆硼使推进剂的燃烧更为剧烈一些，且燃烧火焰更贴近燃面，这主要是由于包覆在硼颗粒表面的 AP 粒度小，比表面积大，易于在靠近燃面的区域发生反应所致。由图 6－25 可以看出，由于 LiF 取代了推进剂配方中的部分 AP，气相反应区的氧化性气体减少，使气相反应区的火焰亮度降低。表明，LiF 主要是对 B 的氧化有明显影响，对推进剂一次燃烧的作用有限。

6.6.2 燃烧波温度

固体推进剂燃烧时凝聚相与气相温度分布对于研究固体推进剂的燃烧机理有重要意义，通过温度分布可以分析燃烧过程中所发生的物理化学反应及作用区域，进一步可明确推进剂燃烧的控制因素。基于此，有必要研究含硼富燃料推进剂的燃烧波温度分布和燃烧过程中发生的物理化学过程。

将“Π”型带状双钨铼微热电偶埋设在直径为 7mm，长度为 20mm 的推进剂样品中间，用聚乙烯醇溶液包覆侧面数次，晾干。将嵌入微热电偶的样品装在点火架上，然后置于四视窗透明式燃烧室内，充氮气使燃烧室达到预定的压强，推进剂燃烧后，触发采集系统。随着推进剂燃烧的进行，热电偶与燃面逐渐接近，然后到达燃烧表面并通过表面进入气相，最后通过火焰区，这样就测得了推进剂从凝聚相升温到气相火焰区整个燃烧波的温度分布曲线。

董存胜等人[78,79]对固体推进剂燃烧波数据处理方法进行了详细的分析。

推进剂稳态燃烧时，设燃烧波中任一单元体处于热平衡状态。若只考虑热传导这一基本的能量传递方式，推进剂燃烧过程中的一维能量方程可以表示为

$$\lambda \frac{\mathrm{d}^2 T}{\mathrm{d}x^2} - C\rho r \frac{\mathrm{d}T}{\mathrm{d}x} + Q = 0 \tag{6-30}$$

式中：λ 为导热系数；T 为燃烧波任一点处的温度；x 为燃烧波移动方向上的距离；C 为比热容；Q 为单位质量推进剂的反应热；ρ 为密度；r 为燃速；$\mathrm{d}T/\mathrm{d}x$ 为温度梯度。

若忽略 Q 并假设 λ、C、ρ 为常数，考虑到 $x=0$ 时，$T=T_s$；$x=-\infty$ 时，$T=T_0$，$\mathrm{d}T/\mathrm{d}x=0$ 等边界条件，对式（5－1）进行积分，可以得到推进剂燃烧过程中凝聚相反应区的温度分布表达式：

$$(T-T_0)=(T_s-T_0)\exp\left(\frac{r\rho_p C_p}{\lambda_p}x\right) \tag{6-31}$$

式中：λ_p 为凝聚相导热系数；C_p 为凝聚相比热容；ρ_p 为凝聚相密度。

同理，由式（6－30）可得气相反应区的温度分布表达式：

$$(T_f-T)=(T_f-T_s)\exp\left(-\frac{r\rho_g C_g}{\lambda_g}x\right) \tag{6-32}$$

式中：λ_g 为气相导热系数；C_g 为气相比热容；ρ_g 为气相密度。

式(6－31)和式(6－32)对 x 求导可分别得到凝聚相温度分布和气相温度分布的微分方程。对凝聚相温度分布微分方程和气相温度分布微分方程作图，两曲线相交，交点即为 T_s 在温度分布曲线上的位置。

得到燃面温度 T_s 后，经进一步计算，可得到凝聚相反应区厚度 L_s、气相反应区厚度 L_g、气相温度梯度 $(\mathrm{d}T/\mathrm{d}x)_g$ 等参数。

其中

$$\left(\frac{\mathrm{d}T}{\mathrm{d}x}\right)_g = \frac{T_f - T_s}{L_g} \tag{6-33}$$

式中：T_f 最终火焰温度，下面的计算中 $T_f = T_{f1}$。

1. 含硼富燃料推进剂的燃烧波结构

由实验测定，后经处理得到的不同压强下提纯硼富燃料推进剂的燃烧波曲线如图 6－26 所示。复合固体推进剂典型的燃烧波曲线如图 6－27 所示[80]。

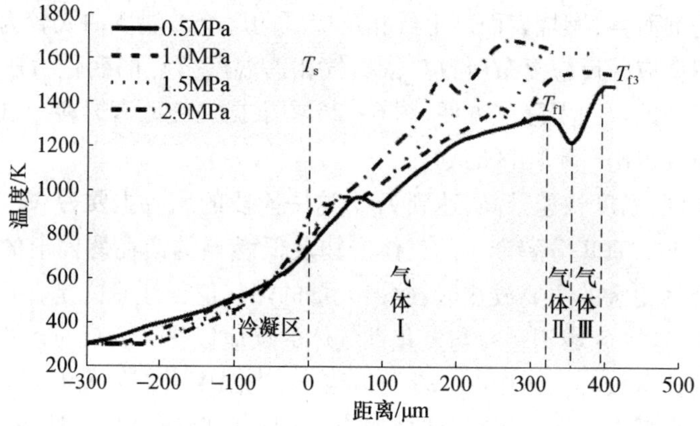

图 6－26 提纯硼富燃料推进剂的燃烧波曲线

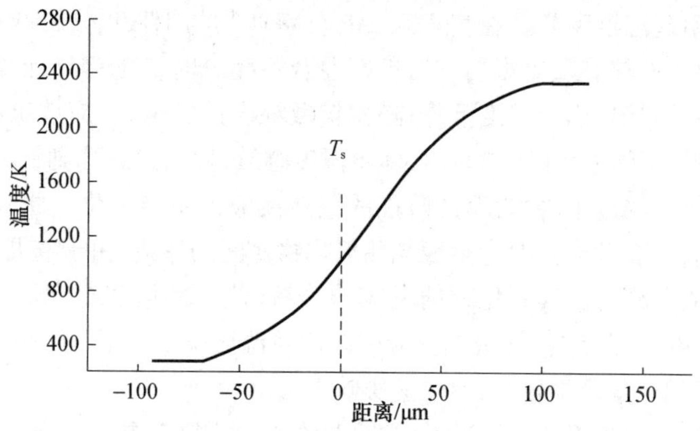

图 6－27 复合固体推进剂典型的燃烧波曲线

由图6-26和图6-27可以看出,含硼富燃料推进剂与复合固体推进剂的燃烧波曲线存在较大差异,即含硼富燃料推进剂的气相反应区温度变化比较复杂,在温度升高过程中存在明显的吸热降温区。

推进剂的燃烧区域可分为凝聚相和气相两大区域。通常以AP的晶型转变温度作为凝聚相反应区的起始点,燃面以下至AP晶型转变的区域为凝聚相反应区,燃面之上的反应区域为气相反应区。

在凝聚相反应区,在气相反应热反馈和凝聚相放热反应的共同作用下,推进剂温度不断升高,达到燃面温度 T_s。这一区域的反应包括:①AP和黏合剂的分解反应;②AP分解产物与黏合剂分解产物之间的反应;③AP分解产物与硼颗粒之间微弱的异相反应。这一区域反应的总热效应是放热的,凝聚相反应热和气相反应热反馈使推进剂凝聚相区温度不断升高。

依据燃烧波温度曲线的变化可划分出凝聚相反应区和气相反应区。对含硼富燃料推进剂而言,燃烧表面之上气相反应区的燃烧波温度曲线较为复杂,这主要是由气相反应区反应复杂所致。依据气相区温度节点的变化,进一步将气相区划分为三个区。为了陈述方便,图6-26中根据提纯硼富燃料推进剂0.5MPa下的温度曲线示出了不同区的划分。

在气Ⅰ区,温度快速升高,达到 T_{f1}。这一阶段的反应主要为AP分解产生的 NH_3、$HClO_4$ 与HTPB分解产生的气体产物及低燃点的镁在燃面上的放热反应,这一区域为气相区的主要放热区,放出大量的热。值得注意的是,由于硼的熔点和沸点较高,这一区域硼颗粒与氧化性气体的反应以气-固反应形式存在,氧化放热所占的比例较小。由图6-26可以看出,当温度升高到950K左右之后,燃烧波曲线中出现温度下降段,说明此时存在明显的吸热反应。这可能同推进剂中含有Mg有关,推进剂中含有少量的Mg,当温度升到923K之后,金属Mg会熔化吸热,可引起温度下降。在气Ⅰ区,AP分解产物与HTPB分解产物的扩散混合程度对反应放热有重要影响。当扩散混合不充分时,反应释放的热量小于吸热反应吸收的热量,引起温度下降;随着扩散混合的完全,反应放出的热量不断增大,当热量释放值大于吸热量时,体系温度继续升高,最终达到 T_{f1}。

在气Ⅱ区,温度下降,表明此阶段的吸热反应占主导地位。此时,吸热大于放热的升温作用,此时主要发生硼与硼氧化物之间的反应,由于气Ⅱ区的温度低于1500K,依据硼粉及其氧化物的反应的分析,认为此区间存在的反应为B和 B_2O_3 形成 $(BO)_n$ 的反应,此吸热反应引起体系温度降低,此区距离燃面较远,对推进剂燃面的热量反馈较小,对燃速影响不大。

在气Ⅲ区,温度升高,达到 T_{f2},表明此阶段的放热反应占优势。

2. 团聚对含硼富燃料推进剂燃烧波结构的影响

不同压强下团聚硼富燃料推进剂的燃烧波曲线如图6－28所示。

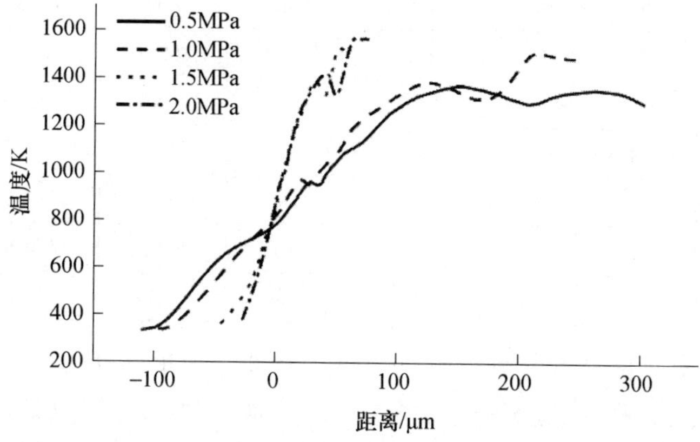

图6－28 团聚硼富燃料推进剂的燃烧波曲线

从图6－28可以看出,压强较低时,团聚硼富燃料推进剂燃烧波曲线与提纯硼富燃料推进剂燃烧波曲线的趋势是一致的,在气相反应区可明显地观测到两个吸热降温区。提高压强,团聚硼富燃料推进剂在950K左右的吸热降温区消失,这主要是因为,一方面,团聚硼颗粒粒度较大,使得氧化剂和黏合剂更容易接触,有利于AP分解产物与HTPB分解产物的扩散混合,从而有利于加速两者的反应,反应放热量大于镁的熔化吸热量,从而使吸热降温区消失;另一方面,提高压强,AP与HTPB分解产物的反应速度加快,单位时间内释放的热量大于吸热反应的吸热值,也有利于消除吸热降温区。

为了分析压强及硼的不同表面处理对推进剂燃烧波结构的影响,对图6－27和图6－28中的各特征参数进行了总结,具体数据见表6－8。

表6－8 含硼富燃料推进剂的燃速及燃烧波参数

推进剂类型	参数	0.5MPa	1.0MPa	1.5MPa	2.0MPa	n
提纯硼富燃料推进剂	燃速/(mm/s)	2.43	3.36	4.40	5.40	0.57
	燃面温度/K	738.5	767.5	797.4	898.1	
	凝聚相区厚度/μm	101.7	92.0	76.9	70.2	
	气相区厚度/μm	318.4	261.2	233.2	217.2	
	T_{f1}/K	1340.2	1379.2	1425.5	1512.2	
	T_{f2}/K	1481.5	1549.6	1641.3	1691.2	
	$(dT/dx)_g$/(K/μm)	1.89	2.34	2.69	2.83	

（续）

推进剂类型	参数	0.5MPa	1.0MPa	1.5MPa	2.0MPa	n
团聚硼富燃料推进剂	燃速/(mm/s)	3.53	5.60	7.10	8.55	0.64
	燃面温度/K	783.6	820.9	865.8	893.6	
	凝聚相区厚度/μm	67.2	58.4	22.3	18.2	
	气相区厚度/μm	154.7	126.1	30.4	38.7	
	T_{f1}/K	1366.6	1381.2	1385.5	1417.6	
	T_{f2}/K	1352.8	1514.3	1525.8	1569.0	
	$(dT/dx)_g$/(K/μm)	3.77	4.44	17.09	13.54	

由表6－8中的数据可以看出，对于提纯硼富燃料推进剂和团聚硼富燃料推进剂，随压强的升高，推进剂的燃面温度不断升高，气相反应区的厚度不断减小，凝聚相区的厚度也不断减小。这主要是因为，随着压强的升高，AP与黏合剂的扩散火焰高度降低，燃烧反应区更靠近推进剂燃烧表面，降低了气相反应区的厚度，气相温度梯度也不断增大，相应地增大了气相反应向燃面的热反馈，从而使推进剂燃面温度增大。同时，推进剂燃速不断增大使凝聚相区厚度不断减小。

在任一压强下，团聚硼富燃料推进剂气相反应区的厚度均小于提纯硼富燃料推进剂。由于提纯硼颗粒的粒度较小，硼颗粒均匀地分布在燃面上，氧化剂与小粒度的硼容易接近，容易破坏氧化剂分解产物和黏合剂分解产物之间预混火焰的结构，同时也增大了两者的扩散阻力，不利于气相反应的进行，从而使气相反应区的厚度增大。而团聚硼颗粒的粒度较大，团聚硼颗粒之间的距离较大，使得氧化剂和黏合剂更容易接触，未破坏预混火焰的结构，也利于氧化剂分解产物和黏合剂分解产物之间的扩散，有利于气相反应的进行，从而团聚硼富燃料推进剂的气相反应区厚度较小。

随压强的升高，推进剂的火焰温度 T_{f1} 不断增大。这是因为在推进剂配方一定的前提下，单位质量推进剂的燃烧放热量是一定的，随推进剂燃速的提高，单位时间内释放的总热量就越大，使 T_{f1} 不断增大。

由表6－8中的数据还可以看出，团聚硼富燃料推进剂燃速等于甚至大于提纯硼富燃料推进剂燃速时，团聚硼富燃料推进剂的 T_{f1} 要小。这主要是由于 T_{f1} 主要反映了气Ⅰ区的反应放热，在各组分百分含量一定的情况下，硼的氧化反应百分数对 T_{f1} 有较大的影响，因为硼的燃烧热值远高于黏合剂HTPB的燃烧热值，硼氧化反应百分数的增大有利于温度的提高。气Ⅰ区氧化性气体同硼的反应为气－固反应，硼颗粒与氧化性气体的接触面积对硼的反应程度具有重要影响。提纯硼颗粒的粒度小，反应比表面积大，有利于提高硼的氧化反应百分数。

而团聚硼颗粒的粒度较大,反应比表面积小,不利于硼的氧化,从而燃速相近时,提纯硼富燃料推进剂的 T_{fl} 要高于团聚硼富燃料推进剂。

随压强的升高,推进剂的气相温度梯度不断增大。这主要是由于随压强的增大,化学反应速率加快,进一步使热量释放速率加快,从而增大了气相温度梯度。在任一压强下,团聚硼富燃料推进剂的气相温度梯度高于提纯硼富燃料推进剂。由于提纯硼颗粒的粒度较小,容易破坏氧化剂分解产物和黏合剂分解产物之间预混火焰的结构,同时也增大了两者的扩散阻力,不利于气相反应的进行,从而气相温度梯度较低。

对含硼富燃料推进剂燃烧波参数的计算,可得到燃面温度、气相区厚度、最终火焰温度、气相温度梯度等参数。各参数对推进剂燃速的影响存在差异,为明确这种差异,必须对不同参数的显著性进行分析,分清主要因素与次要因素。在此,采用灰色关联分析法分析不同因素对推进剂燃速的影响。

1) 灰色关联分析法的原理及计算方法

灰色关联是指事物之间的不确定性关联,或特征行为序列与相关因素行为序列之间的不确定关联。灰色关联分析的基本思想是根据序列曲线几何形状的相似程度来判断其联系是否紧密。曲线越接近,相应序列之间关联度就越大,反之就越小。灰色关联分析的理论工具是灰色关联度,用于度量因素之间的关联程度。灰色关联度是两个系统或两个因素间关联性大小的量度,它描述系统发展过程中因素间相对变化的情况。如果两个因素在发展过程中相对变化态势基本一致,则两者的灰色关联度大;反之,灰色关联度就小。反过来,可以用计算出的灰色关联度的大小来判断因素之间的关联程度,找出主要特征和得到主要因素[78,81-83,94]。

灰色关联度的计算步骤如下:

第一步:确定特征行为序列和相关因素行为序列。即

特征行为序列:

$$X_0 = \{x_0(1), x_0(2), \cdots, x_0(n)\} \tag{6-34}$$

相关因素行为序列:

$$X_i = \{x_i(1), x_i(2), \cdots, x_i(n)\}, i = 0,1,2,\cdots,m \tag{6-35}$$

第二步:无量纲化,得到新数列。令

$$X_i' = \frac{X_i}{x_i(1)} = \{x_i'(1), x_i'(2), \cdots, x_i'(m)\}, i = 0,1,2,\cdots,m \tag{6-36}$$

第三步:求差序列。即

$$\Delta_i(k) = |x_0'(k) - x_1'(k)|, \Delta_i = \{\Delta_i(1), \Delta_i(2), \cdots, \Delta_i(n)\},$$
$$i = 0,1,2,\cdots,m; k = 0,1,2,\cdots,n \tag{6-37}$$

第四步:求两极最大差与最小差。即

$$M = \max_i \max_k \Delta_i(k), m = \min_i \min_k \Delta_i(k) \tag{6-38}$$

第五步:计算关联系数

$$\gamma_{0i}(k) = \frac{m + \zeta M}{\Delta_i(k) + \zeta M}, i = 0,1,2,\cdots,m; k = 0,1,2,\cdots,n \tag{6-39}$$

式中:$\xi \in (0,1)$,称分辨系数。一般取 $\xi = 0.5$。

第六步:计算关联度

$$\gamma_{0i} = \frac{1}{n}\sum_{k=1}^{n} \gamma_{0i}(k) \tag{6-40}$$

第七步:灰色关联度排序

按 γ_{0i} 从大到小进行排序,排 1 最大为影响最大因素,排最后为影响最小因素。

2)含硼富燃料推进剂的燃速相关性分析

推进剂燃烧表面上能量平衡方程的基本原理为:单位时间内气相热传导反馈至单位燃面面积上的热量与凝聚相反应净放热量之和用于使推进剂由初温 T_0 升高至燃面温度 T_s 所需的热量[95]。根据上述原理,可得出燃烧表面处的能量守恒方程:

$$\rho_p r C_p (T_s - T_0) = \lambda_g (dT/dx)_{s+} + \rho_p r Q_s \tag{6-41}$$

式中:$\lambda_g (dT/dx)_{s+}$ 反映气相火焰对燃面的热反馈;Q_s 为推进剂燃面区反应释放的热量。

式(6-41)可整理为

$$r = \frac{\lambda_g (dT/dx)_{s+}}{\rho_p C_p (T_s - T_0) - \rho_p Q_s} \tag{6-42}$$

式(6-41)和式(6-42)表明,推进剂的燃速主要取决于燃烧表面区反应释放的热量以及气相区燃烧火焰对燃面的热反馈,即式(6-33)右边两项的和值越大,向燃面传递的热量就越多,燃速就越大。

根据 6.4.2 节含硼富燃料推进剂热分解特性的研究,可计算得到提纯硼富燃料推进剂的 $Q_s = 898.26$J/g,团聚硼富燃料推进剂的 $Q_s = 768.89$J/g,两者相差不大。再根据式(6-34),可认为推进剂的燃速主要受气相温度梯度 $(dT/dx)_g$ 和燃面温度 T_s 的影响。

分别以提纯硼和团聚硼富燃料推进剂的燃速作为特征行为序列,以燃面温度、气相温度梯度作为相关因素行为序列,可计算得到气相温度梯度和燃面温度与推进剂燃速的关联度,计算结果见表 6-9。

表 6－9　含硼富燃料推进剂燃速各影响因素相关度

<table>
<tr><td rowspan="5">灰色关联度</td><td>推进剂类型</td><td>燃面温度梯度</td><td>气相温度梯度</td></tr>
<tr><td rowspan="2">提纯硼富燃料推进剂</td><td>0.75958</td><td>0.80181</td></tr>
<tr><td colspan="2">气相温度梯度＞燃面温度</td></tr>
<tr><td rowspan="2">团聚硼富燃料推进剂</td><td>0.81654</td><td>0.69824</td></tr>
<tr><td colspan="2">燃面温度＞气相温度梯度</td></tr>
</table>

表 6－9 中的数据表明，对于提纯硼富燃料推进剂，气相温度梯度对燃速的影响比较显著；对于团聚硼富燃料推进剂，燃面温度的影响比较显著。

3. 包覆材料 AP 对含硼富燃料推进剂燃烧波结构的影响

针对包覆材料 AP，选取 8.20%、19.10% 包覆量两个配方，不同压强下的燃烧波曲线如图 6－29 和图 6－30 所示。AP 包覆硼富燃料推进剂的燃速及燃烧波参数见表 6－10。

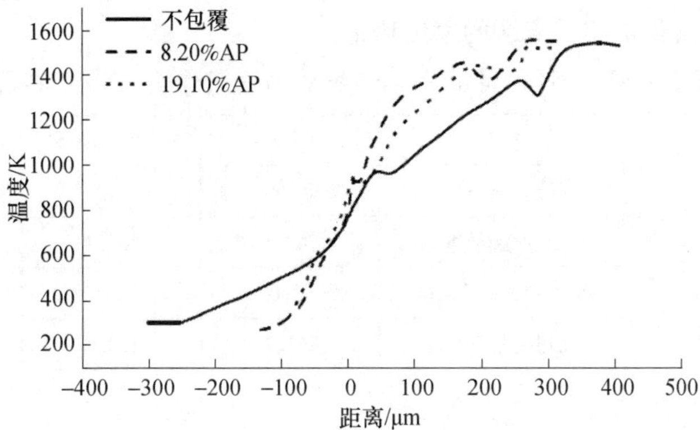

图 6－29　在 1.0MPa 下 AP 包覆硼富燃料推进剂的燃烧波曲线

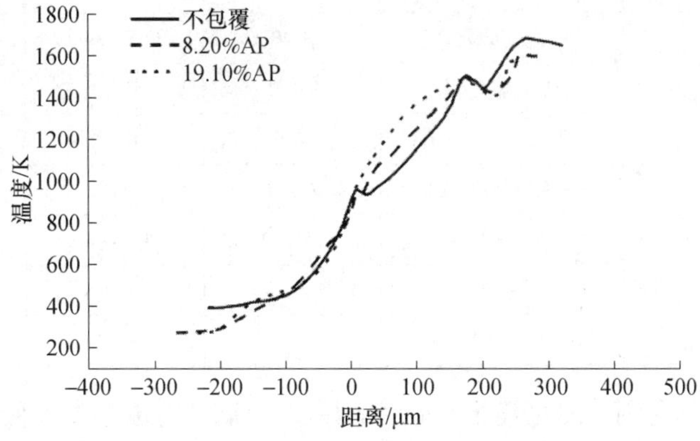

图 6－30　在 2.0MPa 下 AP 包覆硼富燃料推进剂的燃烧波曲线

图6-29与图6-30中的燃烧波曲线表明,AP包覆硼对含硼富燃料推进剂燃烧波曲线形状没有明显的影响,气相反应区的温度变化比较复杂,且存在明显的吸热降温区。凝聚相反应区与气相反应区存在的主要反应前面已做分析,此处不再重复。

表6-10中的数据表明,随着压强的升高,推进剂的燃面温度增大,气相反应区厚度减小。这主要是因为,随着压强的升高,AP与黏合剂的气相反应层更靠近推进剂燃烧表面,降低了气相反应区的厚度,且使气相温度梯度增大,相应地增大了气相反应向燃面的热反馈,从而使推进剂燃面温度增大。AP包覆硼后,推进剂的凝聚相反应区厚度随压强的增大而增大,其主要与包覆在硼颗粒表面的AP有关:一方面,硼颗粒表面的AP粒度很小,比表面积大,容易发生分解,随压强的增大,气相热反馈的热量增大,燃面温度增加,在热传导的作用下,使距离燃面较远处细粒度的AP发生分解,增大了凝聚相反应区厚度。另一方面,尽管燃速增大使凝聚相的存在时间缩短,有利于缩短凝聚相反应区的厚度,但不占主导地位,从而凝聚相反应区的厚度增加。

表6-10 AP包覆硼富燃料推进剂的燃速及燃烧波参数

推进剂类型	参数	提纯硼	8.20%包覆硼	19.10%包覆硼
1.0MPa	燃速/(mm/s)	3.36	3.46	3.18
	燃面温度/K	767.5	803.4	870.2
	凝聚相区厚度/μm	92.0	45.5	58.1
	气相区厚度/μm	261.2	178.8	176.3
	T_{f1}/K	1379.2	1459.2	1444.4
	T_{f2}/K	1549.6	1562.3	1528.3
	$(dT/dx)_g$/(K/μm)	2.34	3.67	3.26
2.0MPa	燃速/(mm/s)	5.40	5.45	5.73
	燃面温度/K	898.1	857.1	893.4
	凝聚相区厚度/μm	70.2	82.4	68.7
	气相区厚度/μm	217.2	174.1	169.8
	T_{f1}/K	1512.2	1510.6	1495.6
	T_{f2}/K	1691.2	1610.5	1578.4
	$(dT/dx)_g$/(K/μm)	2.78	3.75	3.55

AP包覆硼有利于缩短气相反应区的厚度,这同样与硼颗粒表面AP的粒度小有关,AP粒度小,比表面积大,有利于缩短AP分解产物与黏合剂分解产物的

扩散混合距离，从而缩短了气相反应区的厚度。

AP 包覆硼对绝热火焰温度的影响较为复杂，1.0MPa 时，AP 包覆硼有利于提高推进剂的 T_{fl}，2.0MPa 时，AP 包覆硼降低了推进剂的 T_{fl}。

表 6－10 中的数据表明，1.0MPa 时，随着 AP 包覆量的增大，气相温度梯度先增大后减小，推进剂的燃速先增大后减小；2.0MPa 时，随 AP 包覆量的增大，气相温度梯度先增大后减小，而推进剂的燃速不断增大。随压强的增大，AP 包覆硼富燃料推进剂的气相温度梯度不断增大，燃速也是不断增大的趋势。

4. 包覆材料 LiF 对含硼富燃料推进剂燃烧波结构的影响

针对包覆材料 LiF，选取 6.83%、17.00% 包覆量两个配方，不同压强下的燃烧波曲线如图 6－31 与图 6－32 所示，LiF 包覆硼富燃料推进剂的燃速及燃烧波参数见表 6－11。

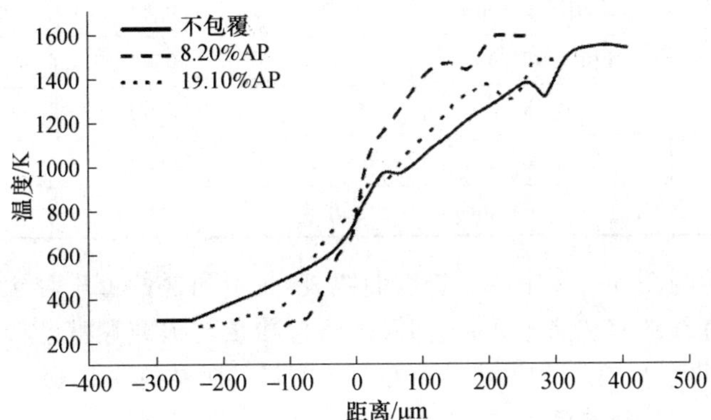

图 6－31　在 2.0MPa 下 LiF 包覆硼富燃料推进剂的燃烧波曲线

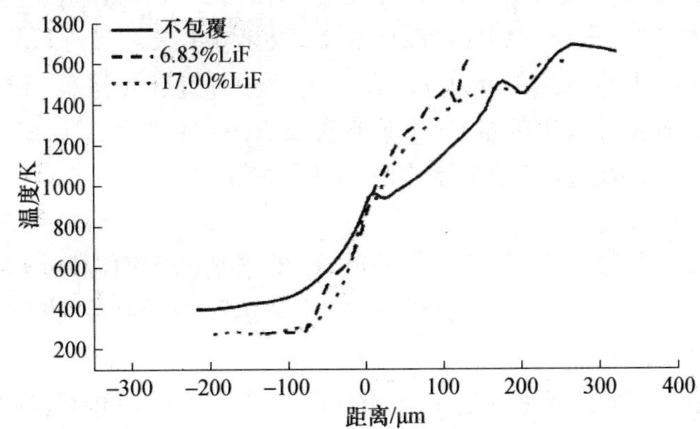

图 6－32　在 2.0MPa 下 LiF 包覆硼富燃料推进剂的燃烧波曲线

表 6-11 LiF 包覆硼富燃料推进剂的燃速及燃烧波参数

推进剂类型	参数	提纯硼	6.83% LiF 包覆硼	17.00% LiF 包覆硼
1.0MPa	燃速/(mm/s)	3.36	3.67	3.44
	燃面温度/K	767.5	779.1	808.4
	凝聚相区厚度/μm	92.0	38.4	74.9
	气相区厚度/μm	261.2	140.9	197.1
	T_{f1}/K	1379.2	1468.0	1373.7
	T_{f2}/K	1549.6	1594.0	1482.2
	$(dT/dx)_g$/(K/μm)	2.34	4.89	2.87
2.0MPa	燃速/(mm/s)	5.40	5.82	5.20
	燃面温度/K	898.1	854.3	886.6
	凝聚相区厚度/μm	70.2	46.5	32.0
	气相区厚度/μm	217.2	108.2	170.1
	T_{f1}/K	1512.2	1483.5	1479.2
	T_{f2}/K	1691.2	1632.5	1624.3
	$(dT/dx)_g$/(K/μm)	2.78	5.81	3.48

图6-31与图6-32中的燃烧波曲线表明,不同含量 LiF 对含硼富燃料推进剂燃烧波曲线的趋势影响不同。17.00%包覆量与提纯硼富燃料推进剂的燃烧波曲线规律类似,在气相反应区存在两个明显的吸热峰。采用6.83%包覆量时,950K 左右的吸热峰消失,这主要与 LiF 的作用机理有关。LiF 有利于消耗硼颗粒表面的氧化层,氧化层的消耗促进了 AP 分解产生的氧化性气体与硼的氧化反应,释放出热量,抵消了镁的熔化吸热。从而当 LiF 的包覆量为6.83%时,放热反应占主导地位,反映到燃烧波曲线上,吸热峰消失。当 LiF 的含量提高到17.00%时,由于 LiF 取代了部分 AP,导致 AP 的百分含量降低,相应地减少了硼颗粒周围的氧化性气体的量,且 LiF 本身以固体颗粒的形式存在,氧化层的消耗速率有限,从而吸热反应占主导地位,反映到燃烧波曲线上,950K 左右依然存在吸热峰。

表6-11中的数据表明,随压强的升高,推进剂的燃面温度增大,气相反应区的厚度减小,其原因与前面的分析一致。LiF 包覆硼颗粒后,推进剂凝聚相反应区的厚度减小。

LiF 包覆硼有利于缩短推进剂气相反应区的厚度,6.83%包覆量的效果较为明显。LiF 依靠消除硼颗粒表面的氧化层加速氧化性气体与硼的反应,从而

1.0MPa 时,6.83%的 LiF 包覆量有利于提高推进剂的 T_{f1},同时由于配方中 LiF 取代了部分 AP,导致气相反应区的氧化性气体减少,17.00%的 LiF 包覆量使推进剂的 T_{f1} 略有减小。随压强的增大,AP 含量降低导致的不利作用开始体现,2.0MPa 时,LiF 包覆硼降低了推进剂的 T_{f1}。

表 6-12 中的数据表明,任一压强下,随 LiF 包覆量的增大,推进剂的气相温度梯度先增大后减小,推进剂燃速也是先增大后减小的趋势;随压强的增大,推进剂的气相温度梯度不断增大,推进剂燃速也不断增大。

表 6-12 含硼富燃料推进剂的熄火表面配方

样品	HTPB/%	AP/%				B/%	MA(镁铝 1:1)/%
		1~5μm	105~150μm	180~300μm	包覆硼		
1#	32	10	10	20	0	20(用 2% TDI 处理)	8
2#	32	10	10	15	5	20(用 20% AP 包覆)	8

6.6.3 熄火表面

富燃料推进剂是氧化剂含量比常规固体火箭推进剂低。众所周知,AP 复合推进剂的稳定燃烧压强一般高于 2MPa,而含硼富燃料推进剂的低压稳定燃烧压强可低到 0.2MPa[23,24];对 AP 的复合推进剂氧化剂的含量越高,燃速越容易调到更高,而含硼富燃料推进剂在 0.5MPa 下可调到 10mm/s;一般认为推进剂在低压下燃烧时,凝聚相作用增大,气相作用减弱,而压强指数体现了燃速随压强变化的规律,受气相燃烧影响,但含硼富燃料推进剂在低压下的燃速压强指数可以调高到 0.48[25]甚至 0.59[28]。即含硼富燃料推进剂作为一种新型的推进剂,具有自身的燃烧特性,因此研究含硼富燃料推进剂的骤冷中断熄火十分必要。

王英红[30]对两种不同含硼富燃料推进剂试样在 0.5MPa 压强下骤冷中断熄火后的燃面在扫描电镜下进行了观察,结果如图 6-33 所示,其中推进剂样品配方见表 6-12。

从 1#样品和 2#样品放大 100 倍的燃面全貌的整体效果看,两者基本相似,表面凹凸不平,如珊瑚状,且有大小不等的不规则空洞。仔细观察可以发现 2#样品的空洞要比 1#样品的大,残留在燃烧表面上的珊瑚状物也更疏松,这与火焰结构照片观察到的 1#样品燃面固体物使火焰有分断的结果比较一致。

用锋利的薄刀片切割熄火样品,然后垂直观测剖切面。图 6-33(a)是 2#样品放大 250 倍的剖面图,可以清楚地看到燃面上有一层没有被吹开的疏松“沉积物”,其厚度大约有 200μm。与前述气Ⅰ区、气Ⅱ区、气Ⅲ区的厚度相对照,即气相反应是在“沉积物”的空隙中发生。1#样品的“沉积物”在靠近燃面处明显要更密实一些。

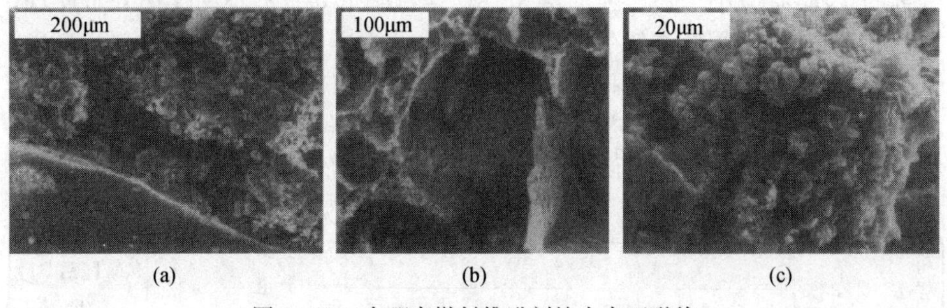

(a) (b) (c)

图6－33 含硼富燃料推进剂熄火表面形貌

图6－33(b)所示为剖切面靠上面一层的珊瑚状物的细微结构。可以看到疏松物是由大大小小的许多凹坑和空洞毗连组成。元素分析表明，该毗连物含有大量的碳元素，部分的氧元素，但分析认为硼应该更多，这是因为B元素分子量低，X射线衍射仪不能分析。让我们从含硼富燃料推进剂的燃烧来分析这种疏松“沉积物”的存在。含硼富燃料推进剂在燃烧过程中，热分解是其燃烧过程的最初阶段。首先是凝聚相受热，一方面有氧化剂AP的物理蒸发和升华，另一方面含硼富燃料推进剂中AP和HTPB黏合剂体系在燃烧表面通过热分解反应变成气态产物(为主要形式)。由于氧化剂不足，HTPB热解结束后还残留有积碳。文献[35]分析已表明少量硼在凝聚相参与反应并生成B_2O_3。随着燃烧的进行，燃烧进入气相，分解的气态产物在气相发生快速燃烧反应。而凝相物质(如积碳、表面有一层B_2O_3的硼等)也随着燃面的推移进入气相，部分随气流以烟的形式分散开了，剩余部分就残留在燃面上，形成图6－33(a)中所观察到的疏松状“沉积物”。这种疏松状“沉积物”随燃面的推移分主次经历气Ⅰ区、气Ⅱ区、气Ⅲ区。在气Ⅰ区，主要是AP分解的氧化性气体产物与黏合剂分解气体之间的气－气反应，“沉积物”与氧化性气体之间的固－气反应相比而言要慢得多，加上硼的表面还有一薄层B_2O_3，进一步增加了反应的难度。故“沉积物”在该区的氧化大量放热反应几乎可以忽略。随温度的升高，氧化性气体的消耗，一系列硼与硼氧化物、硼与碳之间的反应逐步占优势。从热效应讲，硼与碳的微弱放热并不占优势，加之此时离燃烧表面较远，其热效应对燃面推移速度并无影响，故认为“沉积物”是惰性的。

借助放大镜用细针将图6－33(a)中燃面上“沉积物”(珊瑚状物)剥去，并轻吹表面，然后在扫描电镜下对燃面放大2500倍进行细微观察，如图6－33(c)所示。在图的右上方可以看到黏合剂在表面的流动，痕迹元素分析认为其中成立方形晶体的物质为 MgO，该处还有一定量的 Al、Cl、O 等元素；对明显的成高氯酸铵形的大颗粒进行元素分析，证实该颗粒确实是 AP，元素分析还发现一些小粒度的 AP；其中还有很多较小的圆球形颗粒为硼粒子表面的三氧化二硼融合的结果。该层中既有没完全分解的 AP，还有未完全氧化的各种燃烧剂，故可预测该区是凝聚相化学反应的主要反应区。即该处是燃面的分界，图 6－33(a)中所观察到的疏松状“沉积物”是在燃面之上的固体燃烧残留物。

6.6.4　燃烧残渣分析

含硼富燃料推进剂潜在的高能量是在固冲发动机中以燃烧的形式释放出来的，燃烧性能的好坏就决定了含硼富燃料推进剂的工程应用，良好的燃烧性能是工程应用的前提和基础。推进剂的燃烧残渣成分分析是表征硼粉燃烧效率的一种重要手段。对固体推进剂燃烧后残渣成分的分析，从侧面可以论证包覆、团聚硼颗粒对硼点火、燃烧及推进剂制备工艺的影响，而且更能从正面表明该推进剂是否实用，可以从推进剂燃烧残渣分析中，反推出推进剂制备工艺中的各种最佳条件以及燃烧反应中可能发生的反应，还可通过集中燃烧残渣的对比，选出一种优越的制备工艺(包括包覆量、团聚方法和硼粉用量等)。总而言之，这是今后研究含硼富燃料推进剂很重要的借鉴途径。

由于硼粉很难完全燃烧，残渣中存在未完全燃烧的 B、C 等，而 BN 在燃烧残渣中占有相当的比例，尤其备受关注。为了表征含硼富燃料推进剂的燃烧效果，我们对含硼富燃料推进剂的燃烧残渣进行了化学分析，根据推进剂燃烧后残渣中的成分分析，以确定含硼推进剂中硼粉的燃烧效率。当含硼富燃料推进剂在火箭冲压发动机中燃烧时，由于二次补燃吸入了大量的空气，使硼粉与空气中的氮气直接接触，除了有一部分硼粉转化为氧化硼释放出能量外，还有一部分硼使以最终产物为氮化硼的形式参与了反应且后者占有相当的比例。同时，含硼富燃料推进剂中某些组分(如氧化剂 AP、硝胺类化合物)也含有氮元素，对氮化硼的生成也有可能有影响。有研究表明，空气、压强以及包覆剂用量与燃烧残渣中 BN 含量的多少有很大关系，BN 的生成对含硼富燃料推进剂的能量释放是非常不利的。从热力学角度来看，BN 与 B_2O_3 的生成都是放热反应，在推进剂中，为了获得高比冲，反应产物的平均分子质量要尽可能低，需要考虑单位质量的标准生成热，即比放热。BN 的比放热为 10.1kJ/g，而 B_2O_3 的比放热为 18.3kJ/g。可见，无论生成热还是放热，BN 都明显不如 B_2O_3 高，由此则要求燃烧残渣中 B_2O_3 越多，BN 越少，则越有利于含硼富燃料推进剂能量的释放[37－40]。

本节主要通过化学分析方法，研究含硼富燃料推进剂燃烧残渣中硼粉的燃烧效率，所用分析方法主要是根据残渣中各成分化学性质的不同，分别由酸碱滴定法测定 B%、B_2O_3%、BN%以及 C%的含量。

1. 燃烧残渣化学分析的实验原理

本节采用化学分析法对含硼富燃料推进剂的燃烧残渣主要成分进行分析，其中重点利用修正的定氮法测定 BN，这对燃烧细微变化有很大作用，从而可深入研究不同表面改性硼粉是否促进硼颗粒与活性氧的结合[44]。

（1）硼酸属于一元酸，$K_a=6\times10-10$，它之所以具有酸性并不是因为它本身给出质子，而是由于硼结合了来自 H_2O 分子中的 OH^-（其中，氧原子有孤电子对）而释放出 H^+ 离子，反应式如下：

$$B(OH)_3 + H_2O = \left[\begin{array}{c} OH \\ | \\ OH\text{—}B\leftarrow OH \\ | \\ OH \end{array}\right]^- + H^+ \tag{6-43}$$

因为硼酸是一元弱酸，所以不能用碱直接滴定，而当试样溶液中加入多元醇如甘露醇后，甘露醇与硼酸化合，生成一种离解度远远大于硼酸的羟基络合物，其反应为

$$\begin{aligned} 2H_3BO_3 + C_6H_{14}O_6 \rightarrow C_6H_8(OH)_2\cdot(BO_3)_2 + 4H_2O\cdot C_6H_8(OH)_2\cdot(BO_3H)_2 + \\ 2NaOH \rightarrow C_6H_8(OH)_2\cdot(BO_3Na)_2 + 2H_2O \end{aligned} \tag{6-44}$$

硼酸的羟基络合物离解解析中的 H^+，即能用碱直接滴定，即 $H^+ + OH^- = H_2O$，借此进行 B_2O_3 及 B 的滴定。

（2）对单质硼，主要采用 $H_2O_2/K_2S_2O_8$ 混合液将硼氧化为硼酸，之中伴随有硫酸生成，故氧化后应先用碱预先中和其 pH 到 5，最后用标准氢氧化钠溶液滴定硼酸即可。

（3）氮化硼经浓硫酸分解转换为铵盐，为提高硫酸沸点，应加入硫酸钾，之后在强碱性状态下以氨的形态蒸出，用硫酸标准溶液吸收，最后用标准氢氧化钠溶液进行返中和滴定。

2. 含硼富燃料推进剂燃烧残渣成分分析流程

含硼推进剂燃烧残渣成分分析流程如图 6-34 所示。

3. 含硼富燃料推进剂燃烧残渣的主要成分及测定

在含硼富燃推进剂燃烧残渣中，除反应生成的氧化硼外，主要还有氮化硼、碳化硼以及未完全燃烧的碳和硼等物质。理想状况下，残渣应由氧化硼和少量杂质组成，但实际中，氮化硼与未完全燃烧的硼和碳占相当的比例，这样就必须要求知道主要成分的含量，且对各成分性质有很清楚的认识，这样才能对前序工艺有所改进[82,83]。

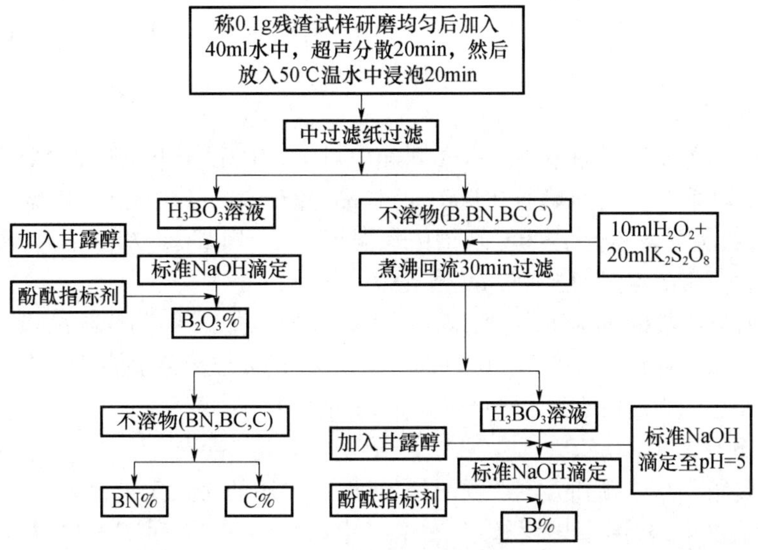

图6-34 含硼推进剂燃烧残渣分析流程图[47]

1）B_2O_3 含量的测定

氧化硼有晶体和无定形两种形态，通常为无色玻璃状晶体或粉末，质硬而脆，表面有滑腻感，又名硼酐或无水硼酸。其在空气中能强烈地吸水而生成硼酸，氧化硼中所含微量水对其物理性质影响很大，完全无水的氧化硼，在高真空条件下加热到200～400℃才能得到，当氧化硼加热至600℃时，变成黏度很大的液体，直到1000℃以上。

氧化硼可溶于酸、乙醇、热水，微溶于冷水。在高温时氧化硼可与许多金属合成具有特征颜色的硼玻璃，能与碱金属、铜、银、铝、砷、锑、铋的氧化物完全混熔。氧化硼在氨或氨的卤化物的蒸气中加热时，能得到氮化硼。除非有碳存在，它不能与氮气直接反应生成氮化硼，氧化硼与氰化钾或氰氨化钙一起加热时，也可生成氮化硼，氧化硼能与氟剧烈反应生成三氟化硼。

① 实验原理

采用酸碱滴定法测定燃烧残渣中的 B_2O_3 含量。B_2O_3 溶于水生成硼酸（H_3BO_3）。由于 H_3BO_3 酸性极弱，不能采用直接滴定，需将 H_3BO_3 强化后滴定。可采用加入甘油或甘露醇的方法使其生成强酸性络合物，然后用 NaOH 标准溶液进行滴定。

主要化学反应如下：

$$B_2O_3(固)+3H_2O(液)\rightarrow 2H_3BO_3(溶液) \tag{6-45}$$

$$2CH_2(OH)(CHOH)_2CH_2OH + H_3BO_3 \rightarrow \{[CH_2(OH)]_2 C_2H_2O_2BO_2C_2H_2[CH_2(OH)]_2\}^- + H^+ + 3H_2O \quad (6-46)$$

$$H^+ + 3H_2O \rightarrow Na^+ + H_2O \quad (6-47)$$

② 实验方法

将样品置于称量瓶中，在100℃烘箱中烘干12h，置于干燥器中至室温，用研钵研细。称取0.1 g(精确至0.0001 g)样品，置于800mL烧杯中，用50mL水浸渍样品，然后将烧杯置于40℃水槽中恒温30min，待试液冷却至室温，用45μm薄膜过滤器将溶液过滤至250mL锥形瓶中备用。

在盛有滤液的锥形瓶中，加入2g甘露醇，然后加入0.5mL酚酞指示剂，震荡均匀，此时溶液为无色。用0.1mol/L的NaOH标准溶液滴定至红色，0.5min不变色即达到滴定终点(此时pH值为9.1左右)。

2) B含量的测定

单质硼有晶体硼和无定形硼两种，我们主要用的是无定形硼粉。无定形硼是黑褐色粉末，常温下比较稳定，在空气中加热到300℃时被氧化，700℃时着火，能溶于硫酸、硝酸和熔融的金属(如Cu、Fe、Al、Ca等)，而不溶于水、盐酸、乙醇、乙醚等，溶于冷的浓碱溶液中分解可放出氢气；在高温时，可与氧、氮、硫、卤素、碳等相互作用，与有机化合物反应可生成硼直接与碳相联的化合物或硼碳之间有氧存在的化合物。

燃烧残渣中总硼含量的测定，国内尚无统一的方法。目前多采用硝酸分解试样，用指示剂法获电位滴定法进行滴定。另外，由于残渣成分的复杂性，除了未反应的硼外，还有B_2O_3、HBO_2和H_3BO_3等，而这些硼或可溶于浓酸或可溶于水中，在此测定它们的总含量即为总硼含量，另外残渣中可能含有未被氧化的碳、金属镁、铝及其氧化物，故选择试样分解方法至关重要，通过适当的方法分解试样消除干扰。本节就分解试样时的影响因素进行探讨，以期获得较为理想的试样分解方法，得到准确可靠的分析结果，减少分析过程带来的误差。

① 实验原理

本实验采用酸碱滴定法测定燃烧残渣中的总硼含量。由于硼酸为极弱酸，因此，不能采用直接滴定的方法，需要将硼酸进行强化后进行滴定。强化可以采用加入甘油或甘露醇的方法，使其得到强酸性的络合物，再用NaOH标准溶液进行滴定[81,82]。其主要化学反应如下：

$$2CH_2(OH)(CHOH)_2CH_2OH + H_3BO_3 \rightarrow \{[CH_2(OH)]_2 C_2H_2O_2BO_2C_2H_2[CH_2(OH)]_2\}^- + H^+ + 3H_2O \quad (6-48)$$

$$H^+ + NaOH \rightarrow Na^+ + H_2O \quad (6-49)$$

② 实验方法

称取0.3~0.4g(精确至0.0001g)残渣试样,用少量水湿润样品,加酸溶解,并加热回流一定时间后,待试液冷至室温后,将溶液移入250ml容量瓶中,用蒸馏水稀释至刻度,摇匀备用。

吸取50.00mL残渣试液于250mL锥形瓶,加入0.5mL混合指示剂,此时溶液呈橙红色。以10mol/L、0.1mol/L NaOH溶液调至灰蓝色,然后用0.1mol/L HNO3调至刚出现红色为滴定起点(此时pH位为5.1左右),加入适量的甘露醇,用0.1mol/L NaOH标准溶液滴定至浅紫色,半分钟内不褪色即为滴定终点(此时pH值为9.1左右)。

同样条件下进行空白实验。

(1)纯硼粉验证实验。

(2)现取在不同条件下含硼推进剂燃速测定后的固体残渣六种,它们分别是0.5MPa、1MPa、1.5MPa、0.5MPa、1MPa,1.5MPa包覆残渣,按上述方法测定其中总硼的含量。

(3)实验数据及处理。总硼百分含量($W\%$)按下式进行计算:

$$W\% = \frac{C \times (V_2 - V_1) \times 0.01081}{m \times 50/250} \times 100\% \tag{6-50}$$

式中:C为NaOH标准溶液浓度(mol/L);V_2为滴定试样耗去NaOH溶液的体积(mL);V_1为滴定空白耗去NaOH溶液的体积(mL);M为试样质量(g);0.01081为与NaOH标准溶液相当的以克表示的硼的质量。

吴婉娥[45]利用化学分析法研究了含硼富燃料推进剂中总硼含量的测定,得出试样的分解至关重要,其主要的影响因素有:硝酸-硫酸混合酸比例,分解试样时加入的水量,分解时间,分解温度等对分析结果均会产生较大误差。实验结果表明,最佳分解条件为:硝酸-硫酸混合酸比例为1:3,分解试样时加入的水量应少于2mL,分解时间25~30min,分解温度应不大于硫酸的分解温度300℃为宜。对团聚硼和包覆硼的两种硼粉制得的推进剂燃烧残渣进行了分析,得出团聚燃烧残渣中总硼含量较大,而团聚残渣和包覆残渣均在1MPa时总硼含量最大,这可能是由于碳的不完全燃烧引起的。

3)BN的测定

氮化硼按结构不同可分为无定形、立方、六方三种晶型,在含硼富燃料固体推进剂燃烧残渣成分中的氮化硼主要为六方晶格结构,这种晶型的熔点为3300℃,沸点为5076℃。氮化硼是一种白色耐高温物质,由于其电子结构与C_2类似,具有12个电子,与碳是等电子体,所以其物理、化学性质与单质碳很相似。六方氮化硼俗称白色石墨,是白色松散、质地柔软有光滑感的粉末。有研究表明[74-76]六方系氮化硼中的键有45%的双键性质，其原子结构是六角网平面重叠的层状结构，与石墨的晶体结构几乎相同，具有良好的滑腻感，其摩擦系数为0.6，具有优良的耐腐蚀性，几乎对所有的有机溶剂、无机酸都是稳定的，对所有熔融金属都显化学惰性。在有氧存在时1000℃，惰性气体中3000℃是稳定的。理论密度为2.279/cm^3，英氏硬度为2，在3000℃时升华，无毒，具有良好的电绝缘性和高导热性能，且具有很强的吸收中子能力。

(1) 将滤渣置于100mL的烧瓶中，加入10g的硫酸钾、15mL浓硫酸，接上冷凝管，以小火加热回流，回流的速度控制在酸雾浸润不超过两个球，使之完全溶解。冷却后用洗瓶从冷凝管上端沿壁慢慢向下淋蒸馏水，不要太快，防止过热，大约加30mL的水，使溶液稀释，再冷却，得溶液①。

(2) 于500mL的烧瓶中放3~4颗锌粒，加30g氢氧化钠和50mL的水，轻轻振荡使其溶解，冷却，得溶液②。

(3) 通过分液漏斗把溶液①移入盛有溶液②的500mL的大烧瓶中。用适量的蒸馏水把100mL的烧瓶冲数遍，把每次洗得的溶液通过分液漏斗全部移入大烧瓶中。最后还要淋洗分液漏斗，所得液体也要移入大烧瓶。大烧瓶中液体的总体积最好不要超过250mL。

(4) 加热煮沸进行蒸馏，馏出液收集于锥形瓶中，将氨蒸馏到盛有硫酸标准溶液的锥形瓶中，从煮沸起约1h方可结束蒸馏，然后用氢氧化钠标准溶液回滴过剩的硫酸。

(5) 同时进行空白试验。根据滴定试样和空白试验所消耗盐酸标准溶液的量来进行计算。

4) C含量的测定

① 实验原理

采用称量法测定残渣中的C。残渣中加入硝酸后，硝酸将除C以外的其他组分(B、B_2O_3、Mg和Al的氧化物)全部溶解，然后采用恒量玻璃砂芯漏斗过滤出C，根据玻璃砂芯漏斗的增重来确定残渣中的C含量。

② 实验方法

准确称取试样0.5g(精确至0.0001g)，放入烧杯中，加入20mL硝酸，盖上表面皿。将烧杯置于可调电炉上加热，开始反应后停止加热，反应欲停时重新加热，反复进行直至烧杯中的样品全部溶解，继续微火加热30~40min。加热烧杯过程中剩余溶液少于10mL时可补加5~10mL硝酸。取下烧杯稍冷却后加入约50mL蒸馏水，再将烧杯置于可调电炉上加热并用玻璃棒搅拌，直至炭黑凝聚。取下烧杯稍冷却，将烧杯中的溶液缓慢倒入恒量玻璃砂芯漏斗。用热蒸馏水洗涤表面皿、玻璃棒、烧杯，将洗涤液一并倒入玻璃砂芯漏斗抽滤，用热蒸馏水洗涤漏斗至用二苯胺一硫酸溶液检验不变色（即无硝酸根）为止，倒掉滤液。用乙醚－丙酮混合液和蒸馏水交替洗涤漏斗3~5次，再用丙酮和蒸馏水交替洗涤漏斗至滤液无色，继续抽滤至漏斗无溶剂气味即可。将漏斗置于110~120℃烘箱中干燥1h，取出漏斗置于干燥器中冷却至室温后称量。以后每干燥30min，就将漏斗取出置于干燥器中冷却至室温后称量，直至连续两次称量误差不大于0.0005g，记录称量结果。

5）B_2O_3与推进剂配方的关系

B粒子燃烧的第一阶段主要是B粒子表面的氧化反应，推进剂燃速测定实验的推进剂燃烧温度在2000K以下。B_2O_3熔点较低（约为723K），但沸点较高（约为2320K），故B粒子表面的液态B_2O_3难以挥发，包覆在B粒子表面，对氧向B粒子的渗透扩散形成较大阻力，延缓了B粒子的点火和燃烧，所以测得的燃烧残渣中B_2O_3含量均较低。图6－35示出了三种配方的推进剂燃烧残渣中B_2O_3，含量与压强的关系：随着氮气压强升高，B_2O_3含量降低。

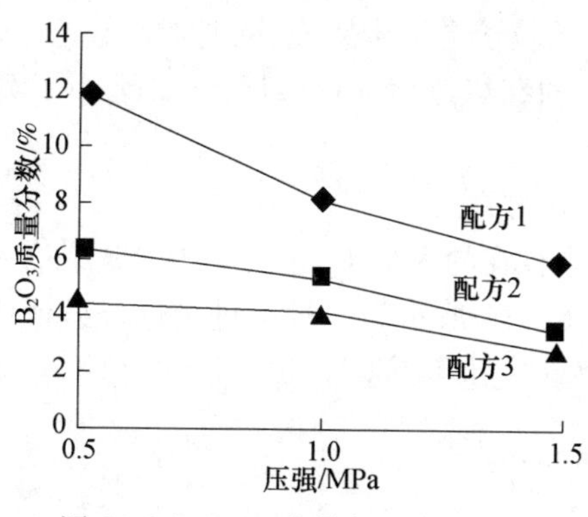

图6－35 B_2O_3含量与压强的关系

从推进剂燃烧机理方面探讨：热分解是含B富燃料固体推进剂燃烧过程的最初阶段，该阶段中推进剂的凝聚相受热，使AP和HTPB在推进剂燃烧表面热分解，分别放出氧化性气体和燃料成分气体。2种气体成分在燃面上方扩散混合形成气相区，并在该区发生快速燃烧反应。含B富燃料固体推进剂的一次燃烧温度在2000K以下，Mg的沸点为1381K。在一次燃烧中，Mg蒸气在气相区进行激烈的燃烧反应，是气－气反应；而B的熔点和沸点均高于2500K，其反应主要发生在凝聚相区，是气－固反应。推进剂在0.5MPa下燃烧时，凝聚相作用相对较强，气相作用相对较弱，故B在凝聚相的气-固反应相对较强。所以燃烧残渣在0.5MPa时，B_2O_3含量相对较高。随着压强增高，气相作用增大，AP分解产生的氧化性气体在气相区与Mg进行剧烈反应，使得凝聚相中B被氧化的概率减小，B_2O_3含量降低。表6-13列出了残渣中B_2O_3含量与推进剂配方中Mg组分之间的关系。

表6-13 0.5MPa下不同Mg含量样品的B_2O_3含量

配方	1	2	3
$w(Mg)/\%$	0	3	5
$w(B_2O_3)/\%$	11.92	6.36	4.42

从表6-13可以看出，相同实验条件下，推进剂配方中Mg含量越高，残渣中B_2O_3含量越低。这是由于燃速测定是在氮气氛下进行的，推进剂燃烧在严重富燃料的情况下完成，燃烧剂燃烧所需氧完全由氧化剂提供。Mg和B的燃烧都需要消耗氧，B粒子因表面氧化生成B_2O_3阻碍了燃烧，而此时高活性的Mg粒子却充分燃烧，也就是说Mg粒子优先进行了燃烧。由此进一步证明，在推进剂中添加Mg可提高燃面温度，改善推进剂的点火性能。但Mg含量过高会因消耗大量氧化剂而阻碍B粒子进一步燃烧，同时Mg燃烧释放的热量（Mg的燃烧热为602.11kJ/mol，B的燃烧热为1264.2kJ/mol）远小于B，会降低推进剂的能量性能。

6）C与推进剂配方的关系

推进剂燃烧残渣中存在的大量C，主要是HTPB黏合剂体系受热分解但未完全燃烧产生的。图6-36所示为三种推进剂燃烧残渣中C含量与压强的关系：随着氮气压强升高，C含量增高。

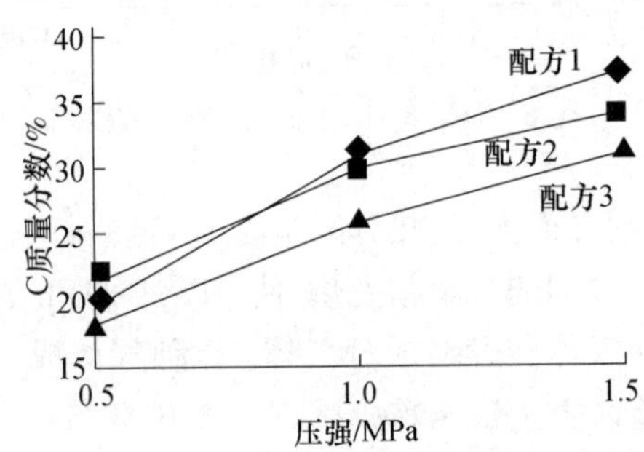

图6-36 C含量与压强的关系

从推进剂燃烧机理方面探讨：含B富燃料固体推进剂燃烧最初阶段中凝聚

相受热，使 AP 和 HTPB 在推进剂燃烧表面热分解，产生的气态产物在气相区发生快速燃烧反应。推进剂在较低压强下燃烧时，主要在凝聚相反应，气相反应相对较弱，此时 AP 热分解放出的氧化性气体在凝聚相中与 HTPB 的气—固反应相对较强，HTPB 氧化时部分生成了 CO、CO_2，所以燃烧残渣在 0.5MPa 时，C 含量相对较低。随着压强增高，气相反应区逐渐接近燃面，单位体积放热量增大，更多热量反馈至燃面，加快了凝聚相的反应速率，使活性分解产物来不及发生氧化还原反应便进入气相区，气相作用逐渐增强，AP 分解产生的氧化性气体在气相区开始和 Mg 进行剧烈反应，使得凝聚相中 HTPB 热解产物被氧化的机会减小，残渣中 C 含量升高。表 6－14 列出了残渣中 C 含量与推进剂配方中 Mg 组分之间的关系。

表 6－14 0.5MPa 下不同 Mg 含量样品的 C 含量

配方	1	2	3
$w(\text{Mg})/\%$	0	3	5
$w(\text{C})/\%$	19.48	21.10	18.33

从表 6－14 可以看出，相同实验条件下，随着推进剂配方中 Mg 含量的提高，C 含量先升后降。这是由于推进剂在燃烧过程中，Mg 在气相区的反应十分激烈，出现了喷溅现象，正是这种不规则的喷溅导致了 C 含量先升后降。

7）B_2O_3 与 C 之间的关系

将 B_2O_3 含量和 C 含量在对应的压强下相加后可得到 B_2O_3 和 C 总含量与压强的关系（图 6－37）：随着氮气压强增高，B_2O_3 和 C 总含量增高。

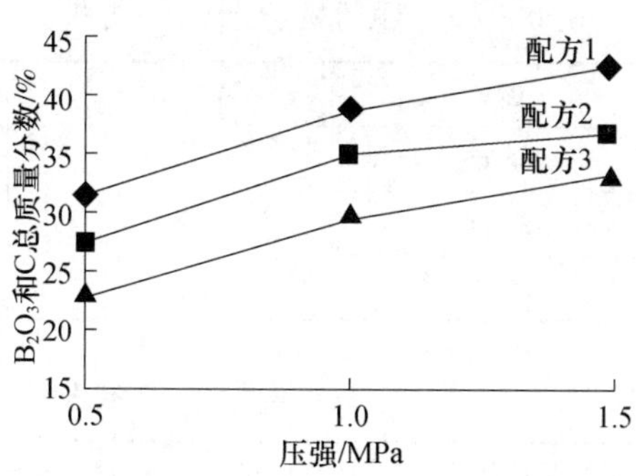

图 6－37 B_2O_3 和 C 总含量与压强的关系

这进一步说明了推进剂在不同压强下的燃烧机理：在推进剂燃烧过程中，B 和 C 的氧化反应主要发生在凝聚相区。在 0.5MPa 压强下，凝聚相作用相对较强，气相作用相对较弱，但由于 B 粒子表面的 B_2O_3 阻碍了 B 的进一步反应，使得 C 的反应比 B 的反应进行得更加容易，所以残渣中 B_2O_3 和 C 总含量相对较低。随着压强增高，凝聚相作用减弱，气相作用增强，凝聚相中的 B 和 C 获得氧的机会减少，所以残渣中 B_2O_3 和 C 的总含量增高。表 6－15 列出了残渣中 B_2O_3 和 C 总含量与推进剂配方中 Mg 组分之间的关系。

表 6－15　1.5MPa 下不同 Mg 含量样品的 B_2O_3 和 C 总含量

配方	1	2	3
$w(Mg)/\%$	0	3	5
$w(B_2O_3+C)/\%$	31.40	27.40	22.76

从表 6－15 可以看出，相同实验条件下，随着推进剂配方中 Mg 含量提高，B_2O_3 和 C 总含量降低。这是由于燃速测定时，推进剂是在完全氮气氛下燃烧的，其燃烧在严重富燃料的情况下完成，燃烧剂燃烧所需氧完全由氧化剂提供。这种情况下，Mg、B 和 C 燃烧都需消耗氧，然而 B 和 C 与氧化剂的反应是发生在凝聚相的气－固反应，Mg 的反应是发生在气相区的气－气反应，Mg 的反应比 B 和 C 的反应要激烈得多，也就是说在富燃料环境下的燃烧，Mg 优先进行了反应，使 B 和 C 得到氧的概率减少。所以随着配方中 Mg 含量增加，B_2O_3 和 C 的总含量减少。

4. 试验方法的可靠性验证

为了验证实验分析的可靠性，我们分别对硼粉、硼酸、B 与硼酸的混合物、BN 及含 N 有机物进行了对比试验，结果见表 6－16～表 6－19。

表 6－16　硼粉的分析测定结果

M_B的测定/g	B/%	平均值/%	标准偏差
0.1047	86.65	87.17	0.47
0.1133	87.30		
0.1145	87.57		

表 6－17　硼酸的分析测试结果

$M_{H_3BO_3}$的测定/g	H_3BO_3 理论值/%	H_3BO_3 实验值/%	平均值/%	标准偏差
0.1538	>99.5	99.16	99.38	0.27
0.1769		99.30		
0.2037		99.68		

表 6-18 硼和硼酸混合的测试结果

样品	理论值		测试值		平均值		标准偏差	
	B/%	H_3BO_3/%	B/%	H_3BO_3/%	B/%	H_3BO_3/%	B	H_3BO_3
B 与 H_3BO_3 混合物	20	80	19.40	80.52	19.71	79.79	0.55	0.52
			20.41	79.49				
			19.16	79.78				
			19.87	79.37				

表 6-19 BN 与丙烯酰胺的分析结果[82]

样品	测试值/%	理论值/%	平均值/%	标准偏差
BN(美国)	98.18,98.52,98.70,98.65,98.59	98.8	98.59	0.09
BN(苏联)	97.60,97.71,97.45,97.51,97.37	97.8	97.53	0.13
丙烯酰胺(N/%)	19.12,19.16,19.48,19.37,19.47	19.3	19.31	0.19

由表 6-16~表 6-19 分析结果可以看出，其标准偏差都符合本实验分析应用要求，此法是分析 B 和 H_3BO_3、BN 百分含量的一种准确可靠的方法。

5. 包覆对推进剂中硼粉燃烧效率的影响

根据残渣中各成分化学性质的不同，用酸碱滴定法分别测定 B 和 B_2O_3 的含量，研究含未包覆硼粉和包覆硼粉的推进剂燃烧残渣中硼粉的燃烧效率，并探讨包覆层对硼粉燃烧性能的影响。庞维强等人[51]采用化学分析法研究了含不同包覆硼粉的推进剂燃烧残渣分析，根据残渣中各成分化学性质的不同，用酸碱滴定法分别测定 B 和 B_2O_3 的含量，研究含未包覆硼粉和包覆硼粉的推进剂燃烧残渣中硼粉的燃烧效率，并探讨包覆层对硼粉燃烧性能的影响，见表 6-20、表 6-21。

表 6-20 含硼富燃料推进剂的主要组分

推进剂	W_{GFP}/%	W_{MA}/%	W_B/%	W_{AP}/%		
				180μm	105~150μm	1μm
1#(LiF 包覆 B)	3	8	25	20	10	15
2#(LiF 包覆 B)	3	8	25	20	10	15
3#(PBT 包覆 B)	3	8	25	20	10	15

（续）

推进剂	W_{GFP}/%	W_{MA}/%	W_B/%	W_{AP}/%		
				180μm	105～150μm	1μm
4#(未包覆B)	5	35	5	15	—	15
5#(未包覆B)	5	30	10	15	—	15
6#(AP包覆B)	2.3	22	10	23.4	15	15
7#(未包覆B)	5	35	5	—	8	32
8#(AP包覆B)	2	22	12	23.4	7.8	7.2

表6-21　含硼(包覆或未包覆)富燃料推进剂燃烧残渣分析

残渣分类	推进剂	MB/%	$M_{B_2O_3}$/%	M_{BN}/%	M_C/%	$M_1:M_2:M_3$
未包覆B推进剂燃烧残渣	4#	11.06	0.97	2.77	9.20	37.54:1:3.97
	5#	13.56	1.92	2.01	7.97	22.60:1:1.47
	7#	10.42	2.79	0.77	11.32	11.84:1:0.37
包覆B推进剂燃烧残渣	1#	23.85	25.37	1.66	3.10	3.11:1:0.09
	2#	24.89	24.35	2.20	2.30	3.41:1:0.13
	3#	30.40	11.52	3.60	5.01	8.47:1:0.44
	6#	11.91	3.07	1.35	7.34	11.56:1:0.62
	8#	11.70	2.65	2.27	1.57	13.96:1:0.62

从表6-21可以看出，加入包覆硼与未包覆硼的推进剂在燃烧后B的比例发生了明显变化，包覆后的硼粉燃烧效率明显提高，特别是用LiF包覆硼。推进剂燃烧残渣中B、B_2O_3、BN中B元素的摩尔比由包覆前的37.54:1:3.97(4#试样)减小为包覆后的3.11:1:0.09 (1#试样)，说明包覆剂对硼的燃烧残物有很大影响。含B 10%的5#试样和含AP包覆硼10%的6#试样燃烧后，B、B_2O_3和BN中B元素的摩尔比由22.6:1:1.47变为11.56:1:0.62。燃烧残物中B_2O_3含量提高，BN含量降低。

不同包覆剂对推进剂中硼粉的燃烧残物也有一定影响。LiF包覆后硼粉的燃烧效率较AP、PBT包覆硼的燃烧效率要高，主要是因为LiF与硼粒子表层的B_2O_3反应，除去了表层氧化膜，使得更多的硼粉暴露在空气中与氧气、氮气接触，促进了硼的点火及燃烧，但在较低压强下硼粉更倾向于与氧气发生反应，生成B_2O_3。但当硼转化为BN与B_2O_3的总量达到一个极限时,BN 量的增加必然导致 B_2O_3 量的减少。从能量角度分析,BN 的生成热远不如 B_2O_3,过多产生 BN 对硼作为推进剂组分的燃烧放热不利。PBT 则主要靠 PBT 中叠氮基分解时放出的大量热来加速氧化层的蒸发,促使硼粉燃烧效率的提高。

AP 主要靠其分解放出游离态的氧与硼粉发生反应,这部分氧与空气中的氧气相比,与硼粉发生反应的活性增强,促使硼粉氧化;同时,硼粒子周围氧含量的增加必然导致表面 N_2 浓度的相对减少,从而提高了硼粉的燃烧效率。所以,用含氧量较高的包覆剂处理硼粉,燃烧时可较多地转化成氧化硼,从而放出较多的能量,并有效地抑制硼与氮气化合生成 BN。

6.7 含硼富燃料推进剂一次燃烧喷射效率影响因素分析

对于高含硼量的富燃推进剂而言,一次燃烧产物中凝相组分的含量很高(超过 70%),当燃速较低时,少量的气体产物不可能完全把所有的凝相产物都传送到补燃室中,因此燃气发生器中凝相产物的沉积很难避免。低的喷射效率将会对冲压发动机的燃烧产生很强的负面影响,一方面是因为沉积物主要是碳和未燃烧的硼及硼的化合物(如碳化硼等),它们所含能值很高,因此沉积物的存在使推进剂潜在的能量不能完全发挥出来,明显降低了它的燃烧效率;另一方面,燃气发生器中的沉积物对发动机的安全工作造成了严重的威胁:沉积物是以结块状沉积于燃气发生器中,可能会堵塞喷射装置,轻者会引起燃气发生器内的压强变化,降低补燃效率,重者可能会破坏燃气发生器,产生严重的后果。

6.7.1 推进剂配方和实验方案

目前,由于铝镁富燃料推进剂中铝的结团导致喷唯处容易沉积并降低其一次燃烧喷射效率,国内外很多同行做过研究。硼和铝及其各自氧化物物理特性(尤其是熔点和沸点)不一样,二者在富燃料推进剂中的燃烧必然有所差异,影响一次燃烧喷射效率的主要因素也有所不同[53,64]。胡松启等人[92]通过燃气发生器法,测试了含硼富燃料推进剂的一次燃烧喷射效率,并分析了推进剂组分和喷射装置对含硼富燃推进剂一次燃烧喷射效率的影响,并通过分析找到提高一次燃烧喷射效率的方法及途经。推进剂样品的具体配方见表 6-22,具体实验方案见表 6-23。

表6-22 含硼富燃料推进剂配方

序号	HTPB	AP/%			(Mg/Al)/%		B/%		
		≤1μm	105~150μm	180~280μm	74~85μm	85~105μm	1~3μm	85~105μm①	280~450μm①
P1	32	8	10	15	5	—	30	—	—
P2	30	8	10	17	5	—	30	—	—
P3	27	8	10	20	5	—	30	—	—
P4	30	8	15	12	5	—	30	—	—
P5	30	10	10	15	5	—	30	—	—
P6	30	10	10	15	—	5	30	—	—
P7	30	10	10	15	5	—	—	30	—
P8	30	10	10	15	5	—	—	—	30
P9	30	10	10	15	5	—	15	15	—

① 为硼粒子经团聚处理

表6-23 实验方案

配方号	燃速/(mm/s)(1MPa)	一次燃烧温度/K	喷射装置		
			锥形喷管	半球形多喷管	非壅塞装置①
P1	4.75	—	采用	—	—
P2	5.37	1657	采用	—	—
P3	6.17	1768	采用	—	—
P4	5.86	—	采用	—	—
P5	6.26	1752	采用	—	—
P6	6.20	1750	采用	—	—
P7	5.97	—	采用	—	—
P8	5.89	—	采用	—	—
P9	6.56	1775	采用	—	—
P5	—	—	—	采用	—
P5	—	—	—	—	采用

① 为固体冲压发动机地面试验台试车时测定

6.7.2 推进剂组分对一次喷射效率的影响

对不同推进剂配方和喷射装置进行了测试，结果见表6-24。

表6-24 实验结果

编号	SY1	SY2	SY3	SY4	SY5	SY6	SY7	SY8	SY9	SY10	SY11
喷射效率/%	91.9	93.5	94.3	94.1	94.8	94.6	90.7	86.8	96.3	95.6	97.0

（1）AP含量对喷射效率的影响：对比SY1～SY3三种实验方案，一次燃烧喷射效率随着AP含量的增加而增加。当AP含量在33%～35%变化时，喷射效率增加较快；AP含量在35%～38%变化时，喷射效率增加较慢。分析认为，当AP含量降低时，燃烧速度和一次燃烧温度降低，一次燃烧产物中气体含量越少，少量气体更难将大量的凝相产物一起“带出”喷射装置外。

（2）AP级配对喷射效率的影响：对比SY2、SY4、SY5三种实验方案，AP配方为P5时喷射效率最高。表明推进剂中超细AP（1μm）含量的提高，有助于喷射效率的提高。增加超细AP的含量，可以降低火焰距离，增加火焰对推进剂表面反馈热，一方面提高推进剂燃速，另一方面增加一次燃烧中硼燃烧比例，从而提高一次燃烧温度和喷射效率。

（3）团聚硼粒径对喷射效率的影响：对比SY5、SY7、SY8三种实验方案，一次燃烧喷射效率随着硼团聚粒径的增加而降低。硼团聚粒径在105～280μm变化时，喷射效率下降很快，当硼团聚粒径为280～450μm时，喷射效率只有86.8%。但如果采用硼团聚粒径级配，如SY9，则喷射效率提高到96.3%。

（4）镁铝合金粒径对喷射效率的影响：对比SY5、SY6两种实验方案，两种方案测得的一次燃烧喷射效率相差不大，在误差范围内，可以认为，镁铝合金粒径在一定范围内变化，对喷射效率影响很小。

结合表6-23中各配方的燃速和一次燃烧温度可以看出，推进剂组分对一次燃烧喷射效率的影响，基本可以归结到推进剂燃烧速度、一次燃烧气相温度对一次燃烧喷射效率的影响，如图6-38和图6-39所示。

从图6-38可以看出，随着燃速的增加，一次燃烧喷射效率基本上是增加的，只有配方P8因为硼团聚粒径为280～450μm，导致一次燃烧喷射效率急剧降低。从图6-39可看出，除了P3虽然AP含量高、一次燃烧温度高，但超细AP含量少、燃速低和喷射效率低外，其他推进剂配方中，随着一次燃烧温度的增加，一次燃烧喷射效率是增加的。

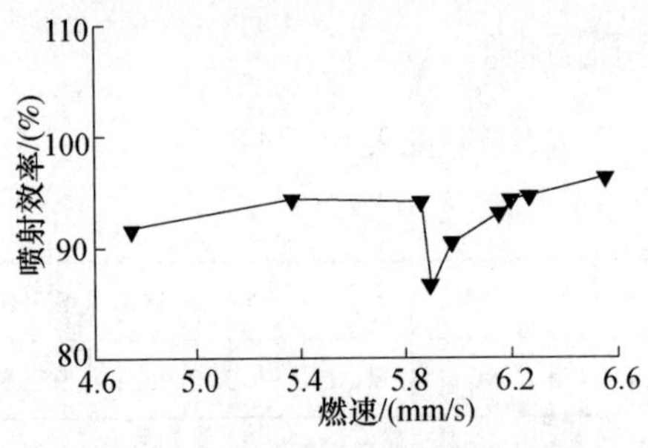

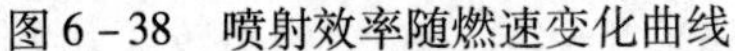

图6-38　喷射效率随燃速变化曲线

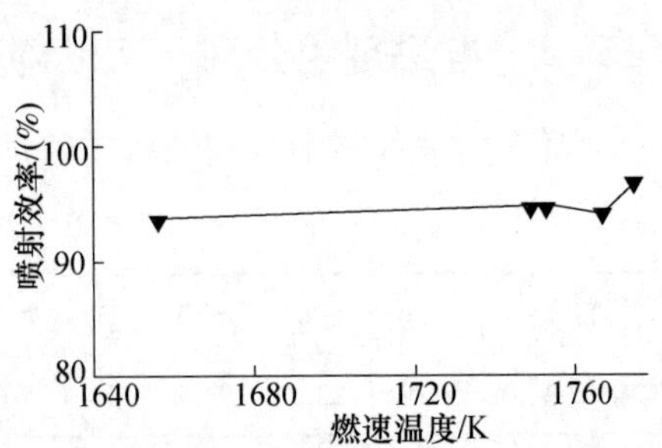

图6-39　喷射效率随燃烧温度变化曲线

因此,AP含量提高、超细AP含量提高、团聚硼粒子级配,基本有利于推进剂燃速和一次燃烧气相温度的提高,从而提高喷射效率。硼团聚粒径对一次燃烧喷射效率的影响比较复杂,在一定范围内,硼团聚粒径越小越好。据文献[5]报道,当硼团聚粒径超过360μm时,燃气发生器内沉积量显著增加。由于研究硼团聚采用的材料不一样,研究结果可能有差异。

6.7.3　喷射装置对一次喷射效率的影响

对比SY5、SY10、SY11三种实验方案,一次燃烧喷射效率随着喷射装置的改变而不同。对比SY5和SY10,燃气发生器采用半球形多喷管比采用锥形喷管喷射效率有所增加。在做SY10实验时,因为考虑到要维持燃气发生器内工作压强,半球形多喷管中的喷管孔径有限制,不能太大和太多。本文认为这会对一次喷射效率产生不良影响,如果在固冲发动机地面试车台实验时测试,球形喷管孔径和个数都可以调整,相信喷射效率会提高。

另外,SY11是在固体冲压发动机地面试车时所测定,此方案采用非壅塞喷射装置,含硼富燃料推进剂一次燃烧喷射效率最高,可达97%。

6.8　含硼富燃料推进剂的一次燃烧模型

固体推进剂燃烧涉及一系列在气相和凝聚相同时发生的复杂的物理和化学过程[41]。稳态燃烧是指推进剂的火焰结果不随时间而变化的燃烧过程。为实现稳态燃烧,就必须认识固体推进剂的稳态燃烧特性,并提出推进剂的稳态燃烧模型,最终指导燃烧规律的研究和配方设计。

富燃料推进剂属于复合推进剂的一种特例。复合推进剂是由黏合剂基体中分散有氧化剂、金属粉、催化剂等组成的非均相固体混合物,由于固体颗粒尺寸、形状不同,各组分燃烧、分解特性、热导特性等均存在差异,因此其燃烧过程非常复杂。由于对复合推进剂燃烧过程中燃速控制步骤及火焰结构认识的差异,国内外曾提出过许多燃烧理论模型来说明复合推进剂的燃烧机理并预测其燃烧特性。根据放热反应控制步骤的不同,其燃烧模型可分为两类:一类认为气相放热反应为速度控制步骤的气相型稳态燃烧模型,主要有粒状扩散火焰模型(GDF),方阵火焰模型;另一类认为凝聚相放热反应为速度控制步骤的凝聚相稳态燃烧模型,主要有 BDP 多火焰模型和双火焰模型。

对于富燃料推进剂,其氧化剂远少于一般复合推进剂,而金属含量却较高,且硼粉存在特殊的点火、燃烧性能,可见含硼富燃料推进剂的燃烧过程更复杂。在研究含硼富燃料推进剂稳态燃烧理论过程中,先后提出不同的物理及数学模型。在文献研究中,硼粉采用细粒度或 AP 包覆,对配方研究有一定的借鉴意义,但国内外已经应用或即将应用的含硼富燃料推进剂中,硼粉均采用团聚形式加入配方,团聚尺寸达 0.50mm 左右,虽然此大颗粒团聚硼粉燃烧中存在一定缺点,但其综合性能是各种处理方法中最优异的,其优点已在前文进行了详细论述,因此开展团聚硼粉富燃料推进剂稳态燃烧模型研究,对解决工程应用中存在问题具有较好的指导意义。

建立含硼富燃料推进剂的一次燃烧模型,有助于描述推进剂一次燃烧过程中的化学反应热效应、反应动力学和推进剂组分及尺寸等因素与燃速特性之间的关系,能够理论分析推进剂的一次燃烧性能,并能对该推进剂的燃烧性能调节提供借鉴。在研究含硼富燃料推进剂一次燃烧理论过程中,国内外先后提出了不同的物理和数学模型[84,93],但所建立的燃烧模型基本停留在定性分析的水平。本节以复合固体推进剂 PEM 燃烧模型为基础,在充分考虑硼颗粒对推进剂燃面结构、氧化剂对黏合剂和硼部分氧化、硼颗粒在气相点火和燃烧对燃面热反馈等因素影响的基础上,建立了含硼富燃料推进剂的一次燃烧模型,并理论研究了各影响因素对推进剂一次燃烧特性的影响。

6.8.1　一次燃烧物理模型的建立

与典型的复合固体推进剂相比,含硼富燃料推进剂中添加了大量的硼,且氧化剂含量减少,黏合剂含量有所增加。硼的熔点(2450K)和沸点(3931K)高,这些特性决定了硼在推进剂的一次燃烧过程中具有以下特点:①含硼富燃料推进剂一次燃烧的平衡火焰温度低于硼颗粒的熔点和沸点,在推进剂一次燃烧过程中,硼以气－固反应的形式发生氧化反应;另一方面,该推进剂中硼和黏合剂的可燃元素如 C 存在竞争反应;②只有少部分硼在气相区参与氧化反应,大多数硼在推进剂的凝聚相和脱离燃面过程中相当于惰性吸热物质;③硼颗粒离开燃面的速率依赖于其周围的氧化剂、黏合剂的分解速率，即依靠氧化剂和黏合剂气态分解产物的推动作用脱离燃面；另一方面，由于含硼富燃料推进剂中氧化剂含量大大降低，黏合剂和硼含量增大，与复合固体推进剂相比，两者的火焰结构和凝聚相结构存在明显差异：氧化剂 AP 的颗粒数减少，相应地由 AP 组成的燃烧单元数降低，黏合剂和硼的质量分数和体积分数增大。含硼富燃料推进剂的燃烧过程由凝聚相反应区和气相反应区构成。所有的凝聚相反应热都在凝聚相反应区产生，并直接被推进剂吸收，而气相燃烧区释放出的热量，一部分通过传导和热辐射方式反馈至燃面，加热燃面附近的推进剂，另一部分用于燃烧产物自身的加热，使其温度急剧升高。

在凝聚相反应区，主要发生：①AP 和黏合剂的分解反应；②AP 分解产物与黏合剂分解产物之间的反应；③AP 分解产物与少数硼颗粒之间微弱的氧化反应，但大多数硼不参与反应，惰性吸热。因此，在凝聚相反应区，含硼富燃料推进剂与复合固体推进剂基本是一致的。

在气相反应区，主要发生 AP 分解产物之间反应、AP 氧化性分解产物与 HTPB 分解产物之间的反应，同时还存在硼与氧化性气体的微弱反应。相对于气－气反应，气－固反应速率要慢。因此，在气相反应区，与复合固体推进剂的气相反应类似，主要存在三个火焰：氧化剂 AP 的单元推进剂火焰、黏合剂分解产物与 AP 焰中 HClO4 及其分解产物反应形成的初始火焰、黏合剂分解产物中未参加初始火焰反应的部分与 AP 焰生成的氧化性产物反应形成的最终扩散火焰。硼颗粒并不改变此三个火焰的结构，只是部分硼颗粒在气相反应区进行点火和燃烧反应，并向燃面反馈热量。

因此，可以采用复合固体推进剂燃烧模型的处理方法建立含硼富燃料推进剂的一次燃烧模型。图 6－40 所示为含硼富燃料推进剂一次燃烧模型的示意图。

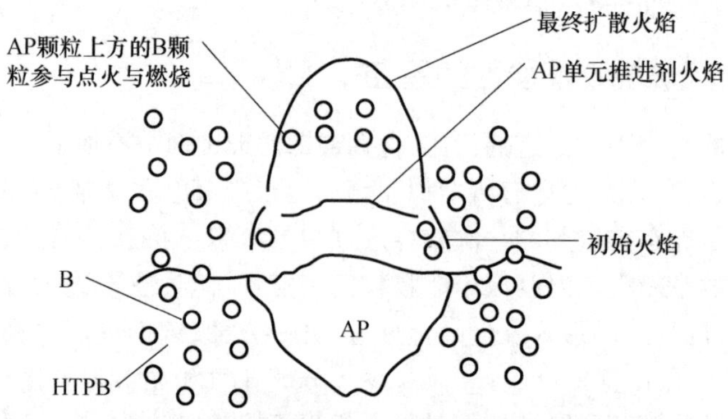

图 6－40　含硼富燃料推进剂一次燃烧模型的示意图[93,94]

以上述物理模型为基础,为推导出含硼富燃料推进剂一次燃烧的理论燃速表达式,对物理模型做出如下基本假设:

(1) 燃烧过程是准一维的、稳定的;

(2) 氧化剂和黏合剂的表面分解反应为零级反应,即反应速度遵循 Arrhenius 方程。在整个推进剂的燃烧过程中,燃面凝聚相组分的热分解反应,尤其是氧化剂的分解速率决定了推进剂的燃烧速度;

(3) 为简化计算,凝聚相反应区仅考虑氧化剂与黏合剂的分解反应,硼作为惰性吸热物质存在;

(4) 气相反应区氧化剂分解产物与黏合剂分解产物之间的气相反应为简单的均相反应,同时存在氧化性气体与硼的异相反应;

(5) 气相向燃面的传热只考虑热传导,忽略热辐射。

在上述假设的基础上,利用质量守恒方程、能量守恒方程、燃面几何学方法、化学动力学方程和扩散方程等可导出理论燃速表达式。具体推导过程如下所述。

6.8.2 一次燃烧数学模型的建立

在上述物理模型的基础上,可推导出团聚硼粉富燃料推进剂低压稳态燃烧的数学模型。该模型的假设与 BDP 燃烧模型类似[93,94],主要区别如下:①忽略团聚硼粉颗粒形状对燃烧的影响,认为燃烧过程为一维稳态过程;②凝聚相反应都在燃面进行,燃面的凝聚相反应热中还包括 AP 分解产物与硼粉中团聚剂之间的异相反应热。团聚硼粉的凝聚相反应较弱,假设其为惰性的吸热物质,反应热忽略。

在以上假设基础上,利用质量守恒方程、能量守恒方程、反应动力学方程等推导出推进剂的理论质量燃速的计算公式为

$$u_{m} = \rho_{p} \cdot \gamma = \frac{u_{mAP}}{a}\left(\frac{S_{AP}}{S}\right) \tag{6-51}$$

式中:u_{m}、u_{mAP}分别为推进剂和推进剂中氧化剂 AP 的质量燃速($g \cdot cm^{-2} \cdot s^{-1}$);$\rho_{p}$ 为推进剂的密度(g/cm^{3});γ 为推进剂的线性燃速(mm/s);a 为推进剂中氧化剂 AP 的质量分数;S_{AP}、S 分别为氧化剂 AP 的燃烧面积和推进剂总的燃烧面积(m^{2}),S 可表示为

$$S = S_{AP} + S_{HTPB} + S_{B} \tag{6-52}$$

式中:S_{HTPB}、S_{B}分别为黏合剂 HTPB 和团聚硼粉的燃烧表面积(m^{2})。

由于氧化剂的表面分解反应遵循 Arrhenius 定律,则 AP 的分解速度为

$$u_{mAP}=A_0\exp\left(-\frac{E_0}{RT_s}\right) \tag{6-53}$$

式中：T_s 为表面温度，根据燃烧表面的能量守恒方程式[91]，可导出表面温度 T_s 的计算公式。

由此可见，根据表面温度 T_s 和$\frac{S_{AP}}{S}$可求得推进剂的质量燃速。

虽然假设燃烧过程为一维稳态过程，但含硼富燃料推进剂在实际燃烧过程中，氧化剂 AP 晶粒在低压下凸出于燃面，AP 的燃烧表面不是平面，同理对于团聚硼粉，其所含团聚剂的分解、颗粒的解聚也并非在平面进行，为简化，可将团聚硼粉的平均平面表面积作为硼粉的燃烧表面积进行计算。因此，简化后的燃烧面积 S 可表示为

$$S=S_{AP}+S_{HTPB}+S_{B,P} \tag{6-54}$$

式中：$S_{B,P}$为团聚硼粉的平均平面表面积（m^2）。

为了获得 S_{AP}/S 值，可将含硼富燃料推进剂按 AP/HTPB 和团聚 B/AP/HTPB 两种体系考虑。

1. AP/HTPB 体系

由团聚硼粉富燃料推进剂的燃烧机理可知，该推进剂在燃烧过程中存在燃料区和氧化剂、黏合剂富集区，AP 和黏合剂富集区燃烧相当于 AP/HTPB 双组元体系。参照文献[90]研究结果，该体系中 $S_{AP}/(S_{AP}+S_{HTPB})$值可根据 AP 与黏合剂的几何关系及点火延迟期的概念进行估算，可表示为

$$\frac{S_{AP}}{S_{AP}+S_{HTPB}}=\frac{\zeta\left[6\left(\frac{h}{d_0}\right)^2+1\right]}{\left[6\zeta\left(\frac{h}{d_0}\right)^2+1\right]} \tag{6-55}$$

式中：ζ 为推进剂中氧化剂的体积分数；d_0 为氧化剂的初始直径；h 为氧化剂 AP 晶粒凸出推进剂表面的距离。

2. 团聚 B/AP/HTPB 体系

由于团聚硼粉中团聚剂的分解、颗粒的解聚过程类似于 AP 颗粒，参照文献[91]中对 AP 平均表面积的计算可知，团聚硼粉的平均平面表面积为

$$S_{B,P}=\frac{\pi d_1^2}{6} \tag{6-56}$$

式中：d_1 为团聚硼粉的初始直径。

由平均平面表面积和体积分数的关系可得

$$\zeta_1=\frac{S_{B,P}}{S_{AP,P}+S_{HTPB}+S_{B,P}} \tag{6-57}$$

式中:ζ_1 为推进剂中团聚硼粉的体积分数;$S_{AP,P}$ 为 AP 的平均平面表面积;$S_{AP,P}$ 与 S_{AP} 存在以下关系:

$$\frac{S_{AP}}{S_{AP,P}} = 1 + 6\left(\frac{h}{d_0}\right)^2 \tag{6-58}$$

对于低压下工作的含硼富燃料推进剂,h 的取值范围是 $0 \leqslant h \leqslant d_0$。由于 AP 的分解反应温度低于 HTPB,AP 晶粒凸出于 HTPB 黏合剂表面的尺寸较小,因而在实际推进剂中,h 远小于 d_0,则 $\left(\frac{h}{d_0}\right)^2$ 的值趋于 0,因此,$S_{AP,P}$ 与 S_{AP} 近似相等。

为了获得团聚硼粉对推进剂燃速的直接影响关系式,作进一步简化,用 S_{AP} 代替 $S_{AP,P}$,将式(6-56)代入式(6-57)得到

$$S_{B,P} = \zeta_1 S \tag{6-59}$$

在团聚 B/AP/HTPB 体系中,由于已假设团聚硼粉不参与凝聚相反应,AP 和黏合剂富集区中的燃面关系 $\frac{S_{AP}}{S_{AP} + S_{HTPB}}$ 仍与式(6-55)相同,因此,将式(6-52)带入式(6-53)可变换为

$$\frac{S_{AP}}{S - S_{B,P}} = \frac{\zeta\left[6\left(\frac{h}{d_0}\right)^2 + 1\right]}{\left[6\zeta\left(\frac{h}{d_0}\right)^2 + 1\right]} \tag{6-60}$$

由式(6-59)和(6-60)可得到 S_{AP}/S 关系为

$$\frac{S_{AP}}{S} = (1 - \zeta_1)\frac{\zeta\left[6\left(\frac{h}{d_0}\right)^2 + 1\right]}{\left[6\zeta\left(\frac{h}{d_0}\right)^2 + 1\right]} \tag{6-61}$$

在确定以上参数的情况下,由式(6-52)、式(6-53)和燃烧表面的能量守恒方程[90,91]即可求得以推进剂质量燃速作为压力的函数。

1)AP 含量和粒度对推进剂燃速的影响

AP 是含硼富燃料推进剂一次燃烧的主要放热组分,其分解和放热对推进剂的燃速产生重要影响。在团聚硼粉含量一定时,减少 HTPB 体系含量,增加 AP 含量,能大幅提高推进剂燃速,AP 通过自身分解放热以及产生的氧化性气体与燃料燃烧放热来维持推进剂的燃烧。当 AP 含量增加时,产气量和放热量增加。由燃烧波温度测试可知[92-95],增加 AP 含量能提高燃面温度,这将使凝聚相反应速度加快,燃面分解速度增加,燃速提高。通过燃烧模型计算公式可探讨 AP 含量对燃速的影响,其主要表现在 $\frac{S_{AP}}{S}$ 项。虽然 AP 和 HTPB 的密度存在较大差

异，二者含量的变化对总燃烧面积 S 的影响可忽略，但上式中 S_{AP} 的值随 AP 含量增加而增大，因此，$\frac{S_{AP}}{S}$ 值的增大使推进剂的燃速提高。

在其他条件一定时，减小 AP 粒度，推进剂的燃速大幅度提高。由于细 AP 的比表面积大，分解所需的活化能低，分解反应温度降低，燃面处的凝聚相反应易于进行，燃速增大。同理，可通过燃烧模型计算公式中 $\frac{S_{AP}}{S}$ 项探讨 AP 粒度对燃速的影响。将 $\frac{S_{AP}}{S}$ 项分子，分母除以 S_{AP} 后表示为

$$\frac{S_{AP}}{S} = \frac{1}{1 + \frac{S_B}{S_{AP}} + \frac{S_{HTPB}}{S_{AP}}} \tag{6-62}$$

在式（6-62）中，AP 粒度减小，其表面积增大，因此 S_{AP} 的值增大，因此，$\frac{S_B}{S_{AP}}$ 和 $\frac{S_{HTPB}}{S_{AP}}$ 的值减小，$1 + \frac{S_B}{S_{AP}} + \frac{S_{HTPB}}{S_{AP}}$ 项的值减小，$\frac{S_{AP}}{S}$ 的值增大，推进剂的燃速增加。

2）团聚硼粉对推进剂燃速的影响

在富燃料推进剂一次燃烧过程中，仅有少量硼粉参与凝聚相反应而放热，硼粉主要作为一种惰性吸热物质存在，其与 AP 的接触面积越大，吸收的推进剂燃烧热量越多，推进剂的燃速就越低。采用团聚硼粉后，推进剂的燃速大幅度提高，因为团聚硼粉吸收的凝聚相反应热少，燃面温度高，分解反应速度快，燃速提高。当然，硼粉团聚后可加入大量细 AP，这是提高燃速的另一重要途径。此外，通过燃烧模型计算公式中团聚硼粉的体积分数项（$1-\zeta_1$）来分析硼粉团聚对推进剂燃速的影响。在硼粉含量相同的情况下，硼粉团聚后粒度增大，其比表面积和堆积体积均减小，因此，推进剂中硼粉的体积分数 ζ_1 减小，而（$1-\zeta_1$）项增大，推进剂的燃速增加。

3）团聚硼粉粒度级配对推进剂燃速的影响

采用硼粉粒度级配后，低压下推进剂的燃速略有提高。分析认为，粗细粒度级配后，小颗粒团聚硼粉对推进剂燃烧表面不同 AP、HTPB 聚集区的阻隔小，有利于不同区之间气相产物的对流燃烧，因此，气相放热反应加强。与此相对应，气相对凝聚相的热反馈加强，燃面温度增加，热分解反应加快，燃面分解、推移速度加快。依据团聚硼粉富燃料推进剂燃烧模型计算公式，由于硼粉几乎不参与一次燃烧反应，硼粉粒度级配对燃速公式中的表面温度项影响小，对燃烧的作用体现在燃面系数项（$1-\zeta_1$）。由于团聚硼粉粒度级配，小颗粒占用大颗粒间隙，

在相同质量下,级配后颗粒的堆积密度增大,填充体积分数 ζ_1 减小,$(1-\zeta_1)$ 项增大,因此,推进剂的燃速提高。

4）团聚硼粉含量对推进剂燃速的影响

随硼粉含量增加,推进剂的燃速大幅度提高,主要因为硼粉增加时推进剂中 HTPB 黏合剂含量减少,而 HTPB 黏合剂属于一种惰性物质,在一次燃烧、分解过程吸热,消耗大量 AP 的分解热,当 HTPB 黏合剂含量降低时,则相同含量 AP 分解产生的热量加热凝聚相,有利于凝聚相的热积累,使凝聚相的温度升高,分解加快,因而提高了推进剂的燃速。可通过燃烧模型计算公式中团聚硼粉体积分数项 $(1-\zeta_1)$ 和 u_{mAP} 分析硼粉含量对推进剂燃速的影响。

在 AP 含量一定情况下,随团聚硼粉含量的增加,HTPB 黏合剂含量的减少,团聚硼粉在推进剂中的体积分数 ζ_1 增加,$(1-\zeta_1)$ 值减小;但对于 u_{mAP} 项,由推进剂燃烧机理分析可知[84,96],在 AP 和 HTPB 聚集区,当 HTPB 含量降低时,该物理结构区中 AP 的相对质量分数增大,燃烧过程中 AP 火焰的放热量不变,初始扩散火焰和终扩散火焰中氧化性产物的浓度增大,氧化性产物和 HTPB 分解的可燃产物扩散燃烧将更充分,放热量增加,使燃烧表面能量守恒方程中的 Q_{pf}、Q_{ff} 值增大,因此表面温度升高,推进剂的质量燃速 u_{mAP} 提高。

由以上分析可见,$(1-\zeta_1)$ 项和 u_{mAP} 的变化趋势不一致,但 $(1-\zeta_1)$ 的变化范围有限,$0\leqslant(1-\zeta_1)\leqslant1$,而 u_{mAP} 受燃面温度影响大,是影响燃速的主要因素。综上所述,该数学模型能合理地解释团聚硼粉含量对推进剂燃速的影响。

参考文献

[1] 李疏芬. 含硼的固体燃料[J]. 含能材料,1995,3(2):1-8.

[2] 赵孝彬,张小平,侯林法. 硼粒子的点火及燃烧特性[J]. 固体火箭技术,1999,22(3):37-40.

[3] 王桂兰,赵秀媛. 硼粉在推进剂中应用研究[J]. 固体火箭技术,1998,21(2):46-50.

[4] Mohan G, Willialt F A. Ignition and Combustion of Boron in 02/Inert Atmospheres. An A JOURNAL,1972.

[5] Yeh C L, Kuo K K. Ignition and Combustion of Boron Particles[J]. erog. Energy Combust. Sci. 1996,22: 514-515.

[6] Merrill K, King. A Review of Studies of Boron Ignition and Combustion Phenomena at Atlantic Research Corporation OVelr the Past Decade. Combustion of Boron[J]. Based Solid Propellants and Solid Fuels, Edited by Kenneth K. Kuo,1993:1-8.

[7] 毛成立,李葆萱,胡松启,等. 热空气中硼粒子点火模型研究综述[J]. 推进技术,2001, Z2(1):6-9.

[8] Knipe R H. Condensed Phase Efects in the Combustion of Boron Particles. Paper WSCI-70-9, 1970.

[9] Rentgen, A. Friedrieh. A Simple Model of the Oxidation Kinetics of Boron in a Medium Containing Water Vapor[J]. Combustion of Boron-Based Solid Propellants and Solid Fuels, Edited by Kenenth K. Kuo, 1993:211-217.

[10] Yeh C L, Kuo K K. Ignition and Combustion of Boron Particles [J]. Prog. Energy Combust. Sci,1996, 22:516 - 517.

[11] Li S C,Willifling F A. Ignition and Combustion of Boron Particles. In:Kuo K K et al. Combustion of Boron. based Solid Propellants and Solid Fuels,1993.

[12] Golovko V V, Kondratyev E N, Polishehuk D I. Ignitionand Combustion of Boron in Chlorine. Combustion of Boron[J]. Based Solid Propellants and Solid Fuels,Edited by Kenneth K. Kuo,1993:272 - 284.

[13] King M K. Boron Ignition and Combustion in Air[J]. Augmented Rocket Mterbumers. Combustion Science and TeehnologY, 1972,4:155 - 164.

[14] Yetter R A, Dryer F L, Rabitz H,et al. Efect of Fluorine on the Gasification Rate of Liquid Boron Oxide Droplets. Combust. Flame,1998,122:387 - 403.

[15] Zhou W, Yetter R A, Dryer F L. Effect of Fluorine on the Combustion of"Clean"Surface Boron Pattieles [J]. Comb ust. Flame,1998,112:507 - 521.

[16] Abdullah Ulas,Kenneth K. Kuo,Carl Gotzmer. Ignition and Comb ustion of Boron Particles in Fl uorine [J]. Containing Environments. Comb ust. Flame, 2001,127:1935 - 1957.

[17] Macek A. Fourteenth Symposium(International) on Combustion[J]. The Comb ustion Institute,Pittsburgh,1973:1401.

[18] Krier H,Burton R L,Pitman S R. Shock Initiation of Crystaline Boron in Oxygen an d Fluorine and Compounds,Universitv oflllinois at Urbana Champain,Urbana,IL,Report,No. UIUL - ENG 94 - 4010,1994.

[19] Yetter R A,Dryer F L,Rabitz H,et al. Combust[J]. Flame 1997,112:389 - 405.

[20] 邢曦,李疏芬. 减少含硼推进剂残渣中氮化硼含量的研究[J]. 固体火箭技术,2003,26(1): 51 - 54.

[21] 李疏芬. 含硼的固体燃料[J]. 含能材料,1995,3(2):1 - 8.

[22] 赵孝彬,张小平,候林法. 硼粒子包覆工艺及对硼的表面和燃烧特性的影响[J]. 固体火箭技术,1998,21(1):35 - 38.

[23] Ing - Ming Shyu and Tai - Kang Liu. Comb ustion Characteristics of GAP Coated Boron Particles and tlle Fuel Rich Solid Propellant[J]. Combust. and Flame,1995,100:634 - 644.

[24] 范红杰,王宁飞. GAP包覆硼对固体推进剂燃烧特性的影响[J]. 推进技术,2002,23(3):262 - 264.

[25] 敖文,杨卫娟,韩志江,等. 硼颗粒点火燃烧模型研究进展[J]. 固体火箭技术,2012,35(3):361 - 366.

[26] Ulas A,Kuo K K,Gotzmer C. Ignition and Combustion of Boron Particles in Fluorine - Containing Environments[J]. Combustion and Flame,2001,127(1 - 2): 1935 - 1957.

[27] Yeh C L,Kuo K K. Ignition and Combustion of Boron Particles[J]. Progress in Energy and Combustion Science,1996,22(6):511 - 541.

[28] Hussmann B Pfitzner M. Extended Combustion Model for Single Boron Particles - Part II:Validation[J]. Combustion and Flame,2010,157(4):822 - 833.

[29] 吴婉娥,毛根旺,鲁军,等. 镁铝金属粉对含硼富燃推进剂燃烧性能及硼氧化效率的影响[J]. 含能材料,2008,16(4):458 - 460.

[30] Rosenband V,Natan B,Gany A. Ignition of Boron Particles Coated by a Thin Titanium Film[J]. Journal of Propulsion and Power,1995,11(6):1125 - 1131.

[31] Liu T K,Shyu I M,Hsia Y S. Effect of Fluorinated Graphite on Combustion of Boron and Boron - Based Fuel - Rich Propellants[J]. Journal of Propulsion and Power,1996,12(1):26 - 33.

[32] Shyu I M,Liu T K. Combustion Characteristics of Gap Coated Boron Particles and the Fuel - Rich Solid - Propellant[J]. Combustion and Flame,1995,100(4): 634 - 644.

[33] 赵孝彬,张小平,侯林法．硼粒子的点火及燃烧特性[J]．固体火箭,1999,22(3):37－40.

[34] 范红杰,王宁飞,关大林．GAP包覆硼对硼固体推进剂燃烧特性的影响[J]．推进技术,2002,23(3):262－264.

[35] 杨宇川,王进,何小波．硼粒径对硼与AP复合物的热化学性能的影响[J]．含能材料,2005,13(5):288－292.

[36] Jain A, Anthonysamy S, Ananthasivan K, et al. Studies on the Ignition Behaviour of Boron Powder[J]. Thermochimica Acta,2010,500(1－2):63－68.

[37] Jain A, Joseph K, Anthonysamy S, et al. Kinetics of Oxidation of Boron Powder [J]. Thermochimica Acta, 2011,514(1－2):67－73.

[38] Young G, Sullivan K, Zachariah M R, et al. Combustion Characteristics of Boron Nano－particles[J]. Combustion and Flame,2009,156(2):322－333.

[39] 敖文,杨卫娟,汪洋,等．不同气氛下硼粉燃烧特性及动力学研究[J]．中国电机工程学报,2012,32(29):59－65.

[40] Yetter R A, Rabitz H, Dryer F L, et al. Kinetics of High－Temperature B/O/H/C Chemistry[J]. Combustion and Flame,1991,83(1－2):43－62.

[41] 庞维强．硼团聚技术及其在富燃料推进剂中的应用研究[D]．西安:西北工业大学, 2006.

[42] Krier H, Burton R L, Pirman S R, et al. Shock Initiation of Crystalline Boron in Oxygen and Fluorine Compounds[J]. Journal of Propulsion and Power,1996,12 (4):672－679.

[43] Spalding M J, Krier H Burton R L. Boron Suboxides Measured During Ignition and Combustion of Boron in Shocked Ar/F/O_2 and Ar/N_2/O_2 Mixture[J]. Combustion and Flame,2000,120(1－2):200－210.

[44] Foelsche R O, Spalding M J, Burton R L, et al. High Pressure Ignition of Boron in Reduced Oxygen Atmospheres[J]. Decomposition, Combustion, and Detonation Chemistry of Energetic Materials,1996,418: 187－193.

[45] Krier H, Burton R L, Spalding M J, et al. Ignition Dynamics of Boron Particles in a Shock Tube[J]. Journal of Propulsion and Power,1998,14(2):166－172.

[46] Yuasa S, Isoda H. Ignition and Combustion of Small Boron Lumps in an Oxygen Stream[J]. Combustion and Flame,1991,86(3):216－222.

[47] Yuasa S, Yoshida T, Kawashima M, et al. Effects of Pressure and Oxygen Concentration on Ignition and Combustion of Boron in Oxygen/Nitrogen Mixture Streams[J]. Combustion and Flame,1998,113(3): 380－387.

[48] 王天放,李疏芬．不同环境气氛中硼粒子点火特性研究[J]．飞航导弹,2004,(1):49－52.

[49] Li S C, Williams F A, Takahashi F. An Investigation of Combustion of Boron Suspensions[C]. Seattle: 22nd Symposium (International) on Combustion,1988.

[50] Brown R C, Kolb C E, Cho S Y, et al. Kinetic－Model for Hydrocarbon－ Assisted Particulate Boron Combustion[J]. International Journal of Chemical Kinetics, 1994,26(3):319－332.

[51] Brown R C, Kolb C E, Cho S Y, et al. Kinetics of High Temperature, Hydrocarbon Assisted Boron Combustion[J].. Abstracts of Papers of the American Chemical Society,1991,202:142－146.

[52] 赵鹏,吴婉娥,王琰．含硼固体推进剂燃烧残渣中三氧化二硼和碳含量测定及燃烧机理研究[J]．化学推进剂与高分子材料,2007,5(3):41－44.

[53] 王克秀,李葆萱,吴心平．固体火箭推进剂及燃烧[M]．北京:国防工业出版社,1983.

[54] 王英红,李葆萱,张晓宏,等．含硼富燃料推进剂低压燃烧模型[J]．固体火箭技术,2006, 29(1):

39 -42.

[55] 王伯羲,冯增国,杨荣杰. 火药燃烧理论[M]. 北京:北京理工大学出版社,1997.

[56] 庞维强. 高含硼量富燃料推进剂研究[D]. 西安:西安近代化学研究所,2011.

[57] Weiqiang Pang, Fengqi Zhao, Yunna Xue,et al. Synthesis, characterization of high energetic combustion agent (BHN) and its effects on the combustion properties of fuel rich solid propellant [J]. Central European Journal of Energetic Materials,2015,12(3):537 -552.

[58] 范红杰,王宁飞,关大林. GAP 包覆硼对硼固体推进剂燃烧特性的研究[J]. 推进技术, 2002,23(3):262 -264.

[59] Weiqiang Pang, Xuezhong Fan, Fengqi Zhao, et al. Effects of different metal fuels on the characteristics of HTPB - based fuel rich solid propellants[J]. Propellants, Explosive, Pyrotechnics,2013,38(6):482 - 486.

[60] 庞维强,樊学忠,胥会祥. 含团聚硼富燃料推进剂能量特性及燃烧性能[J]. 火炸药学报,2012,35(2):62 -65.

[61] Zhou W,Yetter R A,Dryer F L,et al. Multi - Phase Model for Ignition and Combustion of Boron Particles [J]. Combustion and Flame,1999,117(1 -2):227 -243.

[62] Weiqiang Pang,Xuezhong Fan,Yunna Xue, et al. Study on the compatibility of tetraethylammonium dodecahydrododecaborates (BHN) with some energetic components and inert materials. Propellants, Explosive, Pyrotechnics, 2013,38(2):278 -285.

[63] 吴婉娥,毛根旺,王英红,等. AP 含量及粒度级配对含硼富燃推进农机压强指数的影响[J]. 固体火箭技术,2007,30(4):332 -335.

[64] 高东磊. 含硼富燃料推进剂一次燃烧性能研究[D]. 长沙:国防科技大学,2009.

[65] 庞维强,樊学忠,赵凤起,等. 高能燃烧剂(BHN)对富燃料推进剂特性的影响研究[J]. 固体火箭技术, 2013,36(5):647 -653.

[66] 张炜,朱慧. AP 复合固体推进剂稳态燃烧模型综述[J]. 固体火箭技术,1994,3(1):38 -45.

[67] 张炜. 固体推进剂性能计算原理[M]. 长沙:国防科技大学出版社,1996.

[68] 庞维强,樊学忠,胥会祥,等. 硼镁复合粉特性及对富燃料推进剂燃速特性影响[J]. 固体火箭技术,2013,36(3):363 -367.

[69] 庞维强,胥会祥,廖林泉,等. 高能硼氢燃烧剂与固体推进剂常用组分相容性的 DSC 法研究[J]. 固体火箭技术,2013,36(1):67 -72.

[70] 赵银,田德余,江瑜. 含铝复合固体推进剂的燃烧模拟计算[J]. 航空动力学报,1987,2(2):147 -152.

[71] 刘德辉,彭培根. 含铝复合推进剂燃速计算研究[J]. 航空动力学报,1983,8(1):69 -72.

[72] Linquan Liao, Weiqiang Pang, Huixiang Xu, et al. Effects of Different Size and Shaped Magnesium Particles on the Properties for Fuel Rich Solid Rocket Propellant[J]. 2012International Conference on Chemical, Material and Metallurigical Engineering (ICCMME),《Advanced Materials Research》, Kunming, Yunnan,2013,1.

[73] 宋家琪. 用于冲压发动机的富燃料固体推进剂的选择和评价[J]. 推进技术,1984,5(2): 46 -54.

[74] 高东磊,张炜,朱慧,等. 氧化剂和团聚硼粒度对富燃料推进剂燃速特性的影响[J]. 固体火箭技术,2008,31(4):374 -377.

[75] 庞爱民,郑剑,肖金武. 硼粉在冲压发动机补燃室中可燃性研究[J]. 含能材料(增刊), 2004,12,379 -383.

[76] Mullen J C, Brewster M Q. Investigation of aluminum agglomeration in AP/HTPBcomposite propellants[R]. AIAA 2006 – 280.

[77] Dokhan A, Price E W, Seitzman J M, et al. The ignition of ultra – fine aluminum inammonium perchlorate solid propellant flames[R]. AIAA 2003 – 4810.

[78] Brewster M Q, Hardt B E. Influence of metal agglomeration and heat feedback oncomposite propellant burning rate[J]. Journal of Propulsion and Powe, 1991, 7(6): 1076 – 1078.

[79] PANG Wei – qiang, FAN Xue – zhong, ZHANG Wei, et al. Application of Amorphous Boron Granulated with Hydroxyl Terminated Polybutadiene in Fuel – rich Solid Propellant. Propellants, Explosive, Pyrotechnics, 2011, 36 (4): 360 – 366.

[80] Prasad K, Yetter R A, Smooke M D. An eigenvalue method for computing theburning rates of HMX propellants[J]. Combustion and Flame, 1998, 115: 406 – 416.

[81] Puduppakkam K V, Beckstead M W. Combustion modeling of glycidyl azide polymer with detailed kinetics [J]. Combustion Science and Technology, 2005, 177(9): 1661 – 1697.

[82] Miller M S, Anderson W R. Energetic – material combustion modeling with elementary gas – phase reactions: a practical approach[R]. Progress in Astronautics and Aeronautics, olid Propellant Chemistry, Combustion, and Motor Interior Ballistics, 2000, 185: 504 – 531.

[83] Beckstead M W. An Overview of combustion mechanisms and flame structures for advanced solid propellants [R]. AIAA 2000 – 3325.

[84] 胥会祥, 赵凤起. 含团聚硼粉富燃料推进剂一次燃烧模型的建立[J]. 火炸药学报, 2008, 31(2): 34 – 37.

[85] Robert O F, Rodney L B, et al. Boron particle ignition and combustion at 30 – 150 atm[J]. Combustion and Flame, 1999, 117(1): 32 – 58.

[86] Macek A. Combustion of boron particles: experiment and theory[C]. 14th Symposium (international) on Combustion. The Combustion Institute, 1972: 1401 – 1411.

[87] Li S C. Optical measurement of size histories of boron particles in ignition and combustion stage[J]. Combustion Science and Technology, 1991, 77(1): 149 – 169.

[88] 董存胜, 张珊珊. 固体推进剂燃烧波结构与燃速及压力指数的关系研究[J]. 火炸药, 1995, 3 (1): 6 – 12.

[89] 董存胜, 张珊珊. 固体推进剂燃烧波温度分布及其微分[J]. 火炸药, 1995, 3(1): 19 – 23.

[90] 王伯羲. 火药燃烧理论[M]. 北京: 北京理工大学出版社, 1997.

[91] 王瑛, 孙志华, 赵凤起, 等. NEPE 推进剂燃烧机理研究[J]. 火炸药学报, 2000, 23(4): 66 – 70.

[92] 胡松启, 李葆萱, 李进贤. 含硼富燃料推进剂一次燃烧喷射效率影响因素分析[J]. 固体火箭技术, 2004, 27(3): 204 – 206.

[93] 揭锦亮. 含高能量密度化合物固体推进剂的性能研究[D]. 长沙: 国防科技大学, 2008.

[94] 高东磊, 张炜, 姬壮周. 氧化性气氛中硼颗粒点火模型研究综述[J]. 含能材料, 2007, 15(4): 431 – 435.

[95] 高东磊, 张炜, 朱慧, 王春华. 包覆及团聚硼对富燃料推进剂燃烧性能的影响[J]. 推进技术, 2009, 30(1): 119 – 123.

[96] 高东磊, 张炜, 朱慧, 姬壮周. 氧化剂和团聚硼粒度对富燃料推进剂燃速特性的影响[J]. 固体火箭技术, 2008, 31(4): 374 – 376.

第七章 含硼富燃料推进剂的应用前景和发展趋势

7.1 概　　述

随着科学技术的进步,富燃料推进剂也处于相应的发展之中,其性能不断提高、配方种类也呈多样化发展。对于富燃料推进剂的长远发展而言,高性能的含硼推进剂配方始终是不变的选择,国外最新型的固体火箭冲压发动机大都采用了含硼推进剂配方。在富燃料推进剂性能调节方面,一旦高能含硼富燃料推进剂的应用问题得到解决、燃烧效率大幅度提高,以富燃料推进剂为燃料的冲压发动机在与其他发动机的竞争中将具有显著优势。

7.2 含硼富燃料推进剂的应用前景

鉴于富燃料推进剂固体火箭冲压发动机理论性能的优越性,多种新一代导弹武器系统都有使用这种发动机的需求,尤其是各种用途的飞航导弹对火箭冲压发动机动力装置的强烈需求。目前飞航式导弹正在向超声速和高超声速($Ma>4\sim8$)、中高空($H>15\sim40$km),超低空($H<100\sim300$m)和中远程($L>100$km)方向发展,这样就进入了冲压发动机最佳工作空域。固体火箭冲压发动机具有成本低、易储存、结构紧凑、简单等优点,是导弹用冲压发动机的一种理想的优选方案。

7.2.1 新一代空空导弹

空空导弹的发展方向之一是远程化,目前世界上现役的中远距空空导弹几乎都采用传统的固体火箭发动机,同时各国也努力在各个型号上采用各种先进的发动机技术。经过几十年的发展,固体火箭发动机技术已相当完善,近期明显提高其性能的可能性很小,因此很多国家都积极寻求新的技术途径,固体火箭冲压发动机就是一种被实验证明十分有效的技术途径。固体火箭冲压发动机的主要优势在于它可以提供比相同质量的固体火箭发动机大得多的能量，提供约两倍的有效动力射程，可使导弹获得更高的巡航速度和更强的末段机动能力。空空导弹的发展将从采用双推固体火箭发动机、双脉冲固体火箭发动机，逐步过渡到使用及维护同样简单的固体火箭冲压发动机。使用固体火箭冲压发动机为动力的空空导弹具有射程远、速度快、体积小、结构简单等优点。

国外研发的新型中远程空空导弹普遍采用了固体火箭冲压发动机作为动力装置，如目前欧洲的“流星”、南非的 R－Darter 和以色列的“德比”。表 7－1 列出了当今世界几种采用固体火箭冲压发动机的空空导弹及其使用的富燃料推进剂和火箭助推器[1-3]。

表 7－1　几种采用固体火箭冲压发动机的中远程距离空空导弹[1-3]

导弹型号	富燃料推进剂类型	助推器类型	弹径/mm	弹重/kg	射程/km
Meteor	硼	无喷管火箭	180	185	>100
AIM－120 改进型	—	无喷管火箭	≈180	—	>100
R－77M	镁铝	无喷管火箭	200	225	≈160
A3M	硼	无喷管火箭	180	165	250(高空)
Rustique	硼	无喷管火箭	—	—	—
LRAAM	—	无喷管火箭	180	≈170	>100
S－225XR	—	—	203	≈200	>100

7.2.2　未来超声速反舰导弹

现代反舰作战要求导弹既能飞得快，又能飞得远，机动能力还要强，这一切都使得单独的火箭发动机力不从心。因此，只有在导弹巡航段引入推进效率更高的吸气式喷气发动机才能解决这些矛盾。未来超声速反舰导弹的动力装置，一方面将大力寻求固体火箭发动机自身性能的提高和技术创新；另一方面将采用新型特种推进技术，如整体式固体火箭冲压发动机[4]。整体式火箭冲压发动机兼有固体火箭发动机与冲压发动机的双重优点，理论比冲是固体火箭发动机比冲的 3～4 倍，理想的工作速度范围是 $Ma=4\sim6$，是高速导弹的理想动力装置。随着整体式国冲发动机大攻角进气道性能的提高和高性能富燃料推进剂的研制成功，采用该发动机的未来反舰导弹将不仅具有速度特性好、射程远、体积小的优点，而且可实施全程主动攻击，末段大过载机动，从而大大提高导弹的抗干扰能力和突防威力。

7.2.3 对抗高机动目标的地空导弹

被称为超声速飞航导弹理想推进剂系统的整体式火箭冲压发动机分为冲压发动机及助推火箭两级,而所谓整体火箭冲压发动机也就是设法使两级飞行器合二为一,将助推火箭内置于冲压发动机的燃体喷口内,发动机具有结构紧凑的特点。整体式火箭冲压发动机不仅是未来高速空射战术导弹的最佳动力方案,也很适合地射型和舰射型高速防控战术导弹[5]。

7.2.4 大口径增程炮弹

对于富燃料推进剂固体火箭冲压发动机(SDR)用于炮弹增程,美国、瑞典、南非等国从 20 世纪 80 年代就进行了研究[6-8]。固体燃料冲压发动机(SFRJ)理论上也可用于炮弹增程,对此技术美国陆军于 20 世纪 70 ~ 80 年代就引起了注意。二者的难点在于冲压发动机的小型化、小发动机中燃料的高效燃烧和旋转条件下的稳定工作。

7.3 富燃料推进剂的发展趋势

富燃料推进剂除了满足固体火箭冲压发动机工作所需要的基本性能(燃烧性能、喷射效率、燃烧效率、能量、力学性能等)要求之外,武器系统的应用与发展还提出了其他一些特殊的性能要求。

7.3.1 低特征信号

固体火箭发动机的地特征信号问题已受到各国的广泛重视,并且在低特征信号固体推进剂方面进行了大量的研究。在固体火箭冲压发动机和富燃料推进剂领域也存在同样的问题。例如,法国宇航公司在设计英国皇家空军视距空空导弹冲压发动机调节方案时,曾考虑过富燃料推进剂中含硼或铝等金属添加剂来来的烟雾对导弹隐身、制导、载机安全的影响问题。美国陆军 MICOM 在研制应用于下一代战术导弹系统的 1.3 级(NOL 卡片数小于 69)不敏感低特征信号粉体推进剂方面做了大量工作,其中除了常规固体推进剂外,还包括少烟低特征信号富燃料推进剂[9-11]。因此,武器系统对富燃料推进剂同样也存在低特征信号特性的现实需求。

7.3.2 钝感特性

武器系统的发展明确提出了钝感弹药的需求。尽管相对于固体火箭推进剂而言，富燃料推进剂氧化剂含量较少，具有更好的钝感弹药响应特性，但同固体火箭推进剂一样，富燃料推进剂本质上也属于一类具有一定潜在危险性的含能材料，也并不是所有的配方都是钝感的。因为富燃料推进剂的应用还较少，所以目前尚未见到关于富燃料推进剂钝感特性的研究报道，但是随着应用的日益广泛，钝感特性也是今后进行富燃料推进剂配方设计时需要考虑的问题。

7.3.3 高燃速压力指数

对于固体火箭冲压发动机推进，在飞行过程中获得随机的推力控制是人们非常希望的，因为这可以随机调节导弹的速度、机动能力、飞行弹道和射程。获得这种能力的有效方法之一就是使用装填高压力指数（高于0.5）富燃料推进剂的可变流量固体火箭冲压发动机，因为冲压二次燃烧室内微小的压力变化将比较显著地影响富燃料推进剂的燃速，从而调节了燃料的流量，进而调节了发动机推力、实现了随机推力控制。高燃速压力指数是非壅塞式燃气发生器可变流冲压火箭发动机对富燃料推进剂性能的特殊要求[4,9-12]。

7.3.4 使用纳米燃料的富燃料推进剂

富燃料推进剂燃料成分的燃烧效率问题一直是富燃料推进剂应用的主要问题之一。纳米技术的发展为解决富燃料推进剂的某些性能问题带来机遇，尤其是纳米级燃料组分的高反应活性为解决其燃烧问题提供了理论上的可能性。纳米燃料成分应用于复合含能材料配方已成为近几年的研究热点，如纳米铝粉用于改善固体推进燃烧性能。德、法的科学家对纳米铝粉应用于现有推进剂配方体系进行了研究，初步结论是：在实验室条件下较使用常规铝粉提高了燃速和燃烧性能[13-15]。对于富燃料推进剂而言，其主要固体燃料成分分别有碳、硼和镁铝等。碳可作为低特征信号富燃料推进剂配方的主要燃料成分，硼是高能富燃料推进剂的主要燃料成分。对于富燃料推进剂中这两种燃料组分的燃烧效率问题，国外20世纪90年代中期就已有采用纳米级燃料组分的专利出现[16-18]。

含硼推进剂中硼不易点火、燃烧效率低一直是其应用中的主要问题。鉴于纳米硼粉可改善燃烧效率的特点，美国海军2001年申请了可提高硼点火、燃烧效率的含纳米硼粉推进剂的专利[19-21]，并于2003年获得专利授权。其专利权项涉及的推进剂配方体系非常广泛，不仅包括凝胶推进剂，还包括含纳米硼粉的固体推进剂和富燃料推进剂，对含纳米硼粉含量2%～46%之间的所有推进剂配方都提出了专利保护。

对于含碳为主要燃料成分的富燃料推进剂，主要存在两个方面的问题，一个就是碳降低了富燃料推进剂的燃速，并且喷射效率低，二就是碳在进入二次燃烧室后存在点火延滞，不能马上燃烧，需要在二次燃烧室停留较长的时间才能燃烧比较完全，否则燃烧效率低下。为了解决这些问题，美国陆军申请获得了采用纳米碳——富勒烯衍生物作为燃料组分的富燃料推进剂专利[22]，配方主要含富勒烯及其衍生物成分和含能黏合剂。该专利的创新点：①将当时新的纳米科学技术成果——富勒烯引入到富燃料推进剂中作为易氧化（或可氧化）燃料成分，以解决大颗粒碳燃料在固体火箭冲压发动机中存在的燃烧问题；②使用富勒烯衍生物的球形碳骨架上可连接氧化性基团及氧化性盐（酸根）的特点，使碳骨架燃料成分与氧化剂成分达到分子水平的分散均匀性，从而解决含碳燃料富燃料推进剂燃速和喷射效率低、大颗粒碳冲压点火－燃烧时间过长的问题[23-25]。

纳米技术，尤其是纳米材料技术，应用于含能材料配方已成为含能材料领域21世纪的研究热点。纳米技术将成为含能材料性能得到突破或者获得具有新颖特性含能材料的新技术途径，也有迹象表明某些性能优良的纳米复合含能材料可能已接近实用。这些动态表明，同采用各种新型的化学组分以及组分配伍技术一样，纳米技术也将为从配方方面解决富燃料推进剂存在的某些性能问题提供新的技术途径。

7.4 对发展富燃料推进剂的一些建议

对发展富燃料推进剂的建议如下[26-31]：

(1) 目前，固体火箭冲压发动机对富燃料推进剂提出了许多需要突破的关键技术。对于有明确现实型号应用需求的富燃料推进剂配方应重点突破关键技术的制约，获得型号应用；对于暂时无型号需求的一些富燃料推进剂类型，应仔细分析其需突破的关键技术，在全面了解其原材料、制造工艺及基本性能特点的基础上，结合其上游应用技术可能的发展方向和需求来明确其相应的研究重点。

(2) 富燃料推进剂应用上游技术处于发展之中，对富燃料推进剂的某些性能要求也是发展变化的，相应富燃料推进剂也处于发展之中。但对富燃料推进剂而言，一些基本的性能要求是不变的。所以从发展的角度看，富燃料推进剂研究不仅应关注于一些急需突破的关键技术问题，还应专注于对各种富燃料推进剂基本性能及其调控技术的全面了解，取得对这一特殊固体推进剂性能的基本认识和技术积累。

(3) 对于关键技术的突破方面，首先应进行广泛的情报收集与分析，然后分解出各种具体、细致和明确的关键技术，明确技术内容的实质后对这些具体的、可执行的关键技术展开重点攻关，形成富燃料推进剂应用技术的突破口。

（4）对于基本性能及其调控技术的掌握方面，首先应确立富燃料推进剂基础研究项目（不以明确的型号应用为目的），配合项目建立一套相应的测试表征体系，形成富燃料推进剂应用的配套技术基础。

（5）富燃料推进剂配方涉及的范围很广，其中有些很可能没有多大的实用价值或者还没有需求，不可能都开展研究实践，但在不能做出明确取舍的情况下，对于国内火炸药行业，最起码应该对这些特种推进剂品种在国外的发展、应用情况及水平是很有必要进行情报跟踪，为决策、立项提供信息、情报支持。

参考文献

[1] 李疏芬. 含硼的固体燃料[J]. 含能材料,1995,3(2):1-8.

[2] 庞维强. 高含硼量富燃料推进剂研究[D]. 西安:西安近代化学研究所,2011.

[3] 胥会祥,樊学忠,赵凤起. 富燃料推进剂的研制现状及展望[J]. 飞航导弹,2005,4 (1):48 - 53.

[4] 张仁. 固体推进剂燃烧与催化[M]. 长沙:国防科技大学出版社,1992.

[5] 刘培谅. 固体推进剂性能及原理[M]. 长沙:国防科技大学出版社,1984.

[6] Leibu I, The Boron/Titanium Composite Particle: A Novel Approach For Ignition Enhancement, AIAA 95 -2988.

[7] 胡荣祖. 热分析动力学[M]. 北京:科学技术出版社,2001.

[8] Shevchuk V G,Zolotko A N,Polishchuk D I. Ignition of packed boron particles[J]. Combustion,Explosion, and Shock Waves,1975,11(2):189 -192.

[9] Li S C. Ignition and Combustion of Boron Particles. combustion of Boron - Based Propellants and Solid Fuels [M]. Begell House Publishing Co. and CRC Press. Inc. , 1993.

[10] King M K. Ignition and Combustion of Boron Particles and Clouds[J]. 18th JANNAF Combustion Meeting, Ⅲ:225 -241.

[11] Schadow K C, Effect of Gaseous Fuel Mixing on Boron Combustion in Ducted Rocket with Side Dump[J]. J. of Propulsion and Power, 1991,7:402 -411.

[12] Faeth G M. Status of boron combustion research. prepared fordirectorate of aerospace Science. AFOSR, 1984. [C]M. K. King ,"Ignition and combustion of boron particles and clouds", CPIA - Pub - 347 - v3,1981.

[13] Viget C, Improvement of Boron Combustion in a Solid - Fuel Ramrocket, AIAA 86 - 1590.

[14] King M K. A review of boron ignition and combustion phenomena at Atlantic Research Corp. over the past decade[M]. 2nd Int. Symp. Special Topics in Chemical propulsion: Combustion of Boron - Based Solid propellants and Solid fuels,March 4 -6,1991. K. K. Kuo and R. Pein eds. , CRC Press, Boca Raton,1993.

[15] Limage C. Propulsion Systems Considerations for Advanced Boron Powered Ramjets. AIAA 80 - 1283.

[16] Fawls, Christopher J, Fields. Propellants and explosives with flouro - organic additives to improve energy release efficiency. usp6,843,868, 2005.

[17] Asaoka, Leo K, Chew. Silicon as a high energy additive for fuel gels and solid fuel - gas generators for propulsion systems. USP5438824,1995.

[18] Strecker Rudiger,Harrer Alois. Composite solid propellant with a metal/inorganic fluoride admixture or a

stable burning rate. USP 5,143,566.

[19] Herty Ⅲ, Charles H. Castable silicone based magnesium fueled propellant. United States Patent 4,332,631,1982.

[20] Anderson, William S. Polynorbornene – based combustible compositions and processes for the fabrication thereof. United States Patent 4,416,710,1983.

[21] Anderson, William S. Method of generating combustion gases utilizing polynorborene – based combustible compositions. United States Patent 4,420,931,1983.

[22] Lo George A, Hamermesh Charles L. Fuel rich solid propellant of boron and a fluoro – nitro – epoxide polymer binder. USP4,141,768,1979.

[23] Athawale B K, Asthana S N. Haridwar Singh. Burning Rate Studies of Metal Powder (Ti, Ni) – Based Fuel – Rich Propellants[J]. Journal of Energetic Materials,2004,22 (2):55 – 68.

[24] Sophie Ringuette, Charles Dubois, Robert Stowe. On the Optimization of GAP – based Ducted Rocket Fuels from Gas Generator Exhaust Characterization[J]. Propellants, Explosives, Pyrotechnics, 2001, 26(3): 118 – 124.

[25] Sanden R, Wimmerström P, Stockholm S. Studies of the effects of iron oxide and dinitroethylbenzene on the degradation properties of HTPB/Boron carbide based propellants for ducted rockets. 27th International Annual Conference of ICT ,1996.

[26] Komai Iwao, Kubota Naminosuke. Gas generating propellants for ducted rockets[J]. Proceedings of the International pyrotechnics Seminar, 2001,28:425 – 430.

[27] Komai wao,et al. Burning rate characteristics of fuel rich propellants (Ⅱ)[J]. Kayaku Gakkaishi, 2000, 61(5):237 – 241.

[28] KUBOTA N. energetic solid fuels for ducted rockets(3)[J]. Prop Explo Pyro,1992, 17:303.

[29] Besser H L, Strecker R. Overview of Boron Ducted Rocket Development During the Last Two Decades[J], J. of Propulsion and Power, 1991,7(2):133 – 178.

[30] Singh H, Srinivasa Rao P, Bhaskara Rao R. Processing of Mg – NaNO3 based fuel – rich propellant by powder compaction technique for airbreathing propulsion systems[J]. 27th International Annual Conference of ICT ,1996:45.

[31] Singh Harihar. Prediction of shelf – life of magnesium – sodium nitrate based fuel rich propellant[J]. Proc. Int. Pyrotech. Semin. 1997,23:800 – 809.

内 容 简 介

本书对无定形硼粉的处理和含硼富燃料推进剂相关性能进行了系统的介绍。全书共分为 7 章,主要介绍了含硼富燃料推进剂的组成、主要性能以及最新研究进展,并重点围绕无定形硼粉的改性及其在推进剂中的应用方面,介绍了无定形硼粉的预处理、包覆和团聚造粒工艺以及其对含硼富燃料推进剂的能量性能、工艺性能和燃烧性能的影响及规律。

本书可供从事含能材料、复合推进剂和富燃料推进剂科研与生产的专业技术人员使用,也可作为高等院校从事相关研究和教学工作的教师及研究生的参考书。

In the book, the coated amorphous boron powder and boron – based fuel rich solid rocket propellant are introduced. This book is divided into seven chapters, mainly introduces the compositions, main properties and recent research progress of boron based fuel rich solid propellant. The look also emphatically introduces the pre – treated of amorphous boron powder, coating and agglomeration prills, additional introduction of their effects on the energetic properties, procesibility and combustion properties of boron based fuel rich solid rocket propellant.

This book can be used as a reference book for engineers engaged in research and manufacture of energetic materials, composite solid propellant and fuel rich solid rocket propellants. It also can be used as a reference book for teachers and graduated students who come from universities or institutes and engaged in relebant research and teaching work.